PETER LIEWERS

Rauschdiagnostik

BEITRÄGE ZUR FORSCHUNGSTECHNOLOG

Schriftenreihe für Experimentalmethodik, Systemanalyse und Instrumentierung in der naturwissenschaftlichen, medizinischen und technischen Forschung

Begründet von Günther Lotz †

Herausgegeben vom 1. Vizepräsidenten
der Akademie der Wissenschaften der DDR Ulrich Hofmann

BAND 10

Peter Liewers

Rauschdiagnostik

Mit 105 Abbildungen und 5 Tabellen

AKADEMIE-VERLAG · BERLIN 1985

Anschrift des Autors:
Professor Dr. sc. nat. Peter Liewers
Akademie der Wissenschaften der DDR
Zentralinstitut für Kernforschung
8051 Dresden, Postfach 19

Manuskriptabschluß: Juni 1983

ISSN 0323-5130

Erschienen im Akademie-Verlag, DDR-1086 Berlin, Leipziger Straße 3—4

Lizenznummer: 202 · 100/424/85
Printed in the German Democratic Republic
Gesamtherstellung: VEB Druckerei „Thomas Müntzer", 5820 Bad Langensalza
Einbandgestaltung: Rolf Kunze
LSV 1075
Bestellnummer: 763 389 2 (2167/10)

03200

Inhalt

Contents

Содержание

1. Einleitung

Seit den grundlegenden Arbeiten von N. WIENER [1] und C. SHANNON [2] ist die Information ein wichtiger Begriff in Wissenschaft und Technik geworden. Die Informationstheorie bemüht sich, in der Nachrichtenübermittlung möglichst viel Information pro Zeiteinheit und Kanal störungsfrei vom Sender zum Empfänger zu transportieren. In der Prozeßmeßtechnik wird versucht, an Hand der Ausgangssignale der Anlagen ein Maximum an Information über die Prozeßparameter zu erhalten. Auch in der Forschungstechnologie wird der Informationsfrage zunehmend Beachtung geschenkt. In [3] ist dies folgendermaßen formuliert: „Probleme, Methoden, Kosten und Nutzen der Resultate naturwissenschaftlicher Forschung haben einen Entwicklungsstand erreicht, der es dringend erfordert, auch die Leistungsfähigkeit der Methoden der Informationsgewinnung aus Experimenten zu einem Aspekt der Forschungstechnologie zu machen."

Die Rauschdiagnostik ist eine Methode der Informationsgewinnung, die den bisher fast unbeachteten Bereich höherer Frequenzen in Signalen ausnutzt und insbesondere bei umfangreichen, komplizierten Prozessen und Anlagen eine wertvolle Ergänzung der herkömmlichen Methoden darstellt. Sie stammt aus der Prozeßmeßtechnik, hat ihren Nutzen bisher hauptsächlich in der verbesserten Überwachung industrieller Anlagen sowie der medizinischen Diagnostik nachgewiesen und ist eine vielseitig anwendbare Methode. Sie sollte auch ihren Platz in der Forschungstechnologie finden.

Die folgenden Betrachtungen, in denen eine Einordnung der Rauschdiagnostik innerhalb der Methoden zur Informationsgewinnung an Systemen versucht wird, sind nicht auf die Forschungstechnologie beschränkt. Unter dem Begriff *System* kann sowohl eine Experimentieranlage als auch eine industrielle Anlage verstanden werden, in der Prozesse ablaufen, deren Parameter zu ermitteln sind. Die Systeme haben mit der schnellen Entwicklung der Technik in den letzten Jahrzehnten eine Wandlung erfahren, die als Übergang von *einfachen* zu *komplexen* Systemen beschrieben werden kann und neuartige Forderungen an die Informationsgewinnung stellt. Bei einfachen Systemen besteht häufig ein unmittelbarer Kontakt zwischen Betreiber und Anlage. Unregelmäßigkeiten im Betrieb als Vorboten von Schädigungen oder Ausfällen können dadurch rechtzeitig erkannt sowie durch entsprechende Inspektion und Reparatur beseitigt werden. Die interessierenden Zustandsparameter des Prozesses können im allgemeinen direkt gemessen, d. h. die Messung kann so durchgeführt werden, daß der Meßwert mit dem betreffenden Prozeßparameter identisch ist.
Da für die Beurteilung des Prozesses nur langsame Änderungen der Parameter interessieren, werden höherfrequente Meßwertschwankungen meist mit Hilfe eines trägen Meßverfahrens unterdrückt.

Für komplexe Systeme ist u. a. das starke Anwachsen der Anzahl der zu erfassenden Ausgangssignale und der notwendigen Steuer- und Regelaufgaben charakteristisch, das nur noch mit modernen technischen Hilfsmitteln, wie der elektronischen Rechentechnik [4] und der Mikroelektronik [5], beherrscht werden kann. Dadurch entfällt der unmittelbare Kontakt zwischen Betreiber und Anlage. Außerdem treten aber andere, qualitativ neue Probleme auf:

1. Die direkte Messung der Parameter ist nicht mehr im notwendigen Umfang möglich, da einerseits zur hinreichenden Beschreibung der komplizierten Prozesse im allgemeinen mehr Parameter benötigt werden als Meßstellen realisierbar sind und andererseits die wichtigsten Orte im System meist für Messungen unzugänglich sind. Es müssen mathematische Modelle verwendet werden, um aus den Signalparametern die interessierenden Prozeßparameter zu berechnen. Da Modelle die wirklichen momentanen Verhältnisse im System nie exakt beschreiben können, geht der vom einfachen System her gewohnte klare Zusammenhang zwischen Meßergebnis und Prozeßparameter verloren.
2. Fragen der Kosten und des Nutzens treten in den Vordergrund. Ein besonderes Problem ist die Verfügbarkeit komplexer Anlagen, die sich aus einer Vielzahl von Teilsystemen zusammensetzen, die im einzelnen etwa mit einem einfachen System verglichen werden können. Versagt eins von ihnen, so fällt die gesamte Anlage aus. Da die Ausfallwahrscheinlichkeit der Gesamtanlage gleich der Summe der Ausfallwahrscheinlichkeiten aller Teilanlagen ist, und der Wert des Erzeugnisses weit über dem von einfachen Systemen liegt, müssen um Größenordnungen höhere Forderungen bezüglich der Ausfallwahrscheinlichkeit des einzelnen Teilsystems gestellt werden als im Falle der einfachen Systeme.
3. Ein weiteres Problem, das erst im letzten Jahrzehnt in seiner vollen Tragweite erkannt wurde, stellt die Umweltgefährdung durch komplexe Systeme dar. Durch die Art der Prozesse, die häufig extremen Werte der Prozeßparameter, den fehlenden unmittelbaren Kontakt zwischen Betreiber und Anlage sowie die Schwierigkeiten der hinreichenden Informationsgewinnung können ernste Gefahrenquellen entstehen. Die Kernenergie ist das bekannteste Beispiel dafür, obwohl gerade hier dem Problem bisher wohl am meisten Rechnung getragen wurde und das Risiko eines Unfalls mit Gefährdung der Umwelt technisch[1] auf einen für andere Zweige der Industrie und des gesellschaftlichen Lebens, wie z. B. das Verkehrswesen, unvorstellbar kleinen Wert herabgedrückt wurde [6]. Dadurch wird die Forderung nach Reduzierung der Ausfallwahrscheinlichkeiten noch verschärft, außer-

1 Menschliches Versagen ist nicht auszuschließen (Anm. d. Hrsg.)

dem entsteht auch eine neue Forderung nach möglichst vollständiger Vermeidung von gefahrbringenden Ausfällen.

Zur Bewältigung dieser Schwierigkeiten werden vornehmlich zwei Wege beschritten. Der naheliegende ist die direkte Erhöhung der Zuverlässigkeit der Systeme durch mehr Sorgfalt bei der Entwicklung, Konstruktion und Produktion, Einführung von Redundanzen für besonders anfällige Komponenten, Einbau spezieller Sicherheitsbarrieren, strikte Einhaltung der vorgesehenen Betriebsparameter, z. B. mittels Automatisierung, und bessere Inspektionsmethoden zur Kontrolle des Systemzustandes während Stillstandszeiten. Diese Lösung hat natürliche Grenzen, da sie mit nicht unerheblichen zusätzlichen Kosten verbunden ist. Der andere, unter Berücksichtigung des Informationsgedankens ebenfalls naheliegende Weg ist der, die vom System angebotene Information besser zu nutzen, um einerseits zuverlässigere Informationen über den *interessierenden Prozeß* im System und andererseits über den *Zustand des Systems* zu erhalten, so daß Schäden in ihren Anfangsphasen erkannt und vorbeugende Maßnahmen eingeleitet werden können. Die verbesserte Informationsgewinnung kann dadurch erfolgen, daß

1. alle sinnvollen Ausgangssignale verwendet werden, auch solche, die über den interessierenden Prozeß in der Anlage keine unmittelbaren Informationen liefern, wie mechanische Schwingungen oder akustische Signale,
2. die Signale in ihrem vollen Frequenzumfang ausgenutzt werden und
3. die Aussagekraft der mathematischen Modellierung durch Anwendung von Methoden der mathematischen Statistik, wie sie in [3] beschrieben sind, erhöht wird, d. h. durch Modelloptimierung und Ermittlung von objektiven Entscheidungskriterien.

Dieser zweite Weg ist zwar kostengünstiger, aber allein nicht gangbar. Beide Lösungen müssen soweit wie möglich ausgeschöpft werden.

Im Rahmen des zuletzt geschilderten Weges liefert die Rauschdiagnostik einen wesentlichen Beitrag, der bei allen drei erwähnten Problemen, insbesondere aber in den Zuverlässigkeitsfragen 2. und 3., wirksam wird. Ihre Entwicklung ist eng mit der Notwendigkeit der besseren Informationsgewinnung an komplexen Systemen verbunden. In den einfachen Systemen wurde sie nicht unbedingt gebraucht, auch fehlte früher die technische Basis für ihre Anwendung. Dies bedeutet jedoch nicht, daß die Methode heute an derartigen Systemen nicht auch nutzbringend eingesetzt werden kann. Weiterhin ist zu bemerken, daß die Rauschdiagnostik keineswegs etwas völlig Neuartiges darstellt. Viele Elemente sind bereits bekannt und werden auch verwendet.

Unbewußt benutzt z. B. der erfahrene Kraftfahrer die Rauschdiagnostik, wenn er den Betriebszustand seines Fahrzeuges nicht nur an Hand der Instrumente, sondern zusätzlich auch nach den Motor- und Fahrgeräuschen beurteilt. Auch mechanische Schwingungen und Lenkungsausschläge liefern wertvolle Informationen.

Als erste bewußte Anwendung der Methode kann die Elektrokardiographie angesehen werden, die aus den durch die Herzmuskeltätigkeit entstehenden Potentialschwankungen Aussagen über die Herzfunktion ableitet. Eine andere, auch schon viele Jahre praktizierte Anwendung ist die Schwingungsüberwachung von Maschinen, wie Pumpen und Turbinen. Die Rauschdiagnostik versucht, vorhandene Erfahrungen, wie die erwähnten, zu systematisieren und zu verallgemeinern, um damit die Anwendung effektiver zu gestalten und auch auf andere Probleme übertragen zu können.

Der Begriff „Rauschdiagnostik" ist im letzten Jahrzehnt entstanden und vom Standpunkt der Kybernetik nicht widerspruchsfrei. Unter „Rauschen" wird dort ein Signal oder der Anteil eines Signals verstanden, welche mehr oder weniger zufälligen Charakter haben und störend wirken. Beispiele dafür sind das akustische Rauschen (z. B. die Brandung des Meeres) und das elektrische Rauschen, das durch statistische Effekte in verschiedenen Bauelementen elektronischer Schaltungen entsteht (z. B. Widerstandsrauschen, Schroteffekt). Diese Art Rauschsignal ist unvermeidlich, sie ist in allen Signalen vertreten und begrenzt die meßtechnische Ausnutzbarkeit der in den Signalen enthaltenen Informationen.

Solche Rauschsignale im engeren Sinne können nur eingeschränkt für eine Diagnostik verwendet werden, da sie keine verwertbare Information liefern. In der Meßtechnik wurde in der Vergangenheit mit dem Informationsbegriff etwas großzügiger umgegangen. Alle Schwankungsanteile in jenen Signalen, die nicht unmittelbar mit dem interessierenden Prozeß zusammenhingen, wurden mit den Begriffen „Drift" für niederfrequente und „Rauschen" für höherfrequente Anteile als störend gekennzeichnet und nach Möglichkeit eliminiert. Heute ist jedoch bekannt, daß diese Schwankungsanteile – neben den Rauschsignalen im engeren Sinne – in den meisten Fällen sehr nützliche Informationen enthalten. Auf diesen Schwankungssignalen, die in den weiteren Ausführungen als Rauschsignale bezeichnet werden, baut die Rauschdiagnostik auf.

Die wichtigsten Anwendungsmöglichkeiten dieser Methode lassen sich auf zwei Grundtypen zurückführen: Abbildung 1 zeigt den bekannten Zusammenhang zwischen dem Eingangs- und dem Ausgangssignal eines Systems, das als Übertragungsglied wirkt. Das Rauschsignal am Systemeingang wird als Rauschquelle bezeichnet. Ist diese meßbar bzw. gut bekannt, so können durch Analyse beider Rauschsignale die Übertragungseigenschaften des Systems bestimmt werden. Sind andererseits die Übertragungseigenschaften hinreichend genau bekannt, so läßt sich aus der Analyse des Ausgangssignals die Kennfunktion der Rauschquelle ermitteln.

Die Ermittlung der Übertragungseigenschaften eines Systems mit Methoden

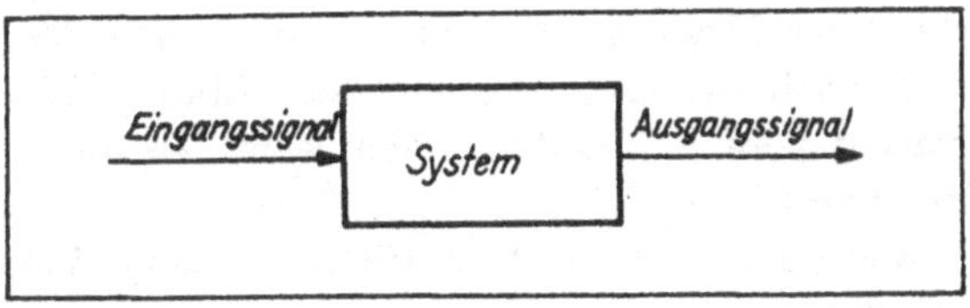

Abb. 1. Zusammenhang zwischen Ein- und Ausgangssignal

der Rauschanalyse erfolgt in ähnlicher Weise wie bei Anwendung determinierter Signale. Das Rauschsignal am Eingang interessiert nur als Störsignal hinreichend großer Bandbreite, d. h. hier können Rauschsignale im engeren Sinne durchaus erfolgreich eingesetzt werden. Durch Messung der Autokorrelationsfunktion des Ausgangssignals oder besser der Kreuzkorrelationsfunktion von Eingangs- und Ausgangssignal lassen sich Parameter der Gewichtsfunktion oder des Frequenzganges bestimmen. Diese Form der Nutzung von Rauschsignalen ist bereits weit verbreitet, nämlich

1. in der Regelungstechnik allgemein zur Kennwertermittlung von Systemen, in denen determinierte Störungen nicht anwendbar sind [7–11],
2. in der Strömungstechnik zur Ermittlung der Strömungsgeschwindigkeit durch Kreuzkorrelationsmessungen von Temperatursignalen [12] und von anderen, der Strömung aufgeprägten Signalschwankungen, wie Dichte- und Strahlungsemissionsfluktuationen [13–15],
3. in der Metallurgie zur Ermittlung des Schlackeansatzes im Hochofen mit Hilfe des Körperschalls an der Außenwand des Hochofens [16],
4. in der Reaktortechnik zur Ermittlung der Unterkritizität und der absoluten Leistung durch Ausnutzung der stochastischen Schwankungen der Kettenreaktion bei Nulleistung [17–19].

Die andere grundsätzliche Anwendungsmöglichkeit, die Ermittlung von Kennwerten bzw. von Kennfunktionen der Rauschquellen, wird noch wenig eingesetzt. Sie gestattet sowohl von den in technischen und biologischen Systemen ablaufenden *erwünschten* Prozessen zusätzliche Informationen und damit Beiträge für eine Optimierung dieses Ablaufes zu erhalten als auch Informationen über *unerwünschte* Prozesse, die Störungen im Ablauf der erwünschten Prozesse oder auch Schäden in den Systemen hervorrufen können.

Insbesondere die letztgenannte Information über unerwünschte Prozesse bietet neuartige Möglichkeiten für die Überwachung des Systemzustandes. Durch Beobachtung eines unerwünschten Prozesses, dessen schädigende Wirkung hinreichend gut bekannt ist, können Hinweise auf die Entwicklung eines Schadens bereits vor seinem Eintritt gewonnen werden. Damit sind wesentliche Beiträge zu der oben diskutierten Problematik Verfügbarkeit und Sicherheit möglich. Beispiele für derartige Anwendungen sind

1. die Überwachung der Laufruhe einer Maschine mit rotierenden Teilen durch Messung des Körperschalls im Bereich der Grundfrequenz des Rotors [20],
2. die Beurteilung der Funktionstüchtigkeit der Laufschaufeln eines Turbomaschinenrotors durch Luftschallmessungen [21],
3. die Überprüfung des Atemsystems durch den Arzt an Hand der beim Ein- und Ausatmen entstehenden Geräusche,
4. die zerstörungsfreie Prüfung eines Druckgefäßes mit Hilfe der Schallemissionsanalyse [22] und
5. die Überwachung der Isolation eines Großtransformators durch Kontrolle der Teilentladungsereignisse als Vorboten größerer Schäden mit Hilfe von Körperschallmessungen an der Transformatoraußenwand [23].

Darüber hinaus sind andere Anwendungen möglich, die zur Zeit etwas im Schatten der geschilderten, ökonomisch attraktiven Arbeiten stehen. Diese Anwendungen beruhen im wesentlichen darauf, daß sich der Rauschanteil in einigen Signalen beim Überschreiten von bestimmten Grenzparametern des erwünschten Prozesses deutlich ändern kann, wie z. B.:

1. Änderung des Aggregatzustandes: In einer Flüssigkeit tritt vor Erreichen des Siedepunktes das unterkühlte Sieden, am Siedepunkt dann das Volumensieden auf. Beide Prozesse sind in mehreren Rauschsignalen deutlich zu erkennen und zu unterscheiden (Schall, Temperatur, Flüssigkeitsdichte). Auf diese Weise können z. B. in einem Druckwasserreaktor die Grenzleistung [24–26] und in einer Pumpe der Kavitationsbereich [27] ermittelt werden.
2. Änderung der Bewegungsform: Beim Übergang von laminarer zu turbulenter Strömung ändert sich das akustische Strömungsgeräusch. In der Medizin wird dieser Effekt zur Blutdruckmessung ausgenützt.
3. Übergang von stabiler zu labiler Gleichgewichtslage: In einem rückgekoppelten System macht sich der labile Zustand in selbsterregten Schwingungen bemerkbar. Bekannt sind das Rückkopplungspfeifen des Audionempfängers sowie die im Siedewasserreaktor bei hoher Leistung auftretenden selbsterregten Leistungsschwankungen [17, 28].

Damit ist der Anwendungsbereich der Rauschdiagnostik in groben Zügen umrissen. Sicher ist zu erkennen, daß diese Methode nicht allein in der Art eines Meßgerätes eingesetzt werden kann, sondern daß sehr genaue Kenntnisse des betreffenden Systems und der darin ablaufenden Prozesse notwendige Voraussetzungen für eine erfolgreiche Anwendung sind. Zwar können Erfahrungen von anderen Anwendungen übernommen werden, jedoch ist die Methode in jedem Fall durch einen mit dem betreffenden System vertrauten Fachmann speziell anzupassen. Die Gemeinsamkeiten der Anwendung in den geschilderten unterschiedlichen Fällen bestehen in der Gerätetechnik zur Erfassung, Speicherung und Verarbeitung der Rauschsignale, den Methoden zur Ermittlung geeigneter Kennfunktionen für die Beschreibung der Rauschsignale und bestimmten Standardmethoden zur Interpretation.

Die Rauschdiagnostik befindet sich noch in der Entwicklung. Diese Veröffentlichung ist offenbar der erste Versuch einer zusammenfassenden Darstellung. Die Schwierigkeiten beginnen mit der Terminologie, innerhalb der sich bisher noch keine verbindlichen Bezeichnungen herausgebildet haben. Sie setzen sich fort bei der Abgrenzung zu verwandten Fachgebieten, wie Technische oder Medizinische Diagnostik, Technische Kybernetik oder Informationstechnik. Wird unter Rauschdiagnostik ausschließlich die Methode verstanden, unter Verwendung von Rauschsignalen Informationen über Prozesse und Systeme zu erhalten, so ordnet sie sich in die anderen Fachdisziplinen als eine der anwendbaren Methoden ein.

Diese Veröffentlichung ist nicht als Lehrbuch, sondern als zusammenfassende Darstellung eines Wissensgebietes auf seinem heutigen Stand angelegt. Es wird zwar auf alle Probleme eingegangen, die zum Verständnis der Gesamtproblematik notwendig erscheinen, jedoch muß für eingehende Informationen über Teilgebiete, wie Meßwertaufnehmer, Verstärker, Signalanalyse, Auswertetechnik, Modellfindung, Mustererkennung u. a., auf die einschlägige Fachliteratur verwiesen werden.

Der Verfasser ist dem Herausgeber- und Redaktionskollegium der Schriftenreihe „Beiträge zur Forschungstechnologie", insbesondere den Herren Prof. Dr. habil. D. Schulze und Dr. sc. techn. D. Döring, sowohl für die Anregung zu dieser Veröffentlichung als auch für eine Reihe klärender Gespräche, kritischer Anmerkungen und wertvoller Hinweise zu Dank verpflichtet. Für die vielfältige Unterstützung während der Arbeiten an dem Manuskript, für die kritische Durchsicht und eine Vielzahl anregender Diskussionen gilt der Dank meiner Frau und meinen Fachkollegen, in erster Linie den Herren Prof. Dr. sc. nat. H.-F. Brinckmann, Dr.-Ing. A. Grabner, Dr. rer. nat. P. Schumann und Dipl.-Phys. F.-P. Weiß.

2. Allgemeine Grundlagen der Rauschdiagnostik

Vorangehend sind die grundlegenden Begriffe und Zusammenhänge in knapper Form anhand einiger Beispiele eingeführt worden. In diesem Abschnitt werden die Definitionen und das Grundanliegen der Rauschdiagnostik genauer behandelt. Dabei wird nur die Rauschquellenermittlung betrachtet, da es bei dem anderen Anwendungstyp, der Bestimmung von Übertragungseigenschaften, keine grundsätzlichen Probleme gibt.

2.1. Grundlegende Begriffe und Zusammenhänge

In Abbildung 2 ist eine schematische Darstellung der grundsätzlichen Zusammenhänge bei der Kontrolle (Überwachung) und Steuerung einer technischen Anlage, im übertragenen Sinne auch eines biologischen Systems, versucht worden.

Das *System* stellt das „Gefäß" dar, in dem der *erwünschte Prozeß* abläuft. Im Falle eines Kraftwerkes würde das System aus dem Kessel, den Rohrleitungen, Dampferzeugern, Pumpen, Turbinen, Generatoren usw. bestehen; der erwünschte Prozeß wäre die Erzeugung von Elektroenergie. Dieser bestimmt die Konstruktion des Systems. Die Überwachung des Verlaufes des erwünschten Prozesses erfolgt durch Messung von (zumeist) physikalischen Größen, welche die *Ausgangssignale* des Systems darstellen. Unter Verwendung von Modellen für den erwünschten Prozeß, für dessen Abbildung in den Ausgangssignalen und seine Abhängigkeit von den *Eingangssignalen,* die in gewissen Grenzen die Parameter des Systems und des erwünschten Prozesses bestimmen, versucht der *Operator,* den Prozeß optimal zu steuern – optimal vom Standpunkt der Betriebskosten, der Qualität des Prozeßproduktes und der Sicherheit.

Die Ausgangssignale $y_\nu(t)$ haben etwa den in Abbildung 3a dargestellten Verlauf. Der erwünschte Prozeß bildet sich unmittelbar nur in den sogenannten *Kurzzeitmittelwerten* $\bar{y}_\nu(t)$ ab, die durch Tiefpaßfilterung der Ausgangssignale gewonnen werden.

$$\bar{y}_\nu(t) = \frac{1}{T_K} \int_{-\infty}^{t} y_\nu(t')\, e^{-\frac{t-t'}{T_K}}\, dt' \qquad \nu = 1, 2, 3 \ldots n, \tag{2.1}$$

mit T_K, der Zeitkonstanten der Mittelwertbildung.

Abbildung 3b zeigt diesen Kurzzeitmittelwert, der in der konventionellen Meßtechnik fast ausschließlich zur Kontrolle und Steuerung verwendet wird. Wie bereits ausgeführt wurde, ist sein Informationsgehalt für einfache Systeme ausreichend. Dagegen bereitet bei komplexen Systemen insbesondere die Ermittlung des Systemzustandes Schwierigkeiten, wenn sie ausschließlich auf der

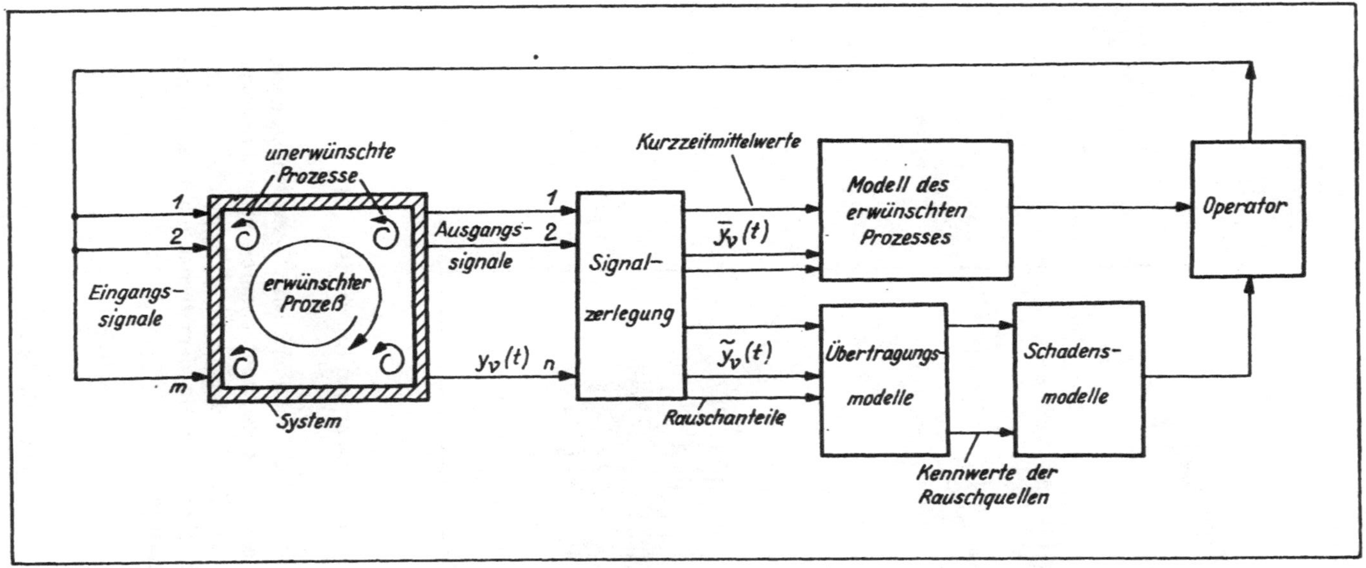

Abb. 2. Schematische Darstellung der grundsätzlichen Zusammenhänge bei der Kontrolle und Steuerung einer technischen Anlage

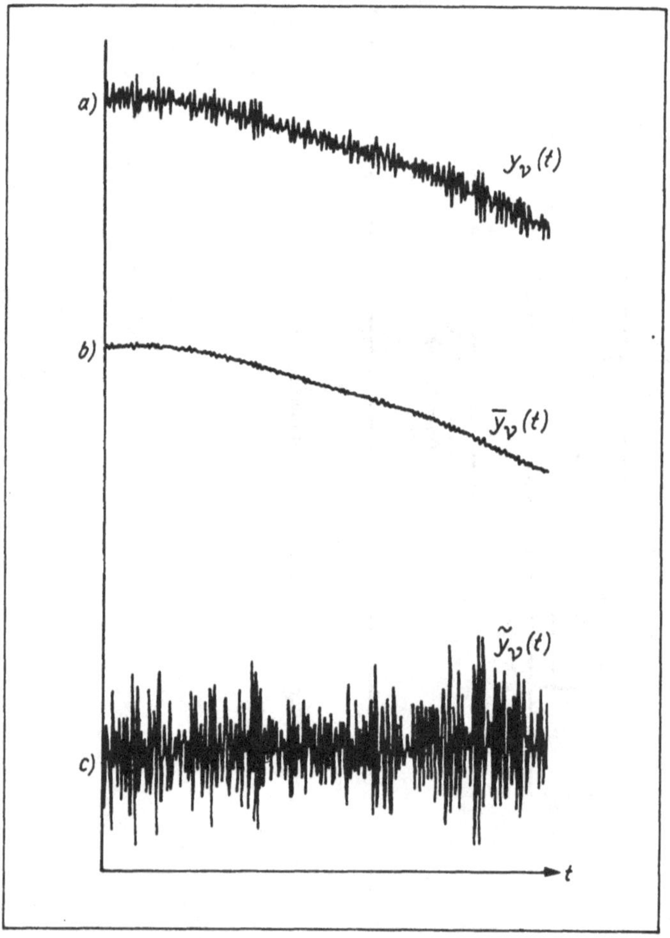

Abb. 3. Zerlegung eines Signals in Kurzzeitmittelwert und Rauschanteil

Basis von Kurzzeitmittelwerten erfolgt. Unvorhergesehene Systemänderungen können meist nur unvollständig erfaßt werden und dadurch zu nicht-optimalen Betriebsweisen und Schäden führen. Zur Behebung dieser Schwachstelle können unter anderen die Informationen dienen, die in dem bisher nicht verwendeten Signalrest (Abb. 3c), dem *Rauschanteil*

$$\tilde{y}_\nu(t) = y_\nu(t) - \bar{y}_\nu(t), \tag{2.2}$$

enthalten sind. Dieser Signalanteil, der einer Hochpaßfilterung des Signals mit der gleichen Zeitkonstante T_K entspricht, enthält nur in Ausnahmefällen direkte Informationen über den erwünschten Prozeß, da er primär auf *unerwünschte Prozesse* zurückzuführen ist, die den erwünschten Hauptprozeß als mehr oder weniger unvermeidliche Nebenprozesse begleiten. Diese Prozesse sind unerwünscht, da sie die Informationsgewinnung bezüglich des erwünschten Prozesses stören, diesen beeinträchtigen und im System Schäden verursachen können. Prozesse dieser Art sind z. B. mechanische Schwingungen, die zum Bruch von Anlagenkomponenten führen können. Ist ein geeignetes *Schadensmodell* gegeben, das den Zusammenhang zwischen Abweichungen des erwünschten Prozesses von vorgegebenen Grenzwerten bzw. zwischen der Wahrscheinlichkeit eines bestimmten Schadens und den Kennwerten unerwünschter Prozesse vermittelt, so kann durch Überwachung der letztgenannten Prozesse eine verbesserte Führung des erwünschten Prozesses und eine Schadenfrüherkennung für das System erreicht werden. Im Falle der erwähnten mechanischen Schwingungen einer Anlagenkomponente würde dieses Modell im Idealfall den Zusammenhang zwischen der Wahrscheinlichkeit des Bruchs der Halterung oder der sogenannten Restnutzungsdauer und der mittleren Amplitude sowie Frequenz der Schwingung liefern. Aber auch einfachere Modelle, die auf Trendbeobachtungen und Mustererkennung beruhen, leisten wertvolle Dienste.

Zwar sind die unerwünschten Prozesse die Ursachen der Rauschanteile, d. h., daß sie die *Rauschquellen* sind; es ist jedoch nur in wenigen Fällen möglich, unmittelbar aus Parametern des Rauschsignals auf die interessierenden Parameter der Rauschquelle zu schließen. In den meisten Fällen werden spezielle *Übertragungsmodelle* benötigt, die den Zusammenhang zwischen Rauschquelle und Rauschsignal beschreiben. Ein besonderes Problem stellt die häufig vorkommende Überlegerung mehrerer Rauschquellen in einem Rauschsignal dar. Durch speziell der betreffenden Situation angepaßte Separationsverfahren, wie Bandpaßfilterung oder Kreuzkorrelation verschiedener Signale, müssen zunächst die Anteile der unterschiedlichen Rauschquellen in den einzelnen Rauschsignalen ermittelt werden, ehe an eine Ermittlung von Parametern der verschiedenen Rauschquellen gedacht werden kann.

Diese Art der Nutzung des Rauschanteils der Ausgangssignale eines Systems ist keineswegs eine Hypothese. Neben den einleitend erwähnten, lassen sich weitere Beispiele anführen, die diese Darlegungen stützen. Für Kernreaktoren wurde eine Untersuchung aller bis etwa 1970 bekannt gewordenen Schäden mit dem Ziel durchgeführt, die Anwendbarkeit der Rauschdiagnostik zu prüfen [29]. Das Ergebnis war, daß sich alle Schäden auf unerwünschte Prozesse zurückführen ließen, die sich in den Rauschanteilen von Ausgangssignalen der Kernreaktoren abbilden. Alle Schäden hätten im Anfangszustand ihrer Entwicklung erkannt werden können, wenn die Rauschsignale rechtzeitig analysiert und richtig interpretiert worden wären. Daß dies durchaus möglich ist, zeigen etliche Beispiele. Bekannt geworden sind insbesondere die Diagnose der anomalen Kernbehälterbewegung im Druckwasserreaktor Palisades [30] (s. 6.8.), die Diagnose loser Teile in Kühlkreisläufen [31] (s. 6.6.) und die Feststellung von mechanischen Schwingungen der Neutronenflußmeßkanäle in Siedewasserreaktoren [32]. Nicht zu vergessen sind die erfolgreichen langjährigen Anwendungen in der Medizin in Form der Elektrokardiographie [33] und Elektroenzephalographie [34].

Die bisherigen Darlegungen lassen sich wie folgt zusammenfassen:

1. Im Normalfall beschreiben die Kurzzeitmittelwerte den Verlauf des erwünschten Prozesses hinreichend; Schwierigkeiten entstehen bei unvorhergesehenen Systemveränderungen.
2. Alle Veränderungen des Systemzustandes werden durch unerwünschte Prozesse hervorgerufen; die Überschreitung kritischer Grenzparameter des erwünschten Prozesses ist häufig mit unerwünschten Prozessen verbunden.
3. Fast alle unerwünschten Prozesse stellen Rauschquellen dar, die sich in den Ausgangssignalen des Systems abbilden.
4. Durch zusätzliche Analyse der Rauschanteile ist es grundsätzlich möglich, die Mehrzahl der unerwünschten Prozesse zu überwachen.
5. Mit Hilfe geeigneter Schadensmodelle können anhand der Ergebnisse der Rauschanalyse wertvolle Aussagen für die Schadensfrüherkennung und zustandsabhängige Instandhaltung gemacht werden.

2.2. Beispiel eines einfachen Systems

Die etwas abstrakten Darlegungen im vorangehenden Abschnitt sollen im folgenden an einem einfachen Beispiel illustriert werden, das auch einige grundsätzliche Probleme der Rauschdiagnostik andeutet. Als Beispiel diene der Einkochtopf im Haushalt, mit dessen Hilfe die Sterilisation und der sterile Verschluß des Inhaltes von Einkochgläsern erreicht wird (Abb. 4). Das System ist in diesem Fall der Einkochtopf mit Deckel, Thermometer, Einkochgläsern samt Inhalt, Wasserbad, Gasbrenner und Einstellventil. Der erwünschte Prozeß ist das Erhitzen des Wasserbades auf eine bestimmte Temperatur, Halten dieser Temperatur über einen gewissen Zeitraum und danach langsames Abkühlen auf Zimmertemperatur. Die Überwachung des erwünschten Prozesses erfolgt durch Messung der Temperatur des Wasserbades mit Hilfe des Thermometers. Als unerwünschter Nebenprozeß tritt Dampfblasenbildung und -zerfall auf, ein Prozeß, der sich im Wallen und Brodeln des Wassers äußert. Dieser Prozeß wird zwar nicht benötigt, um das Ziel der Sterilisation zu erreichen, ist aber untrennbar mit dem erwünschten Prozeß verbunden. Anhand des Thermometers, das aufgrund seiner Trägheit nur den Kurzzeitmittelwert anzeigen kann, läßt sich dieser unerwünschte Prozeß nicht feststellen. Er ist aber unschwer an den damit verbundenen Geräuschen zu erkennen. Im Grunde genommen benötigt eine erfahrene Hausfrau das Thermometer nicht, an den Geräuschen kann sie den etwaigen Prozeßzustand beurteilen.

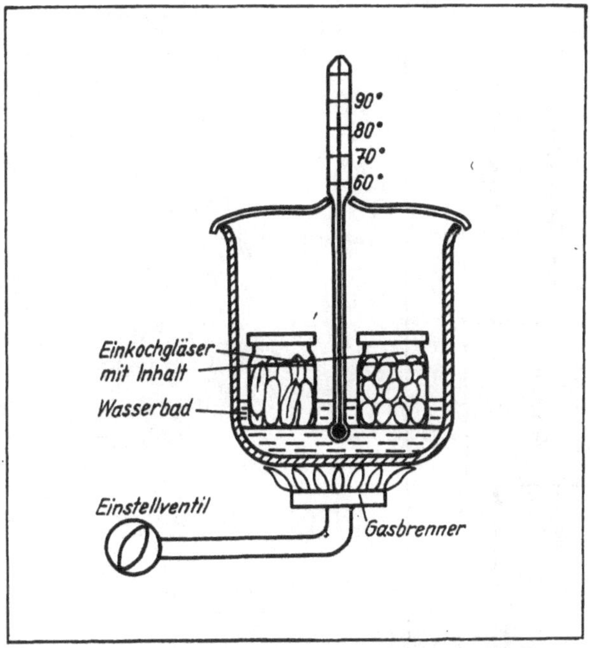

Abb. 4. Einkochapparat als Beispiel eines einfachen Systems

Es ist nützlich, dieses Beispiel etwas eingehender zu betrachten, da es einige verallgemeinerungsfähige Feststellungen gestattet. Abbildung 5 zeigt das System in Form eines Blockschaltbildes. Das Gesamtsystem ist in fünf Teilsysteme unterteilt worden:

Teilsystem I, das Einstellventil, bewirkt die Reduzierung des wirksamen Querschnitts der Gasleitung. Teilsystem II, der Gasbrenner, liefert als Ausgangsgröße eine vom Gasdruck und dem Teilsystem I abhängige Wärmeleistung, die bis auf gewisse Verluste an den Einkochtopf abgegeben wird. Teilsystem III, der Einkochtopf, beherbergt den erwünschten Prozeß. Als Ausgangsgröße treten Wärmeverluste des Topfes an die Umgebung auf. In diesem Teilsystem findet auch der unvermeidliche Nebenprozeß statt, das Sieden des Wasserbades. Dieser ist mit ortsabhängigen stochastischen Schwankungen verschiedener physikalischer Größen verbunden, z. B. der Temperatur im Wasserbad, der Wasserhöhe, des Dampfdrucks im Topf und der Beschleunigung an der Topfoberfläche (Körperschall). Durch Messung dieser Größen ist es grundsätzlich möglich, Informationen über den Siedeprozeß zu erhalten. Teilsystem IV, das Thermometer, erlaubt die Messung des interessierenden Prozeßparameters, der Temperatur des Wasserbades. Das Teilsystem V stellt den Raum dar, in dem sich der Einkochprozeß vollzieht. Als Eingangsgrößen treten die Wärmeverluste der Teilsysteme II und III sowie der Körperschall an der Topfoberfläche auf, als Ausgangsgrößen die Temperatur und der Schall am Ort des Operators (Hausfrau).

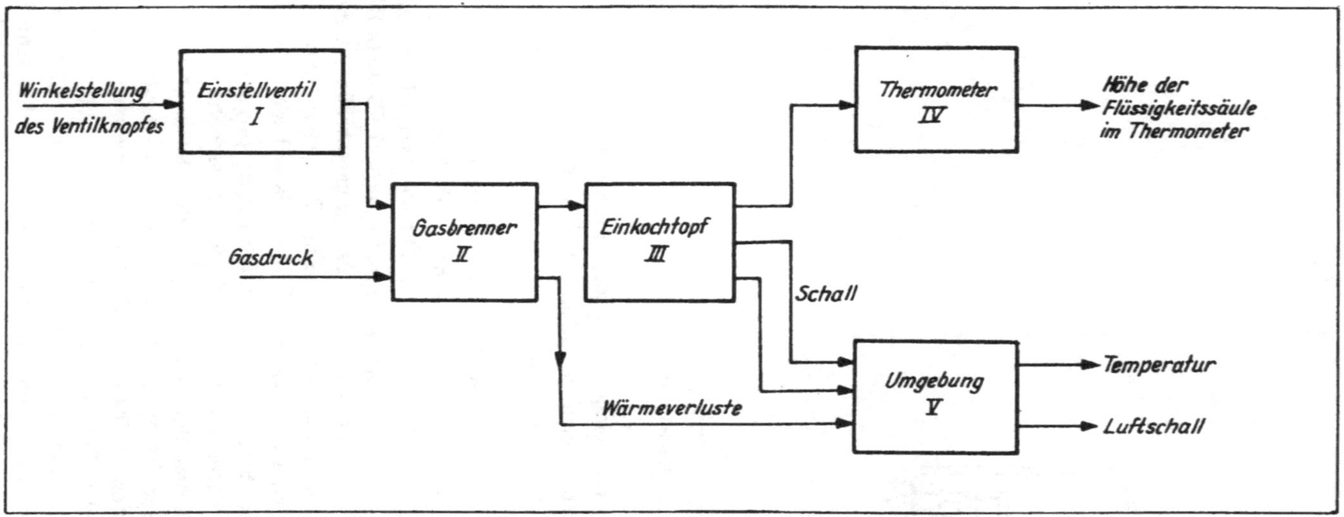

Abb. 5. Blockschaltbild des Systems in Abb. 4

Offensichtlich zeigt dieses Beispiel, daß

1. die Festlegung der Systemgrenzen in gewissen Grenzen willkürlich ist. Zum Beispiel könnte durchaus das Teilsystem III als selbständiges System angenommen werden. Die Eingangsgröße wäre dann die Wärmeleistung, die der Gasbrenner an den Einkochtopf abgibt, die Ausgangsgröße die Wasserbadtemperatur.
2. kein System, auch wenn es noch so umfassend gewählt ist, als abgeschlossen betrachtet werden kann. Zum Beispiel ist die eindeutige Beziehung zwischen der Ventilstellung und der Wärmeleistung des Gasbrenners von der Konstanz des Gasdrucks abhängig. Dieser wird aber durch Prozesse in anderen Systemen, im Gaswerk und im Gasverteilungsnetz beeinflußt. Es würde aber sicher zu weit führen, auch diese Systeme mit in das betrachtete System aufzunehmen. Jedoch ist es notwendig, bei allen Interpretationen zu bedenken, in welchem Maße das gewählte System als abgeschlossen betrachtet werden kann.
3. unerwünschte Prozesse meist in mehreren Ausgangssignalen auftreten, nicht nur in den für die Überwachung des erwünschten Prozesses geeigneten. Dies bedeutet einerseits, daß für die Anwendung der Rauschdiagnostik oft zusätzliche Meßstellen benötigt werden, und andererseits, daß Kreuzkorrelationsverfahren unter Verwendung unterschiedlicher Signaltypen für eine eindeutige Diagnostik möglich sind. Letzteres ist besonders bei Separationsproblemen wesentlich.
4. sich die unerwünschten Prozesse meist nicht in den konventionellen Meßkanälen erfassen lassen, da diese durch träge Meßwertaufnehmer, träge Registriergeräte und stark bandbegrenzte Übertragungsstrecken nur die Messung von Kurzzeitmittelwerten gestatten. Aus diesem Grunde sind für die konventionell verwendeten Ausgangssignale meist auch zusätzliche Meßkanäle zur Rauschdiagnostik notwendig.

3. Beschreibung und Analyse von Rauschsignalen

3.1. Klassifizierung von Rauschsignalen

In Gleichung (2.2), die als Definitionsgleichung für Rauschsignale gelten soll, werden keine Voraussetzungen über den Signaltyp gemacht. Es wird nur gefordert, daß sich das Signal aus Frequenzkomponenten oberhalb einer bestimmten unteren Grenzfrequenz zusammensetzt. Diese Definition läßt eine Vielzahl unterschiedlicher Signaltypen zu, die schwerlich mit ein und derselben Methode analysiert und beschrieben werden können. Es ist dazu notwendig, eine geeignete Einteilung in Signalklassen vorzunehmen. Als Ausgangspunkt diene die übliche Klassifizierung physikalischer Signale (Abb. 6) [35].

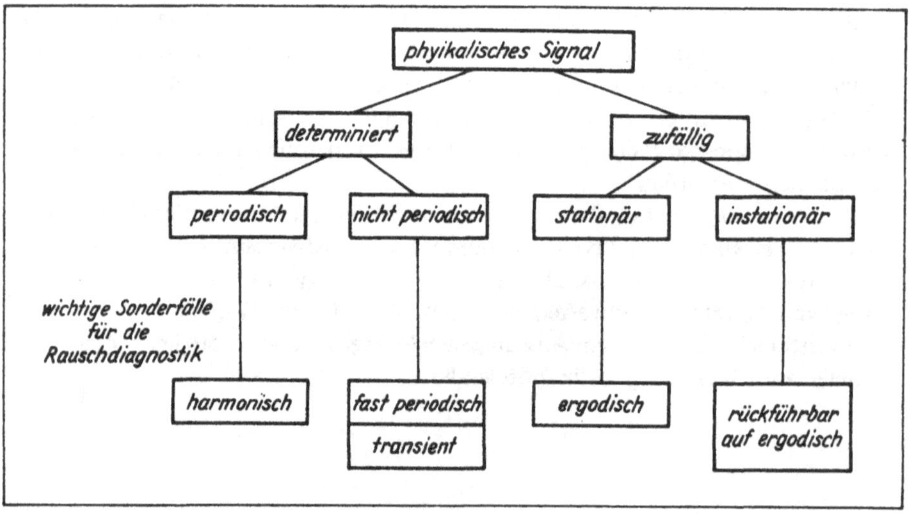

Abb. 6. Allgemeine Klassifikation physikalischer Signale

Die *determinierten Signale* sind dadurch gekennzeichnet, daß sie in ihrem Zeitverlauf explizit durch eine mathematische Beziehung beschreibbar sind, d. h. ihr Signalverlauf kann exakt vorausgesagt werden. Sie können in periodische und nichtperiodische Signale unterteilt werden. Ein *periodisches Signal* ist durch die Wiederholung in einem festen Zeitintervall, der Periodendauer T, gekennzeichnet

$$x(t) = x(t \pm \nu T) \qquad \nu = 1, 2, 3 \ldots \tag{3.1}$$

sowie durch die Möglichkeit der Darstellung als *Fourier-Reihe*

$$x(t) = \sum_{\nu=-\infty}^{+\infty} X_\nu e^{+j \frac{2\pi}{T} \nu t}, \tag{3.2}$$

worin die

$$X_\nu = \frac{1}{T} \int_{-T/2}^{T/2} x(t)\, e^{-j \frac{2\pi}{T} \nu t}\, dt \tag{3.3}$$

die sogenannten *spektralen Amplituden* (Fourier-Koeffizienten) sind.

Ein Sonderfall des periodischen Signals ist das *harmonische Signal*, in dem sich die Fourier-Reihe (3.2) auf die Grundharmonische $\nu = \pm 1$ reduziert:

$$x(t) = x_o \cos\left(\frac{2\pi}{T} t + \varphi\right) \tag{3.4}$$

mit x_o als Amplitude und φ als Phase.

Aus den *nichtperiodischen Signalen* wurde eine Klasse ausgewählt, die für die Rauschdiagnostik interessant ist, die der *fastperiodischen Signale*, die durch Summation mehrerer periodischer Signale entstehen, deren Grundfrequenzen $^1/_T$ nicht im Verhältnis rationaler Zahlen stehen. Die *transienten Signale* umfassen praktisch alle restlichen determinierten Signale, die z. B. von Abkling-, Ausschwing- oder auch Ausschaltprozessen stammen.

Die *zufälligen Signale* können nicht explizit durch eine mathematische Beziehung beschrieben werden; bezüglich ihres Zeitverlaufes sind nur Wahrscheinlichkeitsaussagen möglich. Sie sollen hier nicht mit mathematischer Exaktheit eingeführt werden, dazu sei auf entsprechende Lehrbücher verwiesen [35–37]. Nur an gewisse Grundeigenschaften soll in anschaulicher Weise erinnert werden.

Ein zufälliger Prozeß wird im allgemeinen Fall durch ein Ensemble von Signalen $x_\nu(t)$ charakterisiert, die von (unendlich) vielen unabhängigen, aber unter gleichen Bedingungen verlaufenden Prozessen stammen. Im Beispiel 2.2. könnte der Siedeprozeß zum Zeitpunkt t mit Hilfe des Ensembles der Höhenstandwerte (z. B. im Zentrum des Topfes) von vielen unabhängigen, aber in gleicher Weise betriebenen Wasserbädern beschrieben werden. Die interessierende Information ist in verschiedenen Kennwerten bzw. Kennfunktionen dieses Ensembles enthalten, z. B. im Ensemble-Mittelwert

$$\mu_x(t) = \lim_{N\to\infty} \frac{1}{N} \sum_{\nu=1}^{N} x_\nu(t) \tag{3.5}$$

und in der Ensemble-Streuung

$$\sigma_x^2(t) = \lim_{N\to\infty} \frac{1}{N} \sum_{\nu=1}^{N} [x_\nu(t) - \mu_x(t)]^2. \tag{3.6}$$

Im Beispiel 2.2. stellt der Mittelwert den mittleren Höhenstand zum Zeitpunkt t dar, die Streuung charakterisiert die Heftigkeit des Siedeprozesses in Form des mittleren quadratischen Höhenstandsunterschiedes in den verschiedenen Wasserbädern zum Zeitpunkt t.

Sind die Kennwerte unabhängig vom Zeitpunkt t, dann wird der Prozeß als *stationär* bezeichnet. Im gewählten Beispiel würde dies bedeuten, daß kein Wasser aus dem Topf entweichen dürfte und die Wärmebilanz des Wasserbades ausgeglichen wäre. Ist dies nicht der Fall, verändern sich die mittlere Wasserhöhe und die Heftigkeit des Prozesses mit der Zeit, d. h. der Prozeß würde *instationär* sein.

Die stationären Prozesse haben noch eine sehr wichtige Unterklasse, die *ergodischen* Prozesse, die dadurch charakterisiert sind, daß die Ensemble-Kennwerte mit den Kennwerten übereinstimmen, die durch Zeitmittelung aus einem einzelnen Signal des Ensembles ermittelt werden, d. h.

$$\mu_x = \lim_{T\to\infty} \frac{1}{T} \int_0^T x_\nu(t)\, dt \qquad \nu = 1, 2, 3 \ldots \tag{3.7}$$

$$\sigma_x^2 = \lim_{T\to\infty} \frac{1}{T} \int_0^T [x_\nu(t) - \mu_x]^2\, dt \qquad \nu = 1, 2, 3 \ldots \tag{3.8}$$

Diese Bedingung der Ergodizität würde im Beispiel 2.2. bedeuten, daß es zur Bestimmung der mittleren Wasserhöhe und der Heftigkeit des Prozesses ausreichend wäre, wenn nur in einem Wasserbad Mittelwert und Streuung entsprechend den Gleichungen (3.7) und (3.8) bestimmt würden. Glücklicherweise können praktisch, d. h. innerhalb sinnvoller Zeitintervalle, alle zufälligen stationären physikalischen Prozesse als ergodisch angenommen, d. h. ihre Kennwerte und Kennfunktionen durch Mittelung eines oder mehrerer Signale im Zeitbereich bestimmt werden.

Auch für Messungen von instationären Zufallsprozessen, die im allgemeinen kaum einer korrekten Beschreibung zugängig sind, ist in vielen Fällen die Zeitmittelung möglich. Dazu ist ein Modell des Prozesses notwendig, das häufig eine Zerlegung des instationären Zufallsprozesses in einen stationären Zufallsprozeß und einen determinierten Prozeß ermöglicht. Ein bekanntes Beispiel ist die Zerlegung des instationären Zufallssignals y(t) in das stationäre Zufallssignal x(t) und den determinierten Multiplikationsfaktor A(t):

$$y(t) = A(t)\, x(t) \tag{3.9}$$

Soweit die allgemeine Klassifizierung der Rauschsignale, wie sie in Abbildung 6 dargestellt ist. Jede Klassifizierung stellt natürlich eine Abstraktion dar; die in der Praxis vorkommenden Signale lassen sich meist nur näherungsweise in eine dieser Klassen einordnen, häufig sind sie nur durch eine Überlagerung von Signalen verschiedener Klassen zu beschreiben. Sowohl streng periodische als auch streng stationäre Signale treten kaum auf. Wegen der Nichtabgeschlossenheit der Systeme, in denen die signalerzeugenden Prozesse auflaufen, sind Instationaritäten unvermeidlich. Für die Belange der praktischen Rauschdiagnostik ist eine abgewandelte Form der Klassifizierung günstiger, welche die Signale nach den anzuwendenden Methoden der Signalanalyse einteilt. Tabelle 1 enthält eine derartige Klassifikation, die im nächsten Abschnitt näher erläutert wird.

Tabelle 1
Klassifikation der Rauschsignale

1. *Einfache Signale*
   - 1.1. periodische Signale
   - 1.2. transiente Signale
   - 1.3. stochastische (ergodische) Signale
2. *Kombinierte Signale (additive Mischung)*
   - 2.1. fast periodische Signale
   - 2.2. verrauschte periodische Signale
3. *Kombinierte Signale (Mischung durch Faltung)*
   - 3.1. periodisch sich wiederholende transiente Signale
   - 3.2. stochastisch sich wiederholende transiente Signale
4. *Kombinierte Signale (multiplikative Mischung)*
   - 4.1. stochastisches Signal X periodisches Signal
   - 4.2. transientes Signal X periodisches Signal
   - 4.3. transientes Signal X stochastisches Signal
5. *Mehrfach kombinierte Signale*
   - 5.1. periodisches Signal, einem periodisch sich wiederholendem transienten Signal gleicher Periodendauer überlagert
   - 5.2. periodisches Signal, einem stochastisch sich wiederholendem transienten Signal überlagert
   - 5.3. stochastisches Signal, einem periodisch sich wiederholendem transienten Signal überlagert
   - 5.4. stochastisches Signal, einem stochastisch sich wiederholendem transienten Signal überlagert

3.2. Beschreibung und Analyse von einzelnen Rauschsignalen

3.2.1. Einfache Signale

Die Analyse eines unbekannten Rauschsignals beginnt üblicherweise mit Standardverfahren, die sowohl eine Bestimmung des Signaltyps als auch einiger seiner Kennwerte gestatten. Wenn diese Informationen nicht ausreichen, werden im zweiten Schritt spezielle Analyseverfahren angewendet, die dem betreffenden Signaltyp besser angepaßt sind. Als Standardverfahren haben sich die Methoden zur Analyse stochastischer Signale, die als ergodisch angenommen werden können, gut bewährt. Um die Darstellung der verschiedenen Signaltypen mit Hilfe dieser Standardkennfunktionen vornehmen zu können, wird dieser Abschnitt, abweichend von der Reihenfolge in Tabelle 1, die vom Einfachen zum Komplizierten fortschreitet, mit den stochastischen Signalen beginnen.

3.2.1.1. Stochastische Signale

Stochastische Signale lassen sich durch *Kennwerte* darstellen, d. h. einzelne Zeitmittelwerte wie (3.7) und (3.8), besser aber durch *Kennfunktionen,* d. h. Zeitmittelwerte in Abhängigkeit von einer Variablen – der Zeitverzögerung, Frequenz oder Amplitude. Die Definitionen beziehen sich grundsätzlich auf einen unbegrenzten Zeitraum von $-\infty$ bis $+\infty$. Bei praktischen Messungen sind natürlich nur begrenzte Zeiträume verfügbar, d. h. es ist grundsätzlich keine exakte Bestimmung, sondern nur eine *Schätzung* der Kennwerte und Kennfunktionen möglich. Zunächst werden die verschiedenen Kennfunktionen, die grundsätzlichen Methoden ihrer Schätzung und anschließend die Kennwerte vorgestellt. Die Darstellung der Korrelationsfunktion und der Spektraldichte wird auf den praktisch interessierenden Fall zentrierter Signale beschränkt, d. h. auf Signale mit dem Mittelwert $\mu_x = 0$.

Die *Wahrscheinlichkeitsdichte* p(x) beschreibt die Wahrscheinlichkeit, daß zu einem beliebigen Zeitpunkt t das Signal x(t) in einem Amplitudenintervall $x < x(t) < x + dx$ liegt:

$$p(x)\ dx = P\left\{ x < x(t) < x + dx \right\} \tag{3.10}$$

Eine anschaulichere Darstellung, die überdies auch das Analyseverfahren enthält, ist über den aus dem Bereich der diskreten Signale stammenden Begriff der *Häufigkeit* möglich. Sind Δx die Größe der Amplitudenintervalle und N die Gesamtzahl der gemessenen Signalwerte x_ν, so ist der Erwartungswert für die Anzahl ΔN von Signalwerten im Amplitudenbereich $x < x_\nu < x + \Delta x$:

$$E\left\{ \Delta N\ (x < x_\nu < x + \Delta x) \right\} = N\ p(x)\ \Delta x \tag{3.11}$$

Die Schätzung von Wahrscheinlichkeitsdichten erfolgt grundsätzlich durch Messung der Häufigkeit:

$$\frac{\Delta N\ (x < x_\nu < x + \Delta x)}{N \Delta x} \approx p(x) \tag{3.12}$$

Abbildung 7 zeigt in Spalte 2 die Wahrscheinlichkeitsdichte einiger typischer (nicht nur stochastischer) Signale. Es wird deutlich, daß zwischen stochastischen und harmonischen Signalen sehr gut zu unterscheiden ist, daß aber sowohl zwischen harmonischen Signalen verschiedener Frequenz als auch zwi-

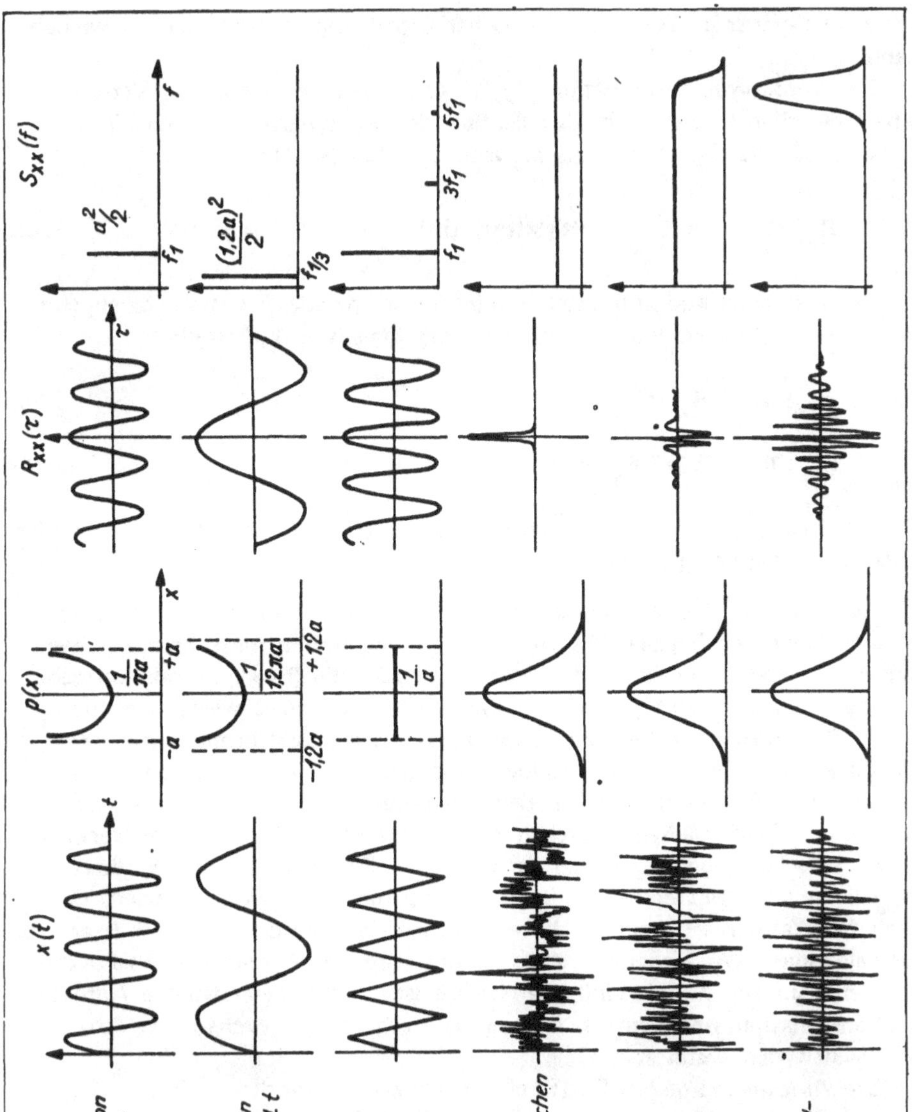

Abb. 7. Kennfunktionen einiger ausgewählter Signale

schen verschiedenen Typen stochastischer Signale nicht unterschieden werden kann.

Die *Autokorrelationsfunktion* $R_{xx}(\tau)$ charakterisiert die innere Verwandtschaft des Signals x(t), d. h. den Einfluß der Signalwerte zum beliebigen Zeitpunkt t auf die Signalwerte zu späteren Zeitpunkten $t+\tau$:

$$R_{xx}(\tau) = \lim_{T\to\infty} \frac{1}{T} \int_0^T x(t)\, x(t+\tau)\, dt \tag{3.13}$$

Die Autokorrelationsfunktion ist eine reelle, gerade Funktion, deren Maximum bei $\tau = 0$ liegt und die Streuung des Signals x(t) darstellt.

$$R_{xx}(-\tau) = R_{xx}(\tau) \tag{3.14}$$

$$R_{xx}(0) = \sigma_x^2 \geqslant |\, R_{xx}(\tau) \,| \tag{3.15}$$

Die Schätzung der Autokorrelationsfunktion erfolgt nach (3.13), aber natürlich ohne den Grenzübergang $\lim\limits_{T\to\infty}$.

Abbildung 7, Spalte 3, enthält die Autokorrelationsfunktionen der ausgewählten typischen Signale. Die Autokorrelationsfunktion eines harmonischen Signals ist eine Cosinusfunktion gleicher Periode, die Phaseninformation geht verloren. Das komplexe periodische Signal ergibt ebenfalls wieder eine periodische Autokorrelationsfunktion; allerdings ist der Zusammenhang mit dem Originalsignal nicht mehr unmittelbar zu erkennen. Die stochastischen Signale verschiedener Bandbreite ergeben deutlich unterschiedliche Autokorrelationsfunktionen. Beim weißen Rauschen existiert per definitionem keine Verwandtschaft zwischen Signalwerten zu verschiedenen Zeitpunkten; nur der Wert $R_{xx}(0)$ ist $\neq 0$. Mit abnehmender Bandbreite entstehen Korrelationen, d. h. auch für Werte $\tau \neq 0$ nimmt die Autokorrelationsfunktion Werte $\neq 0$ an. Je schmalbandiger das Signal ist, umso breiter wird die Autokorrelationsfunktion. Im Vergleich zur Wahrscheinlichkeitsdichte ist festzustellen, daß die Autokorrelationsfunktion eine deutlich bessere Unterscheidung zwischen den verschiedenen Signaltypen gestattet.

Die *Autospektraldichte* $S_{xx}(f)$ charakterisiert die mittlere Leistung des Signals x(t) bei der Frequenz f, bezogen auf ein Frequenzintervall von 1 Hz. Anschaulich läßt sich diese Definition mit Hilfe eines Frequenzfilters (Abb. 8) darstellen, das vom Signal x(t) nur den Anteil $x(t, f, \Delta f)$ durchläßt, der Frequenzen im Bereich von $f \pm \Delta f/2$ besitzt. Die Leistung des Ausgangssignals, das für alle Frequenzwerte $f \neq 0$ automatisch zentriert ist, beträgt:

$$\sigma_x^2(f, \Delta f) = \lim_{T\to\infty} \frac{1}{T} \int_0^T x^2(t, f, \Delta f)\, dt \tag{3.16}$$

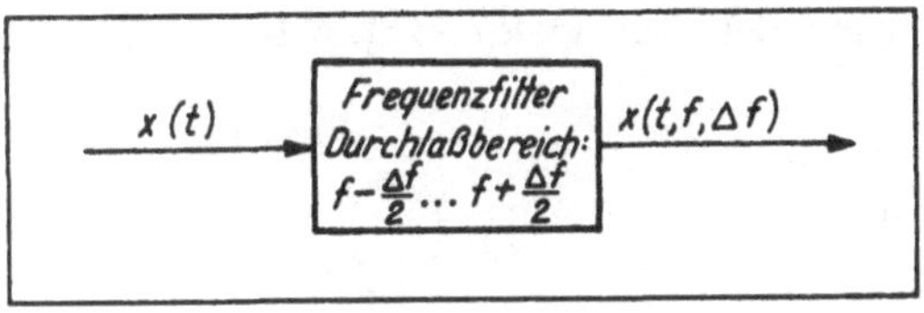

Abb. 8. Zur Veranschaulichung der Autospektraldichte-Definition

Daraus läßt sich die Autospektraldichte $S_{xx}(f)$ gewinnen, indem einerseits mittels Division durch die Bandbreite Δf der Bezug auf 1 Hz Bandbreite hergestellt und andererseits durch Grenzübergang zu $\Delta f \to 0$ die Integration über ein endliches Frequenzgebiet beseitigt wird:

$$S_{xx}(f) = \lim_{\Delta f \to 0} \frac{\sigma_x^2(f, \Delta f)}{\Delta f} \tag{3.17}$$

Diese Funktion ist offensichtlich reell und positiv definit.

Das Frequenzfilter läßt sich auch mit Hilfe der Fourier-Transformation verwirklichen. Die Operation

$$\left| \int_0^T x(t)\, e^{-j\omega t}\, dt \right|^2 \tag{3.18}$$

wirkt wie ein Frequenzfilter. Dies ist auch plausibel, wenn die Fourier-Reihendarstellung (3.2) und (3.3) betrachtet wird. Mit $\omega = 2\pi\nu/T$ stellt das Integral nichts anderes dar als $X_\nu T$, d. h. den Fourier-Koeffizienten der ν-ten Harmonischen der Grundfrequenz $1/T$. Bezüglich des korrekten Nachweises sei z. B. auf [35] verwiesen. Mit Hilfe der Fourier-Transformation läßt sich die Autospektraldichte dann folgendermaßen darstellen:

$$S_{xx}(f) = \lim_{N \to \infty} \frac{2}{N} \sum_{\nu=1}^{N} \frac{1}{T} \left| \int_{t_\nu}^{t_\nu + T} x(t)\, e^{-j\omega t}\, dt \right|^2, \tag{3.19}$$

wobei die t_ν in ihrem Zeitabstand $>T$ so zu wählen sind, daß die einzelnen Schätzungen untereinander unkorreliert sind.

Diese relativ kompliziert anmutende Darstellung ist notwendig, da die naheliegende Definition

$$\lim_{T \to \infty} \frac{2}{T} \left| \int_0^T x(t)\, e^{-j\omega t}\, dt \right|^2 \tag{3.20}$$

zwar erwartungstreu ist, d. h. als Erwartungswert die Autospektraldichte hat, aber die Streuung der Schätzung, d. h. ihre mittlere quadratische Abweichung von dem Erwartungswert, konvergiert für $T \to \infty$ nicht gegen 0, sie ist unabhängig von T [35, 36].

Eine dritte Möglichkeit der Definition der Autospektraldichte bieten die Wiener-Chintschinschen Beziehungen

$$S_{xx}(f) = 2 \int_{-\infty}^{\infty} R_{xx}(\tau)\ e^{-j\omega\tau}\ d\tau \tag{3.21}$$

$$R_{xx}(\tau) = \int_{0}^{\infty} S_{xx}(f)\ e^{j\omega\tau}\ df, \tag{3.22}$$

die für ergodische Signale den Zusammenhang zwischen Korrelationsfunktion und Spektraldichte beschreiben. Sie gestatten die Berechnung der Autospektraldichte aus der bekannten Autokorrelationsfunktion (3.21) sowie die Berechnung der Autokorrelationsfunktion aus der bekannten Autospektraldichte (3.22).

Die Schätzung der Autospektraldichte kann nach allen 3 Definitionsgleichungen (3.17), (3.19) und (3.21) erfolgen, jedoch wieder unter Verzicht auf die Grenzübergänge. Abbildung 7 enthält in Spalte 4 die Autospektraldichten der ausgewählten Signale. Die harmonische Funktion reduziert sich auf eine Linie $S_{xx}(f) = x_0^2\ \delta\ (f-f_0)/2$ und die komplexe periodische Funktion auf mehrere Linien, die Grundharmonische und ihre Oberharmonischen. Da nur die Signalleistung beschrieben wird, gehen auch bei dieser Kennfunktion die Phaseninformationen verloren. Die statistischen Signale verschiedener Brandbreite werden unmittelbar anschaulich wiedergegeben. Diese unmittelbare Anschaulichkeit ist auch ein wesentlicher Grund dafür, daß im allgemeinen der Autospektraldichte der Vorzug gegenüber der Korrelationsfunktion gegeben wird. Bezüglich der Unterscheidung zwischen den verschiedenen Signaltypen trifft das gleiche wie bei der Autokorrelationsfunktion zu, sie ist ohne Schwierigkeiten möglich.

Alle drei Kennfunktionen $p(x)$, $R_{xx}(\tau)$ und $S_{xx}(f)$ werden auch heute noch für die Beschreibung von Rauschsignalen verwendet. Zwar hat die Spektraldichte in vielen Fällen Vorteile, aber bei verschiedenen speziellen Signalen werden auch die beiden anderen Kennfunktionen mit Vorteil angewendet. Es ist nicht sinnvoll, auf sie zu verzichten.

Alle *Kennwerte* sind als *Momente* der Wahrscheinlichkeitsdichte darstellbar

$$\mu_x^{(\nu)} = \int_{-\infty}^{\infty} x^{\nu}\ p(x)\ dx, \tag{3.23}$$

wobei ν die Ordnung des Momentes bezeichnet. Das Moment 1. Ordnung ist der bekannte Mittelwert, das Moment 2. Ordnung der quadratische Mittelwert, der unmittelbar mit der Streuung zusammenhängt

$$\sigma_x^2 = \mu_x^{(2)} - [\mu_x^{(1)}]^2 \tag{3.24}$$

Die höheren Momente sind in der Rauschdiagnostik bisher kaum verwendet worden. Die Schätzung der Momente kann einerseits über die Beziehung (3.23) erfolgen, wenn die Wahrscheinlichkeitsdichte bekannt ist. Andererseits können die Zeitmittelwerte entsprechend (3.7) und (3.8) auch direkt bestimmt werden.

3.2.1.2. Periodische Signale

Die periodischen Signale lassen sich exakt darstellen sowohl als Zeitfunktion x(t) innerhalb einer Periode $-T/2 \leq t \leq +T/2$ als auch mit Hilfe der spektralen Amplituden (3.3) der Fourier-Reihe. Die erstere Darstellungsweise ist hinreichend bekannt, die letztere sei an Hand eines Beispiels näher betrachtet.

Dafür sei die Rechteckwelle gewählt (Abb. 9). Die spektralen Amplituden sind von der Phasenlage der Rechteckwelle abhängig, die durch die Zeitverzögerung τ gekennzeichnet wird:

$$X_\nu = \frac{A}{T} \left[\int_{-T/2}^{-T/2+\tau} e^{-j\nu\omega_o t}\, dt - \int_{-T/2+\tau}^{\tau} e^{-j\nu\omega_o t}\, dt + \int_{\tau}^{T/2} e^{-j\nu\omega_o t}\, dt \right]$$

$$= \frac{A}{T\nu} \left[\sin \nu\pi - 2\, e^{-j\nu\omega_o(\tau - T/4)} \sin \nu\pi/2 \right] \tag{3.25}$$

mit $\omega_o = 2\pi/T$, der der Grundfrequenz $f_o = 1/T$ entsprechenden Kreisfrequenz.

Für $\nu = 0$ ergibt sich erwartungsgemäß $X_0 = 0$, für alle anderen Werte $\nu \neq 0$ gilt

$$X_\nu = -\frac{2A}{\pi\nu} e^{-j\Theta_\nu} \sin \nu\pi/2 \tag{3.26}$$

mit

$$\Theta_\nu = \nu\omega_o (\tau - T/4). \tag{3.27}$$

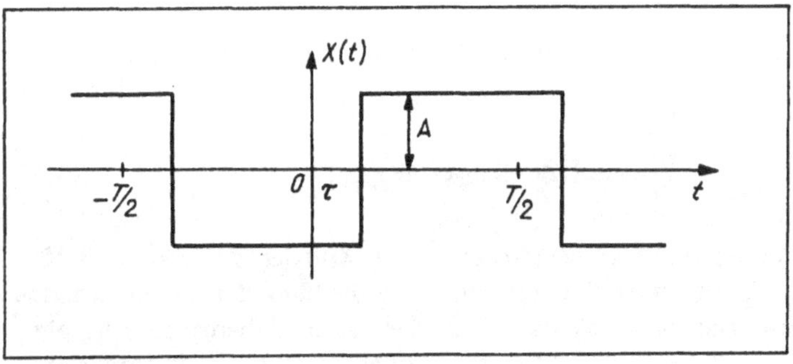

Abb. 9. Rechteckwelle mit der Periode T und der Zeitverschiebung τ bezüglich t = 0

Die spektralen Amplituden X_ν sind im allgemeinen komplexe Größen, die von der Zeitverzögerung τ abhängen. Die Beträge der spektralen Amplituden

$$| X_\nu | = \frac{2A}{\pi|\nu|} \tag{3.28}$$

sind dagegen von τ unabhängig. In Abbildung 10 sind für einige ausgewählte Werte von τ, die nur reelle oder rein imaginäre Werte für X_ν ergeben, die spektralen Amplituden in Abhängigkeit von der Frequenz νf_o dargestellt. Schon in diesem einfachen Fall zeigt sich, daß auf diese Weise eine übersichtliche Darstellung des Signals nicht möglich ist. Die Gemeinsamkeiten aller Kurven vermittelt aufgrund der fehlenden Abhängigkeit von τ die Darstellung des Absolutbetrages. Da $|X_{-\nu}| = |X_\nu|$ gilt, wurde nur die einseitige Darstellung gewählt, die der Autospektraldichte ähnlich ist. Nach der Definition (3.19) gilt

$$S_{xx}(\nu f_o) = 2T|X_\nu|^2 . \tag{3.29}$$

Auf diese Darstellungsform wird im Rahmen der diskreten Fourier-Transformation noch ausführlich eingegangen.

Entsprechend (3.2) kann mit Hilfe der spektralen Amplituden (3.26) das Zeitsignal wieder zusammengesetzt werden:

$$x(t) = - \frac{2A}{\pi} \sum_{\nu=-\infty}^{\infty} \frac{\sin[(2\nu+1)\ \pi/2]}{2\nu+1}\ e^{-j\Theta_{2\nu+1}} \cdot e^{j(2\nu+1)\omega_o t} \tag{3.30}$$

Diese Beziehung läßt sich unmittelbar in die bekannteste Form der Fourier-Reihe mit cos- und sin-Funktionen überführen:

$$x(t) = - \frac{4A}{\pi} \sum_{\nu=1}^{\infty} \left\{ \frac{(-1)^\nu}{2\nu+1} \cos\Theta_{2\nu+1} \cos[(2\nu+1)\omega_o t] + \sin\Theta_{2\nu+1} \sin[(2\nu+1)\omega_o t] \right\} \tag{3.31}$$

Daraus folgt die andere Form der Fourier-Reihe, in der nur cos-Funktionen verwendet werden:

$$x(t) = - \frac{4A}{\pi} \sum_{\nu=1}^{\infty} \frac{(-1)^\nu}{2\nu+1} \cos[(2\nu+1)\omega_o t - \Theta_{2\nu+1}] \tag{3.32}$$

In Abbildung 11a ist die Summe der ersten 10 Glieder der Reihe (3.32) für τ = o, d. h. $\Theta_{2\nu+1} = (2\nu+1)\pi/2$ dargestellt, die deutlich den zu erwartenden Verlauf der Rechteckwelle zeigt. In der Nähe der steilen Übergänge tritt ein Überschwingen auf, das bekannte GIBBSsche Phänomen [38]. Zum Vergleich ist in Abbildung 11b ebenfalls die Summe der ersten 10 Glieder einer Reihe

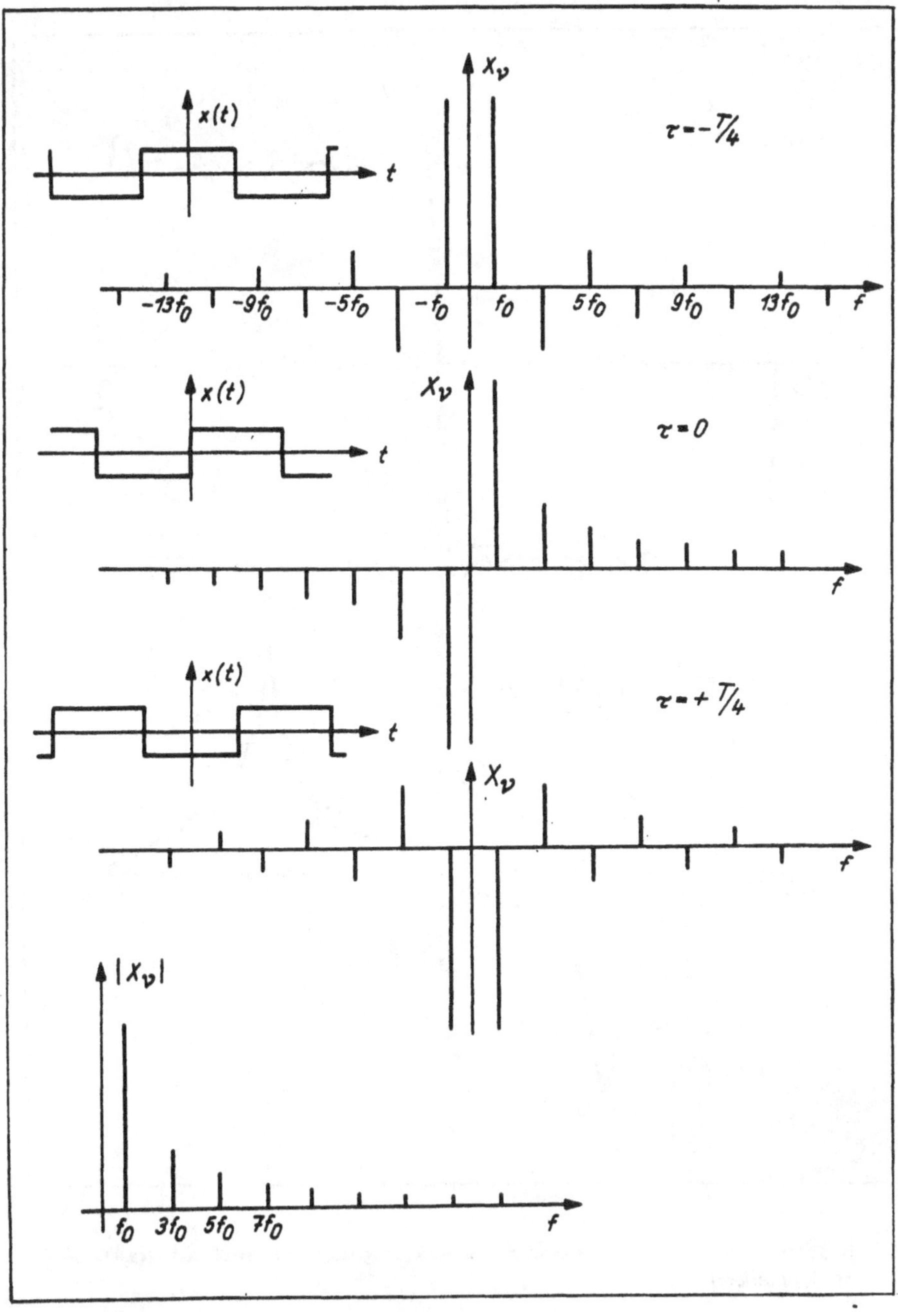

Abb. 10. Spektrale Amplituden der Rechteckwelle bei verschiedenen Zeitverschiebungen τ bezüglich t = 0

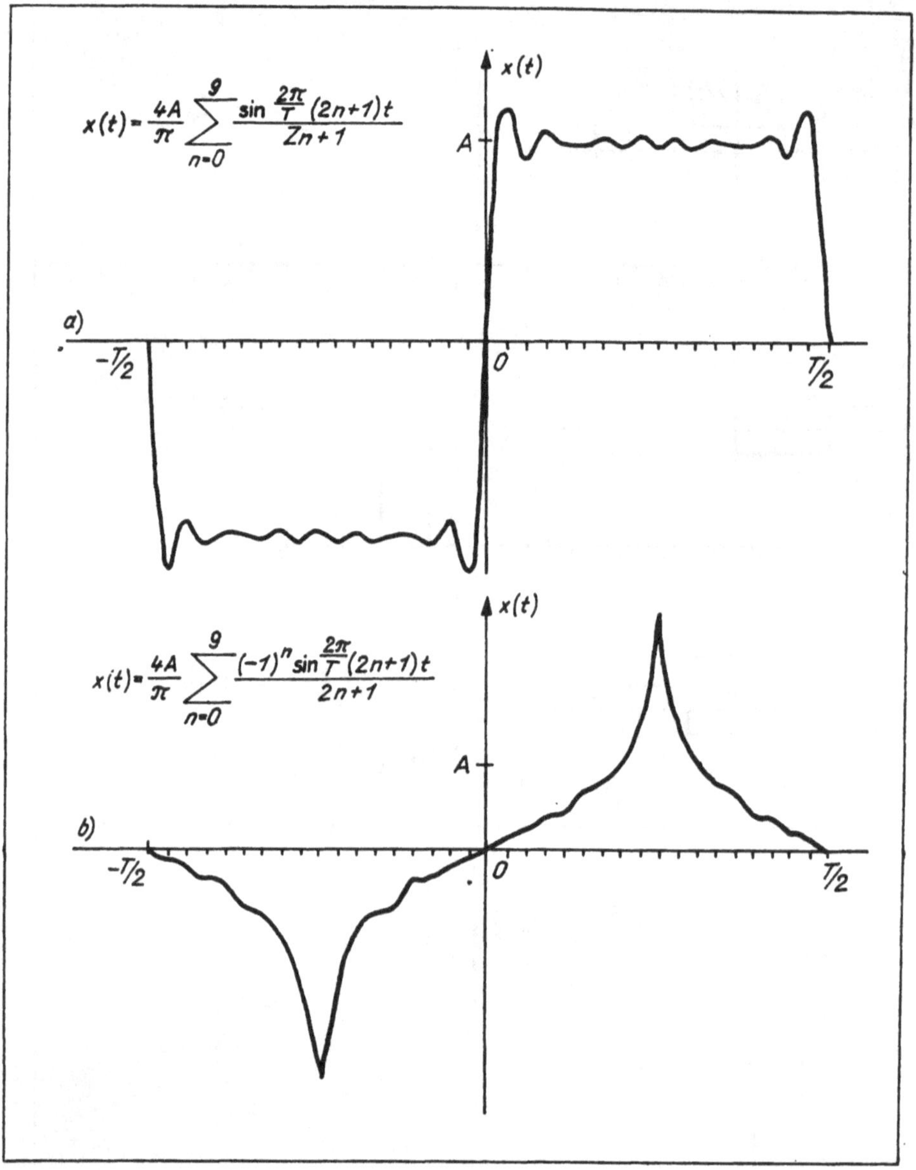

Abb. 11. Beispiel von zwei verschiedenen periodischen Signalen mit gleichen Beträgen der spektralen Amplituden

gezeigt, in der gegenüber (3.32) nur der Faktor $(-1)^\nu$ weggelassen wurde. Diese Reihe hat demnach die gleichen Beträge der spektralen Amplituden, zeigt aber einen völlig anderen Verlauf. Der Unterschied der beiden Kurven demonstriert, daß die Beträge der spektralen Amplituden nicht die Kurvenform bestimmen. Die Beträge und damit wegen (3.29) auch die Autospektraldichte können nur einen Hinweis auf den Typ des Signals geben, eine klare Aussage ist nur mit Hilfe der komplexen spektralen Amplituden möglich.

Für die Analyse periodischer Signale kommt offensichtlich in erster Linie der Zeitbereich in Frage, und zwar die direkte Registrierung des Zeitsignals x(t) über eine volle Periode. Für dessen weitere Verarbeitung, bei der es darum geht, charakteristische Parameter des periodischen Signals zu ermitteln, kann die Bestimmung der spektralen Amplituden vorteilhaft angewendet werden.

3.2.1.3. Transiente Signale

Auch für die transienten Signale als determinierte Signale ist die Darstellung im Zeitbereich die naturgegebene. Im Frequenzbereich ist die Beschreibung nicht mehr durch diskrete spektrale Amplituden wie im Falle der periodischen Signale, sondern durch eine kontinuierliche Funktion, die *spektrale Amplitudendichte,* möglich, die durch Fourier-Transformation des Zeitsignals x(t) erhalten wird:

$$X(f) = \int_{-\infty}^{+\infty} x(t)\; e^{-j2\pi ft}\, dt \tag{3.33}$$

Die spektrale Amplitudendichte ist im allgemeinen eine komplexe Funktion, die in Betrags- und Phasenfunktion zerlegt werden kann:

$$X(f) = |\,X(f)\,|\; e^{-j\Theta_x(f)} \tag{3.34}$$

Abbildung 12 zeigt zwei Beispiele von einfachen transienten Signalen. Abbildung 12a betrifft den exponentiellen Abklingprozeß

$$x(t) = A\,e^{-at} \qquad \text{für } t \geqslant 0$$

$$= 0 \qquad t < 0\,.$$

Nach (3.33) ist dann

$$X(f) = A \int_0^{\infty} e^{-at}\, e^{-j2\pi ft}\, dt = \frac{A}{a + j\omega}\,.$$

Für Betrags- und Phasenfunktion ergeben sich

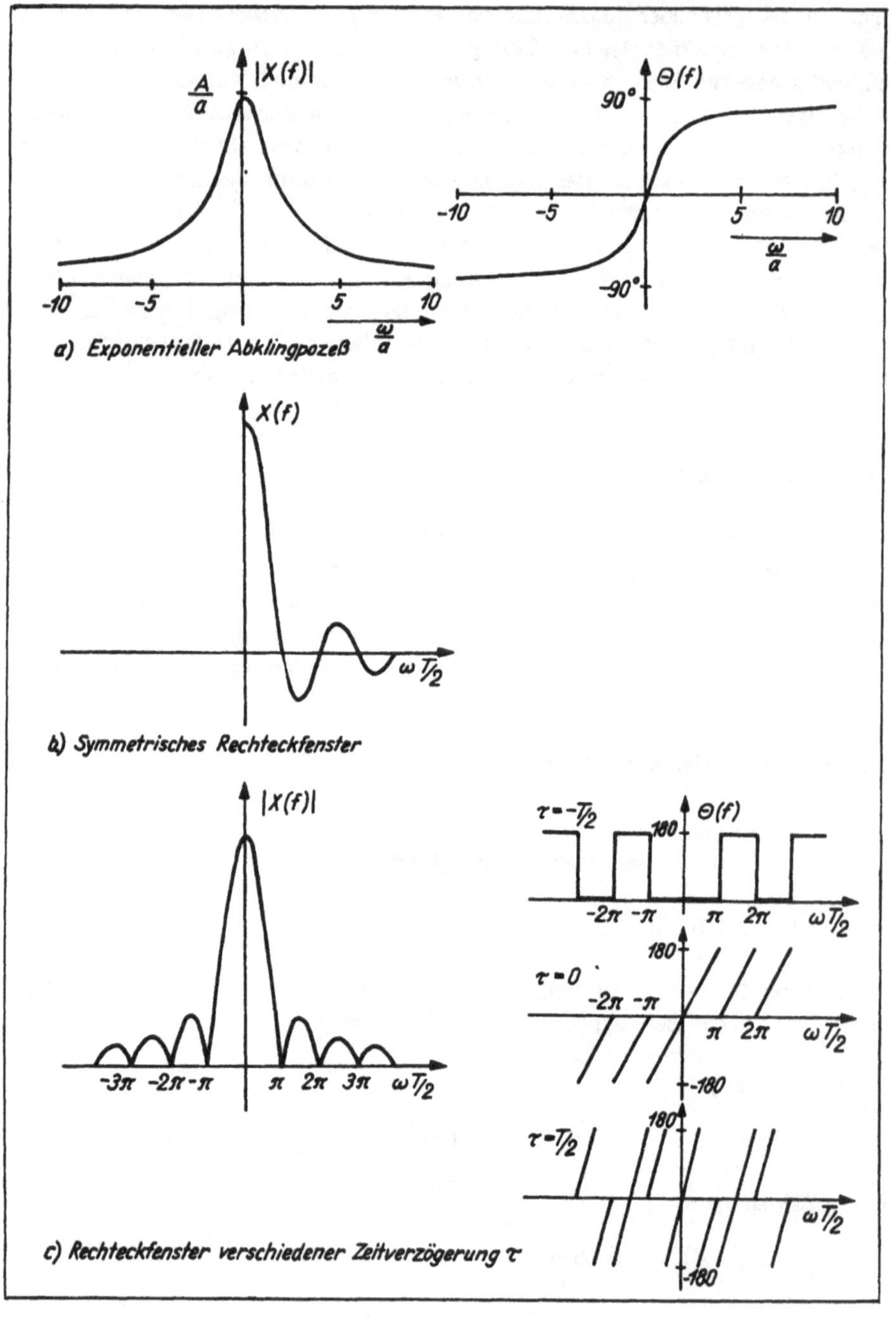

Abb. 12. Beispiele der spektralen Amplitudendichte transienter Signale

$$|X(f)| = \frac{A}{\sqrt{a^2 + \omega^2}} \qquad \text{und} \qquad tg\Theta_x(f) = \frac{\omega}{a}. \tag{3.35}$$

Abbildung 12b stellt das rechteckige Zeitfenster dar, das zur Veranschaulichung des Verhaltens der Phasenfunktion wieder eine Zeitverzögerung τ enthält.

$$x(t) = A \qquad \text{für } \tau \leq t \leq \tau + T$$

$$= 0 \qquad t < \tau \text{ und } t > \tau + T$$

Nach (3.33) ergibt sich dann

$$X(f) = A \int_{\tau}^{\tau+T} e^{-j\omega t}\, dt = AT\; e^{-j\omega(\tau+T/2)} \frac{\sin \omega T/2}{\omega T/2}. \tag{3.36}$$

Auf Grund des Vorzeichenwechsels der sin-Funktion bei $\omega T/2 = \pm \nu\pi$ ist die Darstellung der Phasenfunktion nicht sehr günstig:

$$|X(f)| = A\;T \left| \frac{\sin \omega T/2}{T/2} \right| \text{ unabhängig von } \tau$$

$$\Theta_x(f) = \omega(\tau + T/2) \qquad \text{für } 2\nu\pi < \omega T/2 < (2\nu + 1)\pi \quad \nu = 0, 1, 2 \ldots$$

$$= \omega(\tau + T/2) + \pi \qquad (2\nu + 1)\pi < \omega T/2 < 2(\nu + 1)\pi$$

Für die symmetrische Lage des Zeitfensters ($\tau = -T/2$) wird die spektrale Amplitudendichte eine reelle Funktion, die sogenannte *Spaltfunktion* (Abb. 12b). Sie wird in den folgenden Abschnitten noch häufiger vorkommen. Abbildung 12c zeigt links die zugeordnete Betragsfunktion und rechts die verschiedenen Phasenfunktionen für $\tau = -T$, $-T/2$ und 0. Auch in diesem Fall wird offenbar, daß die komplexe Funktion nicht für eine übersichtliche Darstellung geeignet ist, daß aber die Betragsfunktion einen Hinweis auf den wahrscheinlichen Signaltyp gibt.

Auch für die spektrale Amplitudendichte gilt die Äquivalenz mit der Autospektraldichte entsprechend (3.29).

3.2.2. Einfach-kombinierte Signale

3.2.2.1. Fast-periodische Signale

Dieser Signaltyp entsteht durch additive Überlagerung mehrerer unabhängiger periodischer Signale, deren Grundfrequenzen nicht in einem rationalen Verhältnis, wie z. B. $^3/_4$, stehen. Dieser Fall ist nicht selten: In vielen Anlagen sind mehrere periodisch arbeitende Maschinen (Pumpen, Verdichter, Motoren) gleichzeitig in Betrieb; ihre Grundfrequenzen stimmen meist nicht streng überein, so daß dieser Signaltyp in verschiedenen Rauschsignalen (Druck, Körperschall) auftreten kann. Sei m die Zahl der verschiedenen periodischen Signale, so läßt sich das fast-periodische Signal x(t) durch die Summe von m Fourier-Reihen (3.32) darstellen.

$$x(t) = \sum_{\mu=1}^{m} \sum_{\nu=1}^{\infty} X_{\mu\nu} \cos(2\pi\nu f_{\mu} t - \varphi_{\mu\nu}) \qquad (3.37)$$

Abbildung 13 zeigt ein fast-periodisches Signal, das sich aus 3 unabhängigen Komponenten zusammensetzt, und seine Beschreibung mit Hilfe der Autokorrelationsfunktion und der Autospektraldichte. Der Vorteil der Beschreibung im Spektralbereich ist deutlich zu erkennen, da eine Trennung der einzelnen Signalanteile in übersichtlicher Weise möglich ist.

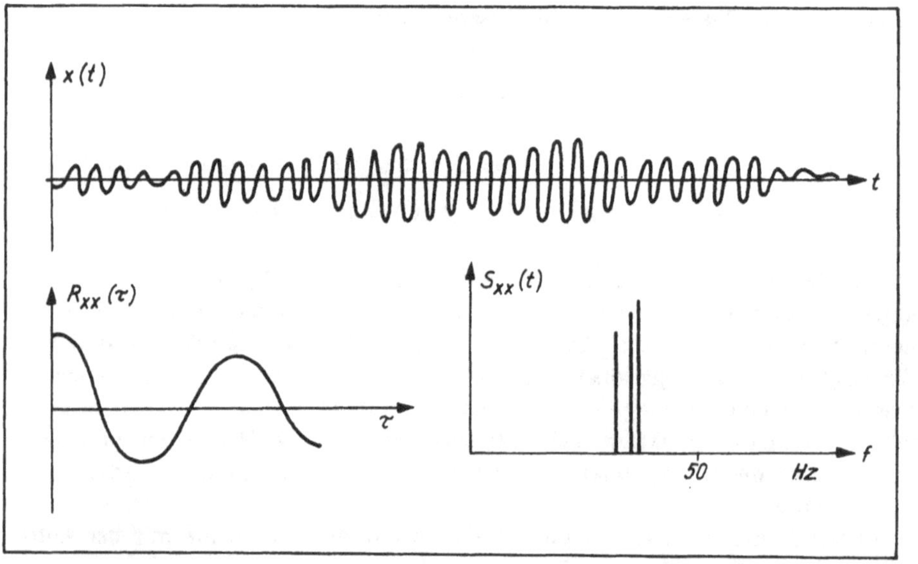

Abb. 13. Beispiel eines fast-periodischen Signals, das sich aus drei harmonischen Signalen (f_1 = 30 Hz, f_2 = 36 Hz, f_3 = 37 Hz) zusammensetzt

3.2.2.2. Verrauschte periodische Signale

Die Analyse dieses Signaltyps ist eine häufig vorkommende Aufgabe. Bei Untersuchungen an unterschiedlichsten Anlagen tritt immer wieder das Problem auf, ein periodisches Signal von einem Untergrund stochastischer Natur abzutrennen. Aber auch der umgekehrte Fall, daß das dominierende periodische

Signal stört und abgetrennt werden soll, ist anzutreffen. In diesem Abschnitt soll nur auf den ersteren Fall eingegangen werden.

Abbildung 14 gibt derartige verrauschte periodische Signale mit verschiedenen Signal–Untergrundverhältnissen und die entsprechenden Darstellungen (Wahrscheinlichkeitsdichte, Autokorrelationsfunktion und Spektraldichte) wieder. In den letztgenannten Kennfunktionen sind die beiden Signalbestandteile recht gut zu trennen. In der Autokorrelationsfunktion sind die periodischen Anteile bei breitbandigem stochastischen Anteil sicher dem periodischen Signal zuzuordnen, während die zusätzlichen Anteile im Gebiet kleiner τ-Werte auf das stochastische Signal zurückzuführen sind. Diese Unterscheidung wird allerdings komplizierter, wenn der Rauschuntergrund schmalbandiger ist. Dann überlagern sich die beiden Anteile. Einfacher ist die Trennung in der Autospektraldichte. Die Resonanzen im Abstand der Harmonischen beschreiben das periodische Signal, der mehr oder weniger konstante Anteil stellt den Rauschuntergrund dar. In der Wahrscheinlichkeitsdichte ist nur im Falle eines relativ großen Signalanteils eine Trennung möglich, wobei sich natürlich, wie unter 3.2.1.1. erörtert, die Beschreibung nur auf eine Amplitudeninformation beschränkt.

Allen Beschreibungsarten ist gemeinsam, daß das periodische Signal nicht vollständig wiedergegeben werden kann, daß sowohl die Informationen bezüglich der Phase als auch der Form fehlen. Sind diese erforderlich, so ist ein speziell dem periodischen Signal angepaßtes Signalanalyseverfahren anzuwenden, die Bestimmung der *Zeitmittel-* oder *Average-Funktion.* Für ihre Ermittlung wird bei der Messung eine Zusatzinformation benötigt, die eine bestimmte Phase des periodischen Signals markiert. Am günstigsten wird dazu ein Extra-Signal verwendet, das bei der betreffenden Phase in jeder Periode einen Impuls liefert. Dieses kann z. B. bei einer periodisch arbeitenden Maschine durch einen Kontakt an einer Welle gewonnen werden, deren Drehfrequenz mit der Grundfrequenz übereinstimmt. Ist dies nicht möglich, so läßt sich diese Zusatzinformation in vielen Fällen auch aus dem verrauschten Signal selbst durch geeignete Bandpaßfilterung gewinnen, allerdings meist unter Verlust an Genauigkeit. Diese Zusatzinformation wird benutzt, um das Signal x(t) einer Mittelwertbildung zu unterwerfen, die synchron mit dem periodischen Signal erfolgt:

$$A_{xx}(\tau) = \lim_{N\to\infty} \frac{1}{N} \sum_{\nu=1}^{N} x(\tau + \nu T) \qquad \text{für } 0 \leqslant \tau \leqslant T \qquad (3.38)$$

$A_{xx}(\tau)$ ist die Zeitmittelfunktion, T die Periodendauer des periodischen Signals und τ die Zeitverschiebung zum Synchronisationsimpuls der Zusatzinformation.

Bei dem Prozeß der Mittelwertbildung in (3.38) werden in aufeinanderfolgenden Perioden die Werte gleicher Phase bezüglich der Grundharmonischen addiert. Mit wachsender Anzahl N verringert sich der Einfluß der zum periodischen Signal unkorrelierten Anteile, d. h. des Rauschuntergrundes, und zwar

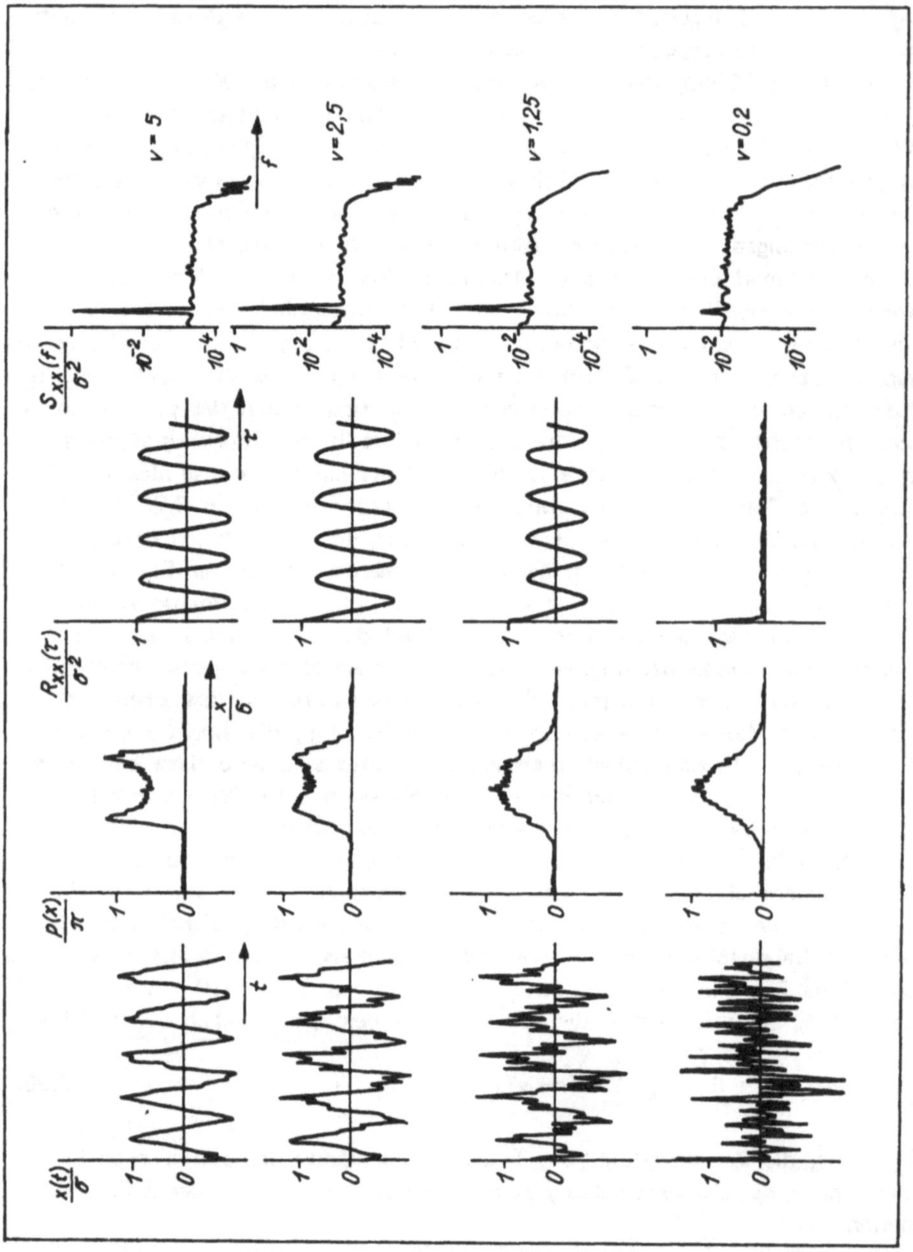

Abb. 14. Beispiel eines verrauschten harmonischen Signals bei verschiedenen Signal-Untergrundverhältnissen

mit $1/\sqrt{N}$. Der Vorteil der Zeitmittelfunktion besteht darin, daß das periodische Signal in seinem vollen Informationsgehalt beschrieben wird. Hinzu kommt die Einfachheit des Verfahrens. Abbildung 15 zeigt für den Fall des ungünstigsten Signal-Untergrundverhältnisses der Abbildung 14 mehrere Schätzungen der Zeitmittelfunktion mit unterschiedlichen Werten von N. Die Abnahme des Untergrundes mit wachsendem N ist deutlich zu erkennen, der Erwartungswert für die Zeitmittelfunktion ist der periodische Signalanteil.

3.2.2.3. Periodisch sich wiederholende transiente Signale

Im Prinzip handelt es sich um periodische Signale, die sich aus zwei Komponenten zusammensetzen, einem periodischen Startsignal und einem transienten, schnell abklingendem Signal. Beispiele für diesen Signaltyp sind das Anschlaggeräusch einer strömungsinduzierten Schwingung oder das Reibgeräusch von Maschinen mit rotierenden Teilen. Die mathematische Beschreibung dieses Prozesses kann durch Faltung des transienten Signals u(t'), das folgenden Forderungen genügen muß

$$u(t') = 0 \text{ für } t' < 0 \text{ und } t' > T_u < T, \tag{3.39}$$

mit einer periodischen DIRAC-Welle [39]

$$W(t, T) = \sum_{\nu=-\infty}^{\infty} \delta(t - \nu T), \tag{3.40}$$

mit T als Periodendauer erfolgen:

$$\begin{aligned} x(t) &= \int_{-\infty}^{\infty} u(t')\; W(t - t', T)\; dt' \\ &= \sum_{\nu=-\infty}^{\infty} \int_{0}^{T_u} u(t')\, \delta(t - \nu T - t')\; dt' \end{aligned} \tag{3.41}$$

Im allgemeinen interessieren beide Signalanteile. Zum Beispiel stecken in der Häufigkeit von Anschlägen (Frequenz der DIRAC-Welle) und in der Intensität sowie Form des Einzelanschlages die Informationen über die Beanspruchung des Materials durch diesen Anschlagprozeß. In Abbildung 16 sind die Autokorrelationsfunktion und die Autospektraldichte für ein Signal dieses Typs dargestellt. Der periodische Anteil ist in beiden Kennfunktionen leicht zu erkennen; dagegen ist über den Teilprozeß u(t') nur wenig zu entnehmen. Für diesen Signaltyp ist offensichtlich die einfache Anwendung dieser Kennfunktionen nicht günstig, da die Zeiträume, in denen die Informationen über die beiden Signalanteile stecken, sehr unterschiedlich sind. Zur Untersuchung von u(t') wird in jeder Periode nur der Zeitraum $T_u < T$ benötigt, während W(t, T) viele Perio-

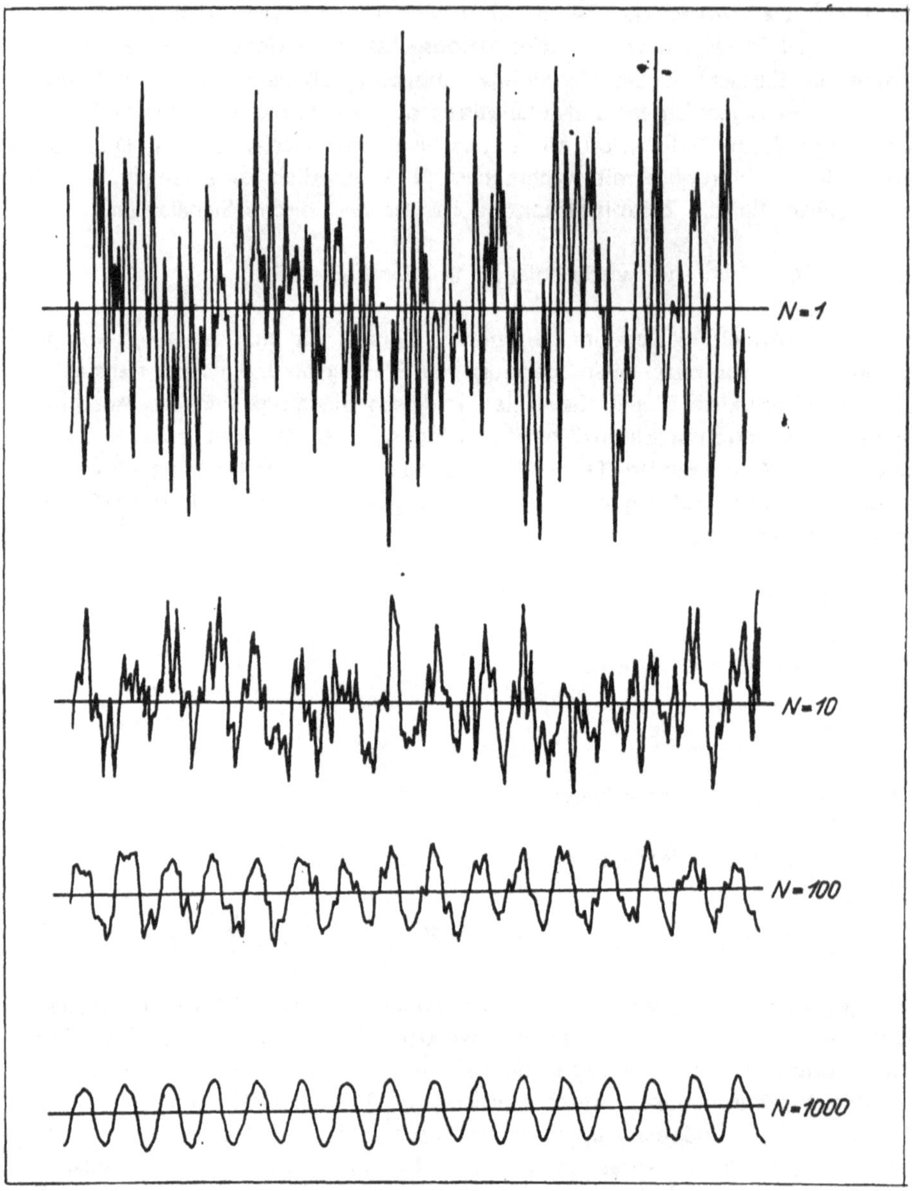

Abb. 15. Schätzung der Zeitmittelfunktion eines verrauschten harmonischen Signals in Abhängigkeit von der Zahl der akkumulierten Einzelschätzungen

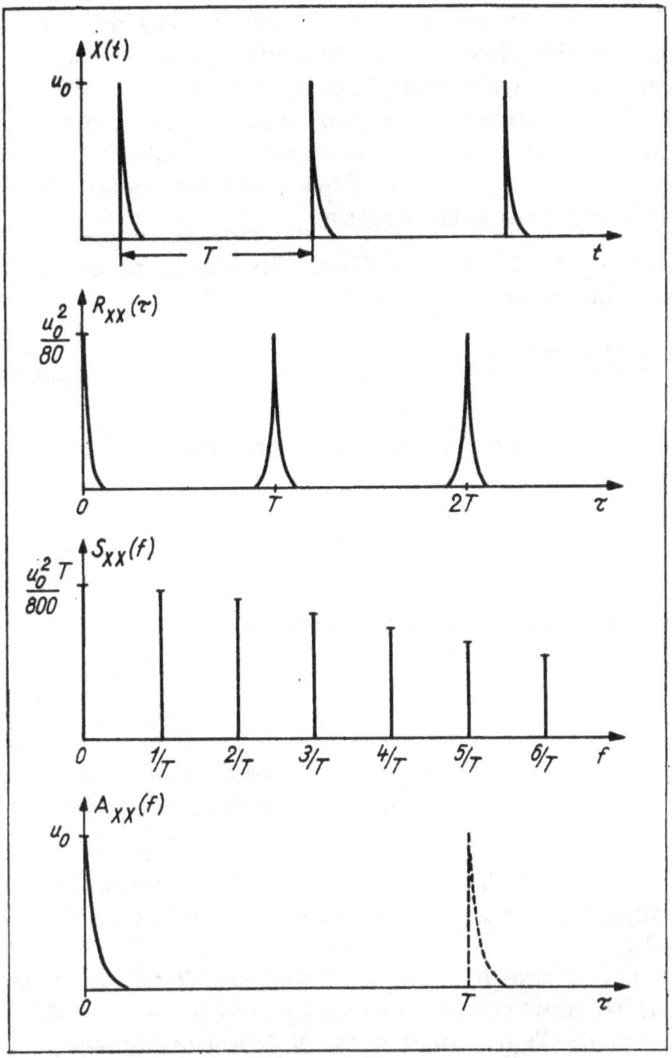

Abb. 16. Ein periodisch sich wiederholendes transientes Signal und seine Kennfunktionen

den erfordert. In einem solchen Fall ist es angebracht, nicht zu versuchen, unbedingt beide Signalanteile mit einer Kennfunktion zu erfassen. Die Trennung der Anteile erfolgt durch eine *ereignisselektive Signalerfassung;* nur der Zeitraum $0 \leq t' \leq T_u$ wird in jeder Periode für die Analyse aufgenommen, der restliche Zeitraum $T_u < t' < T$ ist wegen $u(t') = 0$ uninteressant. Die Ermittlung der Frequenz der DIRAC-Welle erfolgt durch einfache Zählung der Ereignisse während der Meßdauer. Für diese Art der Signalerfassung ist wieder die bei der Zeitmittelfunktion schon beschriebene Zusatzinformation erforderlich, die die Ermittlung von $t' = 0$ ermöglicht. Meist kann diese aus dem Signal $x(t)$ selbst gewonnen werden, z. B. durch Ausnutzen einer Schwellwertüberschreitung im Signal direkt oder im (schnellen) Effektivwert des Signals. Die Darstellung von $u(t')$ kann auf zwei Arten erfolgen,

1. als *Autospektraldichte* $S_{xx}(f)$, die über die Fourier-Transformation der einzelnen Signalstücke zu gewinnen ist:

$$\hat{S}_{xx}(f) = \frac{2}{N} \sum_{\nu=1}^{N} \frac{1}{T} \left| \int_{(\nu-1)T}^{(\nu-1)T+T_u} x(t)\, e^{-j\omega t}\, dt \right|^2 \tag{3.42}$$

2. als *Zeitmittelfunktion* $A_{xx}(\tau)$, die nur über den ausgeblendeten Zeitbereich ermittelt wird,

$$\hat{A}_{xx}(\tau) = \frac{1}{N} \sum_{\nu=1}^{N} x(\tau + \nu T) \qquad \text{für } 0 \leqslant \tau \leqslant T_u \tag{3.43}$$

Daraus kann ebenfalls die *Autospektraldichte* bestimmt werden:

$$\hat{S}_{xx}(f) = \frac{2}{T} \left| \int_0^{T_u} \hat{A}_{xx}(\tau)\, e^{-j\omega\tau}\, d\tau \right|^2 \tag{3.44}$$

Die zweite Methode empfiehlt sich dann, wenn die Bestimmung nach (3.42) auf Grund unzureichender Geschwindigkeit des Analysators nicht erfolgen kann.

Abbildung 17 zeigt ein Beispiel für die geschilderte ereignisselektive Signalerfassung sowie die Bestimmung der Zeitmittelfunktion und der Spektraldichte gemäß (3.43) und (3.42).

Im allgemeinen hat die Zeitmittelfunktion den bekannten Vorteil des höheren Informationsgehaltes; sie gestattet einen tieferen Einblick in den Prozeß, der für $u(t')$ verantwortlich ist. Zum Beispiel kann im Falle eines Anschlagprozesses relativ leicht festgestellt werden, ob es sich um einfache Anschläge, Prellen oder Doppelanschläge handelt. Ist es aber nicht möglich, die Zusatzinformation hinreichend exakt zu erhalten, d. h., daß die Streuung bezüglich der Phase zu groß ist, dann ist der Bestimmung der Autospektraldichte der Vorzug zu geben. Die Autokorrelationsfunktion ist für die Verarbeitung bei ereignisselektiver Signalerfassung ungeeignet, da sie entsprechend ihrer Definitionsgleichung (3.13) auf einer kontinuierlichen Signalerfassung beruht.

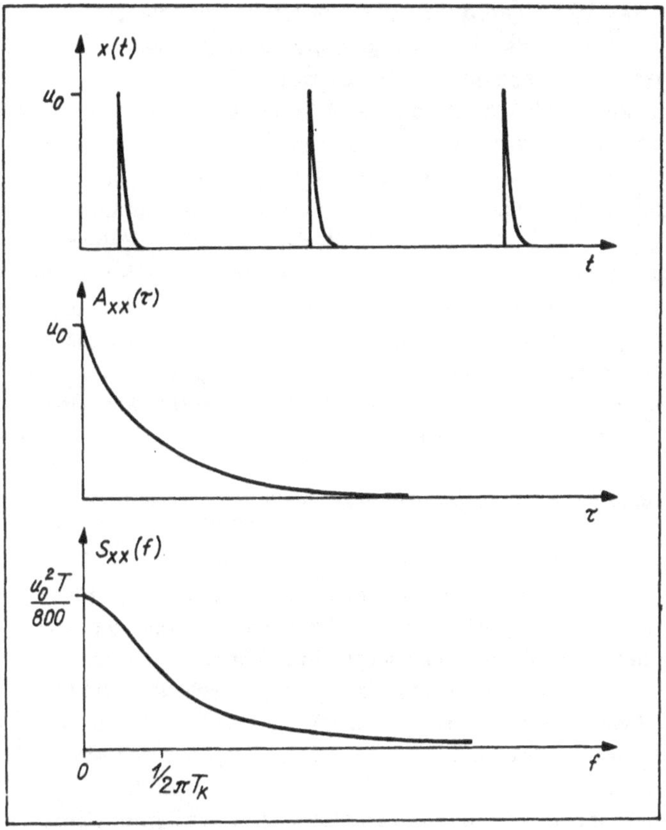

Abb. 17. Beispiel der ereignisselektiven Signalerfassung für das periodisch sich wiederholende transiente Signal in Abbildung 16

3.2.2.4. Stochastisch sich wiederholende transiente Signale

Dieser Signaltyp entspricht weitgehend dem unter 3.2.2.3. beschriebenen. Der Unterschied besteht darin, daß das Startsignal einem statistischen Verteilungsgesetz gehorcht, z. B. dem POISSONschen. Beispiele für derartige Signale sind das Anschlagsignal eines freien losen Teils in einer Kühlmittelströmung, die Zählimpulse in einem kernphysikalischen Teilchendetektor oder die Spannungsüberschläge in einem Transformator mit Isolationsproblemen.

Die mathematische Darstellung kann wiederum durch eine Faltung des transienten, zeitbegrenzten Signals mit einer stochastischen DIRAC-Welle E (t, 1/N) [39] erfolgen. Im allgemeinen Fall interessieren wieder beide Teilsignale, die Trennung erfolgt in bekannter Weise durch ereignisselektive Signalerfassung. Für die Beschreibung der DIRAC-Welle genügt in den meisten Fällen die einfache Zählung der Ereignisse. Soll auch das Verteilungsgesetz bestimmt werden, so kann dies mit Hilfe einer Impulsabstands-Verteilungsmessung erfolgen, für die sich z. B. die bekannten Vielkanalanalysatoren der Kernphysik [40] eignen.

Der einzige wesentliche Unterschied zum periodisch sich wiederholendem Signal ist der, daß die formulierte Bedingung $u(t') = 0$ für $t' < 0$ nicht immer erfüllt ist. Mit einer bestimmten Wahrscheinlichkeit folgen die Startimpulse so dicht aufeinander, daß es zu einer Überlappung mit dem vorangegangenen Teilprozeß $u(t')$ kommt. Würde die ereignisselektive Signalerfassung alle Startimpulse ausnutzen, so würde dadurch ein Fehler entstehen. Dies läßt sich umgehen, indem eine Totzeit $T_{tot} > T_u$ eingeführt wird, die nur dann eine Signalerfassung gestattet, wenn der Abstand zum vorangehenden Ereignis $\geqslant T_{tot}$ ist. Natürlich ist dann an der gemessenen Verteilungsfunktion bzw. dem Zählergebnis eine entsprechende (Totzeit-)Korrektur anzubringen.

3.2.2.5. Periodische oder stochastische Signale mit langsam veränderlicher Amplitude

Hierbei handelt es sich um den typischen Fall instationärer Signale. Durch Zerlegung in ein stationäres (periodisches oder stochastisches) Signal und ein transientes, die miteinander multiplikativ verknüpft sind, können dennoch die Analysemethoden für stationäre Signale angewendet werden. Beispiele dafür sind die Neutronenflußschwankungen in einem Kernreaktor bei Veränderung der Reaktorleistung und die Amplitude einer schwach gedämpften Schwingung.

Die Methode der Trennung beruht darauf, zunächst das transiente Signal zu ermitteln. Steht nur das Signalgemisch zur Verfügung, so wird der langsam veränderliche Anteil durch *Demodulation* ermittelt, welche die Bestimmung der Einhüllenden des Rauschsignals beinhaltet. Dafür gibt es mehrere Möglichkeiten; die üblichste ist die Ermittlung des Kurzzeit-Effektivwertes des Signals

$$\sqrt{\overline{x^2}(t)} = \left[\frac{1}{T_K}\int_{-\infty}^{t} x^2(t')\, e^{-\frac{t-t'}{T_K}}\, dt'\right]^{1/2}, \tag{3.45}$$

wobei T_K die Zeitkonstante des Tiefpasses ist.

Abbildung 18a enthält zwei ausgewählte Signale dieses Typs. Zur Ermittlung des Kurzzeit-Effektivwertes sind verschiedene Zeitkonstanten verwendet worden. Im ersten Fall (b) ist die Zeitkonstante zu klein, d. h. das „Trägersignal" ist noch zu stark im demodulierten Signal enthalten. Im zweiten Fall (c) wurde eine zu große Zeitkonstante gewählt, die das transiente Signal verfälscht. Der richtige Wert der Zeitkonstanten (d) liegt bei $T_K \approx 10/f_{min}$ (f_{min} untere Grenzfrequenz des Trägersignals).

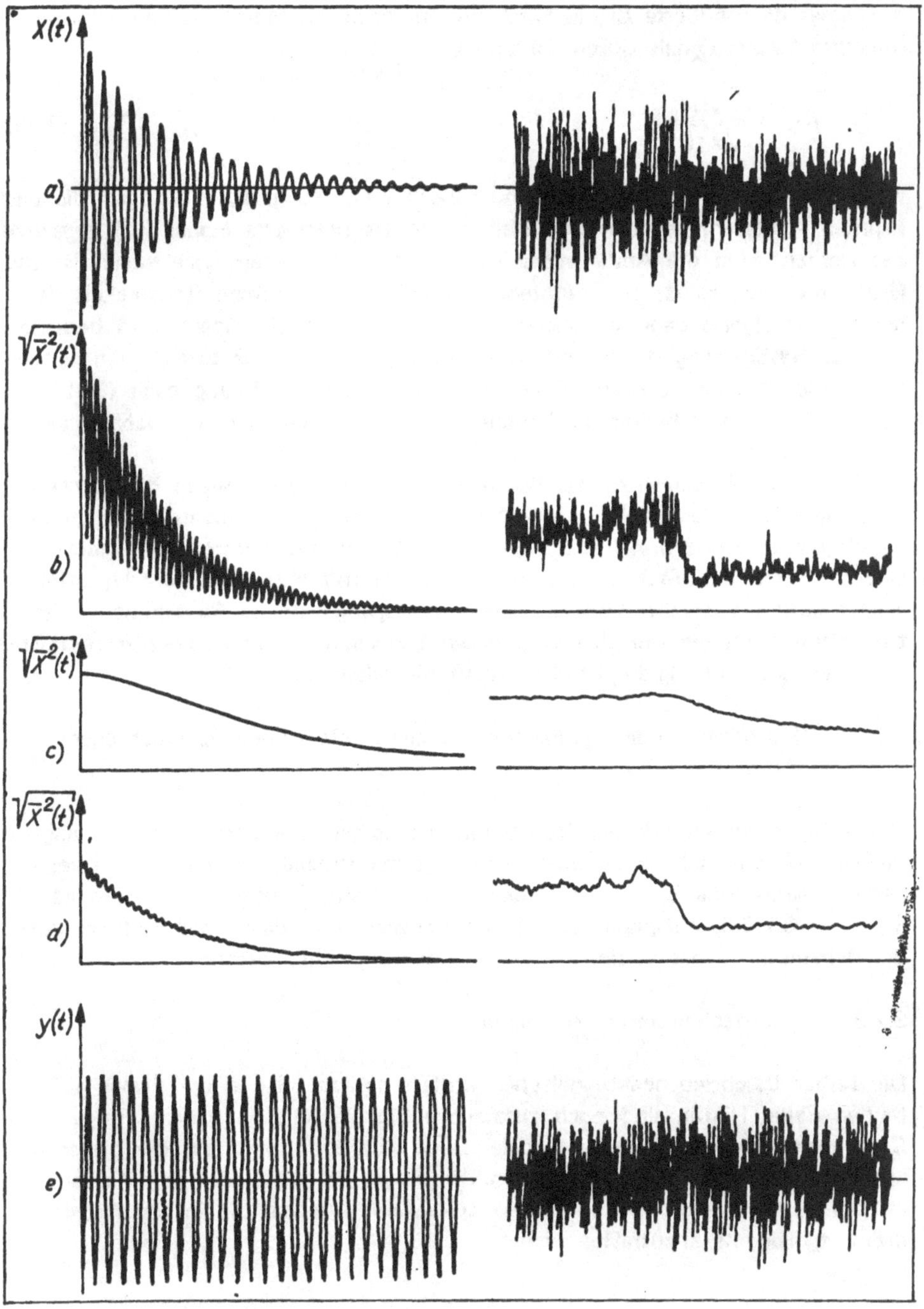

Abb. 18. Beispiel zweier amplitudenveränderlicher Signale und ihrer Demodulation

Dieses demodulierte Signal wird nun im nächsten Schritt (e) zur Normierung des Gesamtsignals durch Bildung von

$$y(t) = \frac{x(t)}{\sqrt{\overline{x^2}(t)}} \tag{3.46}$$

verwendet. Sind die transienten Änderungen nicht zu groß, so können die bekannten Analysenmethoden unmittelbar auf das normierte Signal y(t) angewendet werden. Sind die Änderungen jedoch erheblich, betragen sie mehr als eine Größenordnung, so ist zu beachten, daß sich die statistische Genauigkeit des normierten Signals dann im allgemeinen auch wesentlich ändert. Dies bedeutet, daß zur Bestimmung der Kennfunktionen geeignete Gewichtsfunktionen verwendet werden müssen, z. B. im Falle der Spektraldichteschätzung nach (3.19) Gewichtsfaktoren, welche die statistische Genauigkeit der einzelnen Schätzungen berücksichtigen.

Besonders einfach wird das Normierungsproblem dann, wenn der Kurzzeitmittelwert (2.1) des (nicht zentrierten) Signals der Einhüllenden des Rauschanteils direkt proportional ist. Dieser Fall ist z. B. im Kernreaktor gegeben, dessen Neutronenflußschwankungen unmittelbar mit Hilfe des Kurzzeitmittelwertes normiert werden können. Alle Übertragungsmodelle Rauschquelle–Neutronenfluß enthalten nur den Quotienten Schwankungsamplitude–Kurzzeitmittelwert; die Schwankungsamplituden treten nie allein auf.

3.2.2.6. Periodische oder stochastische Signale mit schnell veränderlicher Amplitude

Dieser Signaltyp sei nur der Vollständigkeit halber angeführt. Er ist im allgemeinen nur sehr schwer zu analysieren. Ist der Prozeß, der die schnell veränderliche Amplitude bewirkt, anderweitig der Messung zugängig, so kann das Signal in 3.2.2.5. entsprechender Weise normiert und damit das Problem auf die Behandlung eines stationären Signals zurückgeführt werden.

3.2.3. Mehrfach kombinierte Signale

Die bisher beschriebenen Signaltypen umfassen nicht alle in der Praxis auftretenden Fälle. Häufig sind noch zusätzliche Signalanteile zu berücksichtigen. Diese mehrfach kombinierten Signale lassen sich aber meist auf die bisher beschriebenen Signaltypen zurückführen. Im folgenden sollen aus der Vielzahl der möglichen Kombinationen nur einige ausgewählt werden, die in der Rauschdiagnostik bereits anzutreffen waren.

3.2.3.1. Periodisch sich wiederholendes Signal dem verrauschten periodischen Grundsignal überlagert

Ein Beispiel für diesen Signaltyp ist das Reibgeräusch eines Motors oder einer Pumpe, das dem Grundgeräusch überlagert ist. Grundsätzlich kann die Beschreibung der interessierenden Signalanteile vollständig mit Hilfe der Zeitmittelfunktion erfolgen, die über die gesamte Periodendauer T erstreckt wird:

$$\hat{A}_{xx}(\tau) = \frac{1}{N} \sum_{\nu=0}^{N-1} x(\tau + \nu T) \qquad \text{für } 0 \leq \tau < T \qquad (3.47)$$

Damit würde auch der schnell abklingende Teilprozeß u(t') erfaßt werden. Allerdings würde für eine hinreichend genaue Erfassung dieses Teilprozesses eine relativ feine Wahl der $\Delta\tau$-Schritte notwendig sein, also viele Speicherkanäle für die Zeitmittelfunktion erfordern. Es ist daher günstiger, zusätzlich zu der üblichen Messung der Zeitmittelfunktion, noch eine ereignisselektive Signalerfassung für den Teilprozeß u(t') analog 3.2.2.3. bzw. 3.2.2.4. vorzunehmen und zur Bestimmung von

$$\hat{A}_{xx}(\tau) = \frac{1}{N} \sum_{\nu=0}^{N-1} x(\tau + \nu T) \qquad \text{für } T_v \leq \tau < T_v + T_u \qquad (3.48)$$

oder von $\hat{S}_{xx}(f)$ mit höherer Auflösung zu verwenden. T_v charakterisiert die Zeitverschiebung des Einsatzes des Teilprozesses (t' = 0) bezüglich des Synchronimpulses des periodischen Grundsignals. Durch Interpolation der Werte der Zeitmittelfunktion $\hat{A}_{xx}(\tau)$ für $\tau < T_v$ und $T > T_v + T_u$ kann auch eine Untergrundkorrektur $\hat{N}_{xx}(\tau)$ für den Teilprozeß u(t') ermittelt werden, die dem Anteil des periodischen Grundsignals in diesem τ-Bereich entspricht. Damit läßt sich die Zeitmittelfunktion des Teilprozesses u(t') ermitteln:

$$\hat{A}_{uu}(\tau) = \hat{A}_{xx}(\tau) - \hat{N}_{xx}(\tau) \qquad \text{für } T_v \leq \tau \leq T_v + T_u \qquad (3.49)$$

Abbildung 19a zeigt ein verrauschtes harmonisches Grundsignal, dem ein transientes Signal gleicher Periode überlagert ist. Durch normale Zeitmittelfunktionsbildung entsteht Abbildung 19b. Hierin ist der statistische Anteil des Signals eliminiert worden, allerdings kann auf Grund der begrenzten Zeitauflösung über den Teilprozeß nur wenig entnommen werden. In Abbildung 19c ist das Ergebnis der Zeitmittelfunktionsschätzung für den Zeitabschnitt des Teilprozesses $T_v \leq \tau \leq T_v + T_u$ dargestellt. Der Teilprozeß ist zwar deutlich zu erkennen, jedoch stört der Signalanteil des periodischen Grundprozesses. Für Abbildung 19d ist schließlich die Subtraktion des Grundprozeßanteils ausgeführt worden; sie stellt die Schätzung der Zeitmittelfunktion des Teilprozesses u(t') dar.

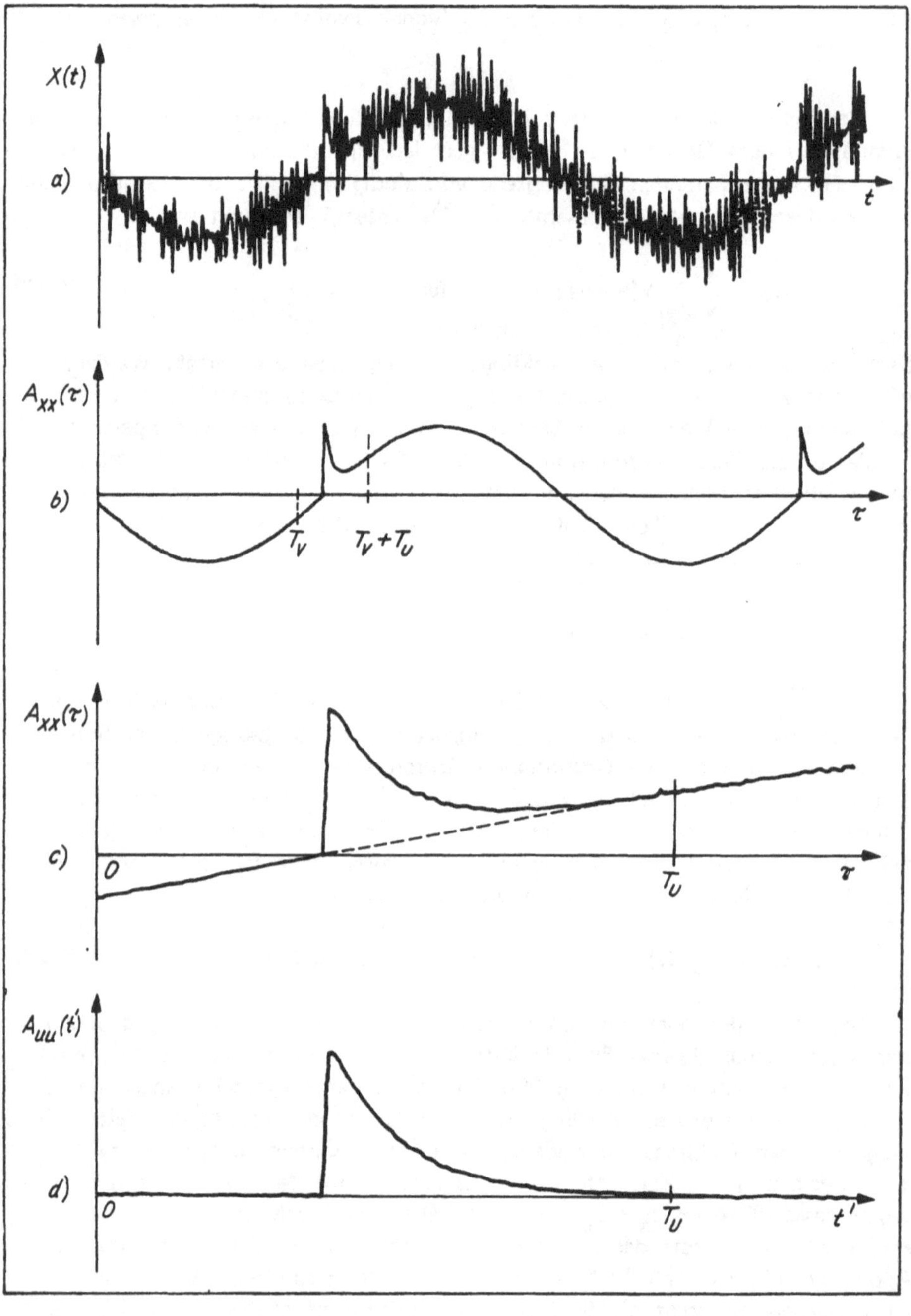

Abb. 19. Verrauschtes harmonisches Grundsignal, dem eine kurzzeitige Störung gleicher Periode überlagert ist

3.2.3.2. Stochastisch sich wiederholendes Signal dem verrauschten periodischen Grundsignal überlagert

Ein Signal dieses Typs entsteht z. B., wenn ein freies, loses Teil in einer Kühlmittelströmung herumgewirbelt wird und sich dessen Anschlagsignale an Rohrwandungen oder Einbauten des Systems mit dem periodischen Untergrundsignal der Kühlmittelpumpe mischen. In diesem Fall eignet sich die mit dem periodischen Signal synchronisierte Zeitmittelfunktion $A_{xx}(\tau)$ nur, um das Grundsignal zu beschreiben. Mit

$$A_{xx}(\tau) = \lim_{N\to\infty} \frac{1}{N} \sum_{\nu=0}^{N-1} x(\tau + \nu T) \tag{3.50}$$

läßt sich das Grundsignal darstellen als

$$x_p(t) = A_{xx}(t - \nu T) \qquad \text{für } \nu T \leqslant t < (\nu + 1)\, T. \tag{3.51}$$

Durch Subtraktion dieses Grundsignals vom Gesamtsignal x(t) kann der Signalrest $x_u(t)$ ermittelt werden, der das verrauschte stochastisch sich wiederholende Signal beinhaltet:

$$x_u(t) = x(t) - x_p(t) \tag{3.52}$$

Dieses Verfahren, aus einem Signal den Anteil abzutrennen, der nicht mit dem periodischen Signal korreliert ist, soll als *Dekorrelation* bezeichnet werden. Für die praktische Anwendung wird es allerdings gegenüber (3.51) etwas modifiziert. Da die Periodizität des Grundsignals in den meisten Fällen auch leichten Schwankungen unterworfen ist, wird an Stelle der Zeitmittelfunktion nach (3.50) eine *gleitende Zeitmittelfunktion* verwendet, die in erster Linie von den Signalperioden der jüngsten Vergangenheit bestimmt wird.

$$\hat{A}_{xx}(\tau, t) = \frac{1}{K} \sum_{\nu=-\infty}^{0} x(\tau + \nu T)\, e^{\nu/K} \tag{3.53}$$

Die Größe K ist der Zeitkonstante der gleitenden Zeitmittelfunktionsbildung proportional, d. h. sie entspricht der Zeitkonstante T_k bei Kurzzeit-Kennwertbildung (2.1) und (3.45). Der momentane Wert x(t) geht in die Summe mit dem Faktor 1/K ein, der eine Periode früher registrierte Wert x(t - T) nur mit $1/K\ e^{-1/K}$, der noch frühere Wert x(t - 2T) sogar nur mit $1/K\ e^{-2/K}$ usw. Auf diese Weise wird erreicht, daß die Zeitmittelfunktion immer den aktuellen Verlauf des periodischen Signals wiedergibt. Der Wert K muß in Abhängigkeit von den Schwankungen des periodischen Signals gewählt werden. Einerseits wird eine möglichst aktuelle Mittelfunktion gewünscht, die mit einem kleinen Wert von K erreicht wird. Andererseits wird eine möglichst gute Unterdrückung des stochastisch sich wiederholenden Signalanteils gefordert, was mit einem möglichst großen Wert von $K \gg 1$ verwirklicht werden kann. Es muß demnach ein dem betreffenden Schwankungsverhalten des Grundsignals und der Größe des unkorrelierten Anteils angepaßter Kompromiß für die Wahl des Wertes K gesucht werden.

Der mit Hilfe der Dekorrelation nach (3.52) ermittelte Signalanteil $x_u(t)$ kann dann mit dem unter 3.2.2.4. geschilderten Verfahren für stochastisch sich wiederholende Signale weiter behandelt werden.

In Abbildung 20 ist das Dekorrelationsverfahren am Beispiel eines harmonischen Grundsignals, dem transiente Signale kurzer Dauer und ein allgemeiner stochastischer Untergrund überlagert sind (Abb. 20a), demonstriert. Abbildung 20b zeigt das Ergebnis der Dekorrelation – das periodische Grundsignal (Kurve 1), das durch gleitende Zeitmittelwertbildung erhalten wurde, und das verrauschte, stochastisch sich wiederholende Signal (Kurve 2).

3.2.3.3. Periodisches oder stochastisch sich wiederholendes Signal einem stochastischen Signal überlagert

Beispiele für diesen Signaltyp sind die additive Überlagerung des Anschlagsignals eines ortsfesten losen Teils, das eine strömungsinduzierte mechanische Schwingung ausführt, mit dem Untergrund der Strömungsgeräusche oder der Spannungsüberschläge in einer Ionisationskammer mit dem Untergrund des Ionisationskammerstromrauschens. Hier ist wiederum das Dekorrelationsverfahren anzuwenden. Allerdings muß in Abweichung von dem im vorangegangenen Abschnitt behandelten Verfahren die gleitende Mittelfunktionsbildung auf den stochastisch sich wiederholenden Anteil angewendet werden, der mit Hilfe der ereignisselektiven Signalerfassung registriert wird (s. 3.2.2.3. und 3.2.2.4.).
Es ist

$$\hat{A}_{xx}(\tau, t) = \frac{1}{K} \sum_{\nu=-\infty}^{0} x(\tau + t_\nu)\, e^{\nu/K} \qquad \text{für } 0 \leqslant \tau < T_u \tag{3.54}$$

mit $t = t_\nu$, dem Beginn des ν-ten Ereignisses $(t' = 0)$.

Der Größe K kommt bei stochastischer Folge der Ereignisse nur noch die Bedeutung einer „mittleren Zeitkonstante" entsprechend dem mittleren Zeitabstand der Ereignisse zu.

Sind die Ereignisse relativ selten, d. h. gilt mit hoher Wahrscheinlichkeit $t_{\nu+1} - t_\nu > T_u$, so kann das stochastisch sich wiederholende Signal unmittelbar durch die Zeitmittelfunktion dargestellt werden:

$$\begin{aligned} x_u(t) &= \hat{A}_{xx}(\tau, t) && \text{für } t_\nu \leqslant t < t_\nu + T_u \\ &= 0 && \text{für } t_\nu + T_u < t < t_{\nu+1} \end{aligned} \tag{3.55}$$

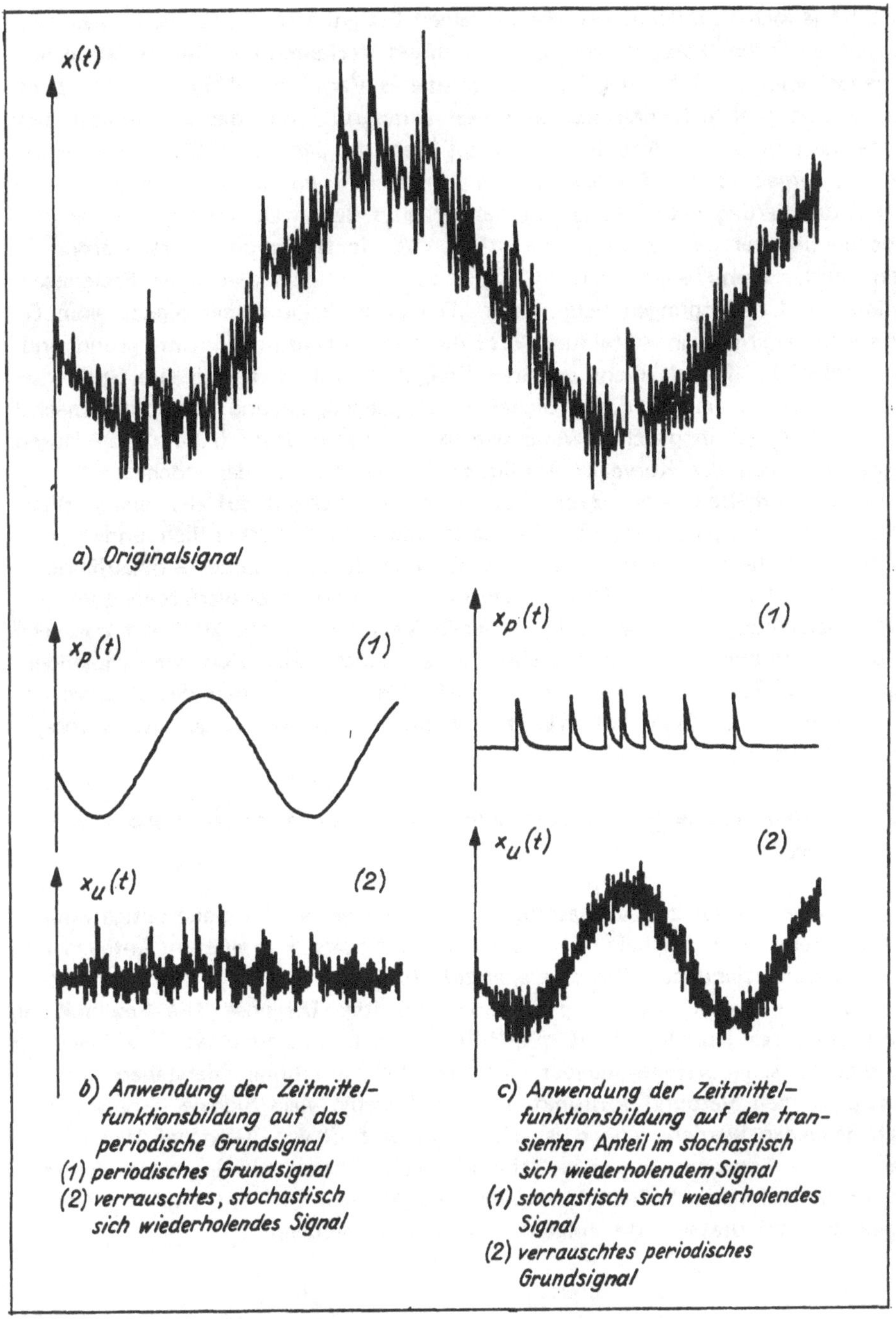

Abb. 20. Anwendung des Dekorrelationsverfahrens auf ein verrauschtes periodisches Signal, dem ein stochastisch sich wiederholendes transientes Signal überlagert ist

Sind jedoch Überlappungen der einzelnen Ereignisse nicht zu vernachlässigen, so muß ein etwas komplizierteres, mehrstufiges Verfahren der Dekorrelation angewendet werden. Abbildung 21 erläutert dieses Verfahren. Abbildung 21a zeigt das Gesamtsignal, d. h. den stochastischen Untergrund und das stochastisch sich wiederholende Signal, Abbildung 21b das Resultat der ersten Stufe der Dekorrelation gemäß (3.55). An den Überlappungsstellen wurde so verfahren, daß die Aktualisierung nach (3.54) mit dem Beginn des zweiten Ereignisses abgebrochen und für den weiteren Verlauf von $A_{xx}(\tau, t)$ der alte Wert übernommen wurde. Damit ergibt sich ein Signal $\dot{x}_{1u}(t)$, in dem diejenigen Ereignisse fehlen, die Überlappungen hervorriefen. Die Subtraktion dieses Signals vom Gesamtsignal ergibt dann Abbildung 21c, die den stochastischen Untergrund und die infolge der Totzeit nicht erfaßten Ereignisse enthält. Die zweite Stufe der Dekorrelation verwendet dieses Signal als Eingangssignal und ermittelt zunächst ein Signal $\dot{x}_{2u}(t)$ in gleicher Weise wie in der ersten Stufe (Abb. 21d). Durch Subtraktion von der Kurve in Abbildung 21c wird allein der stochastische Untergrund erhalten (Abb. 21e). Das Verfahren erscheint auf den ersten Blick vielleicht etwas kompliziert, ist aber tatsächlich recht übersichtlich und angesichts der einfachen Algorithmen ohne Schwierigkeiten on-line durchzuführen.

In Abbildung 20c ist dieses abgewandelte Dekorrelationsverfahren zur Gegenüberstellung mit dem herkömmlichen Verfahren (Abb. 20b) auf das verrauschte harmonische Signal mit überlagertem stochastisch sich wiederholendem Signal (Abb. 20a) angewendet worden. Als Resultat entstehen das stochastisch sich wiederholende Signal (Kurve 1) und das verrauschte periodische Grundsignal (Kurve 2).

3.3. Gemeinsame Beschreibung und Analyse von mehreren Rauschsignalen

Ein wichtiges Mittel zur Verbesserung der Diagnose ist die gleichzeitige Analyse mehrerer Rauschsignale, d. h. die Ermittlung von korrelierten Anteilen und ihren Phasenbeziehungen *(Verbundanalyse).* In vielen Fällen ist die Verbundanalyse sogar die Voraussetzung für eine eindeutige Diagnose. Die Beschreibung der korrelierten Anteile erfolgt mit Hilfe geeigneter *Verbundkennfunktionen,* die eine logische Erweiterung der einfachen Kennfunktionen darstellen. Im Prinzip können Verbundkennfunktionen für beliebig viele Signale definiert und auch gemessen werden, jedoch ist die Interpretation von Kennfunktionen, in die zu viele Parameter eingehen, sehr schwierig. Bisher wurden in der Rauschdiagnostik fast ausschließlich Verbundkennfunktionen von nur zwei Signalen verwendet, auf die sich die folgende Darstellung beschränkt.

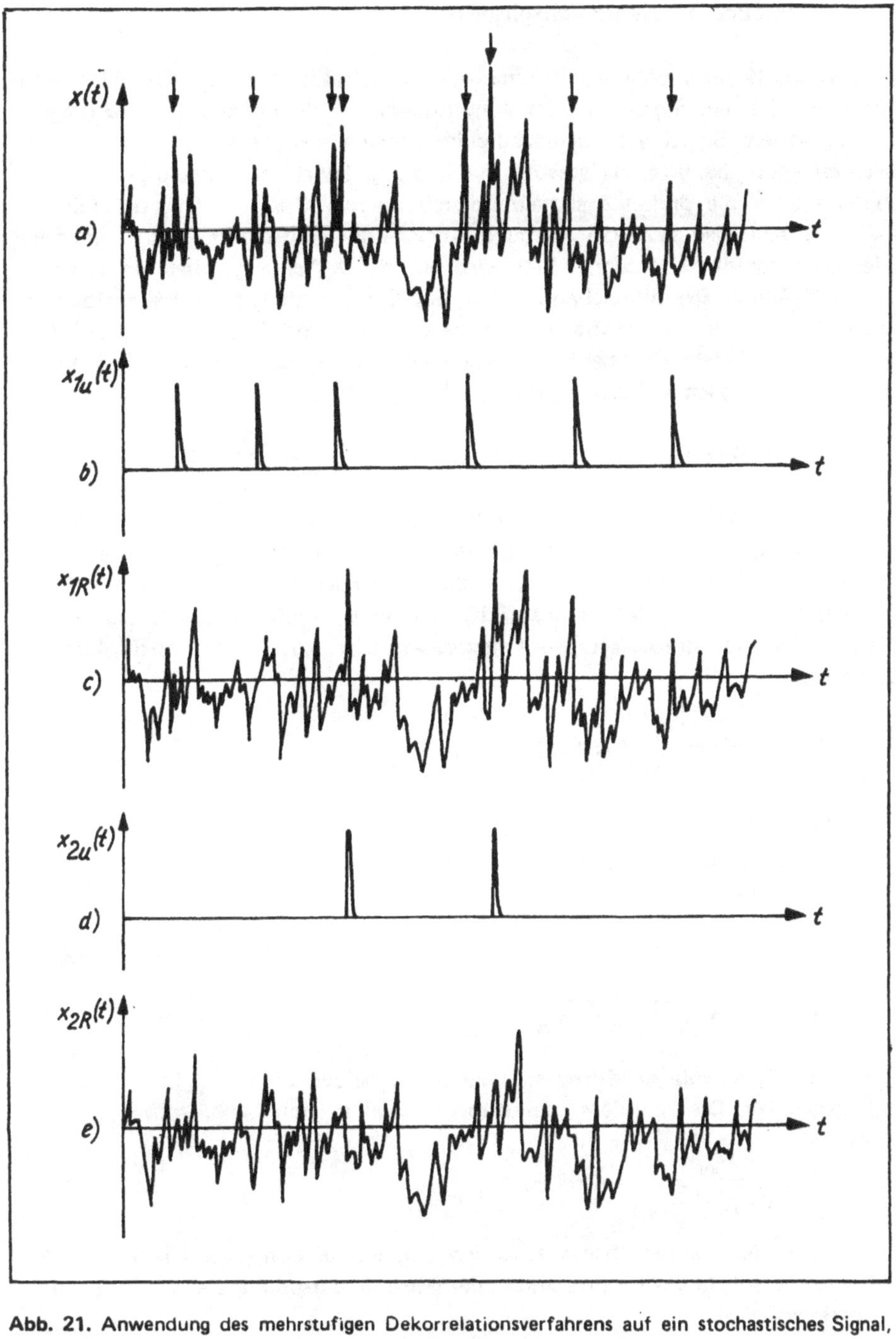

Abb. 21. Anwendung des mehrstufigen Dekorrelationsverfahrens auf ein stochastisches Signal, dem ein stochastisch sich wiederholendes transientes Signal überlagert ist

3.3.1. Verbund-Wahrscheinlichkeitsdichte

Die *Verbund-Wahrscheinlichkeitsdichte* p(x, y) charakterisiert die Wahrscheinlichkeit dafür, daß ein Signal x(t) im Amplitudenintervall $x < x(t) < x + dx$ liegt und das andere Signal y(t) gleichzeitig im Bereich $y < y(t) < y + dy$. Sie wird praktisch kaum benutzt, da sowohl die Messung (zweidimensionale Klassifizierung) als auch die dreidimensionale Darstellung relativ aufwendig sind. Für qualitative Aussagen über die Verbundwahrscheinlichkeitsdichte genügt ein normaler Oszillograph: Das Signal x(t) wird auf die X-Achse gegeben und y(t) auf die Y-Achse. Bei hinreichend hoher Bandbreite entsteht im Falle stochastischer Signale eine Leuchtfläche, aus deren Form und Lage Schlüsse auf die Korrelation zwischen den beiden Signalen und auf Phasenverschiebungen zwischen ihnen gezogen werden können [41].

3.3.2. Kreuzkorrelationsfunktion

Die *Kreuzkorrelationsfunktion* $R_{xy}(\tau)$ kennzeichnet die Verwandtschaft zwischen zwei Signalen x(t) und y(t) in dem Sinne, inwiefern der Signalwert von x(t) zu einem beliebigen Zeitpunkt t den Signalwert von y(t) zu dem späteren Zeitpunkt $t + \tau$ im Mittel beeinflußt. Sie wird – x(t) und y(t) wieder als zentrierte Signale vorausgesetzt – entsprechend der Autokorrelationsfunktion definiert als

$$R_{xy}(\tau) = \lim_{T \to \infty} \frac{1}{T} \int_0^T x(t)\; y(t + \tau)\; dt. \tag{3.56}$$

Sie ist eine reelle Funktion mit folgenden Eigenschaften:

1. Die Vertauschung der Signale ist gleichbedeutend mit der Vorzeichenänderung von τ:

$$R_{xy}(-\tau) = R_{yx}(\tau) \tag{3.57}$$

2. $$|R_{xy}(\tau)| \leqslant \sqrt{R_{xx}(0)\; R_{yy}(0)} \tag{3.58}$$

Nur im Falle völliger Korrelation zwischen beiden Signalen gilt das Gleichheitszeichen. Die normierte Kreuzkorrelationsfunktion

$$-1 \leqslant \frac{R_{xy}(\tau)}{\sqrt{R_{xx}(0)\; R_{yy}(0)}} \leqslant +1 \tag{3.59}$$

charakterisiert unmittelbar anschaulich den *Korrelationsgrad.* Die Werte ±1 bedeuten vollständige Korrelation, der Wert 0 entspricht der völligen Unkorreliertheit.

In Abbildung 22 sind einige Beispiele von Kreuzkorrelationsfunktionen enthalten. Reihe a) zeigt die Autokorrelation und die Kreuzkorrelation zwischen zwei harmonischen Funktionen, die um 90° phasenverschoben sind. Während die beiden Autokorrelationsfunktionen gleichen Verlauf zeigen, enthält die Kreuzkorrelationsfunktion deutlich die Phasenverschiebung. Die normierte Kreuzkorrelationsfunktion hat auf Grund der vollständigen Korreliertheit der Signale die Amplitude 1. In Reihe b) handelt es sich um zwei unkorrelierte schmalbandige Rauschsignale. Die Autokorrelationsfunktionen entsprechen einander, die Kreuzkorrelationsfunktion ist erwartungsgemäß 0. Die Signale in Reihe c) sind durch Addition von jeweils einem harmonischen Signal von Reihe a) und einem stochastischen Signal von Reihe b) entstanden. Ihre Kreuzkorrelationsfunktion entspricht völlig der von a), d. h., die Zumischung von unkorrelierten Signalanteilen beeinflußt die Kreuzkorrelationsfunktion nicht. Dagegen zeigt die normierte Kreuzkorrelationsfunktion deutlich diesen Einfluß, ihre Amplitude liegt unter dem Wert 1. In Reihe d) wurden zwei schmalbandige stochastische Signale miteinander korreliert, die bis auf eine Zeitverschiebung Δt gleich sind $[y(t) = x(t - \Delta t)]$. In der Kreuzkorrelationsfunktion erscheint deutlich die Verschiebung des Maximums um $\tau = \Delta t$ im Vergleich zu den Autokorrelationsfunktionen.

Die Beispiele demonstrieren die drei wichtigsten Anwendungen von Kreuzkorrelationsfunktionen:

1. die Feststellung, ob und in welchem Grad zwei Signale miteinander korreliert sind,
2. die Extraktion eines korrelierten Anteils aus einem unkorrelierten Untergrund,
3. die Ermittlung von Zeitverzögerungen zwischen zwei Signalen.

3.3.3. Kreuzspektraldichte

Die einfachste Definition verwendet die WIENER–CHINTSCHINschen Beziehungen (3.21)

$$S_{xy}(f) = 2 \int_{-\infty}^{\infty} R_{xy}(\tau)\, e^{-j\omega\tau}\, d\tau. \tag{3.60}$$

Da $R_{xy}(\tau)$ im allgemeinen keine gerade Funktion ist, wird $S_{xy}(f)$ damit eine komplexe Funktion, die wiederum durch Betrags- und Phasenfunktion anschaulich dargestellt werden kann:

$$S_{xy}(f) = |S_{xy}(f)|\, e^{-j\Theta_{xy}(f)}. \tag{3.61}$$

Die anschauliche Interpretation der Autospektraldichte als mittlere Leistung des Signals nach einem Schmalbandfilter läßt sich in abgewandelter Form auch

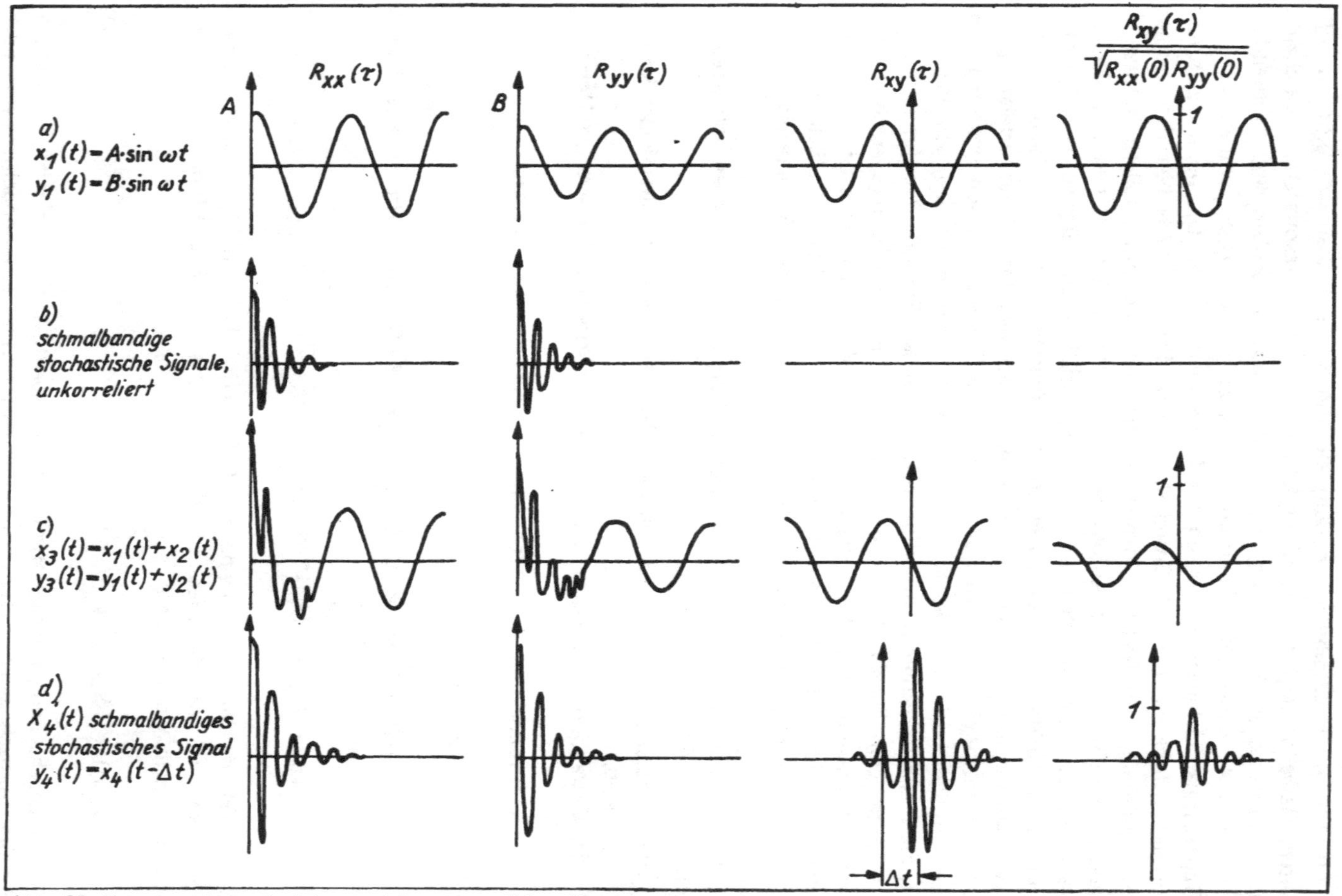

Abb. 22. Kreuzkorrelationsfunktionen einiger ausgewählter Signale

für die Kreuzspektraldichte verwenden. Der Realteil $S_{xy}(f)\cos\Theta_{xy}(f)$ entspricht dem mittleren Produkt der Signale x(t) und y(t) bei der Frequenz f, bezogen auf ein Frequenzintervall von 1 Hz. Entsprechend Abbildung 23 gilt

$$\sigma^2_{xy}(f, \Delta f) = \lim_{T\to\infty} \frac{1}{T} \int_0^T x(t, f, \Delta f)\; y(t, f, \Delta f)\; dt \tag{3.62}$$

und

$$S_{xy}(f)\; \cos\Theta_{xy}(f) = \lim_{\Delta f\to 0} \frac{\sigma^2_{xy}(f, \Delta f)}{\Delta f}\,. \tag{3.63}$$

Analog läßt sich auch der Imaginärteil der Kreuzspektraldichte $S_{xy}(f)[-\sin\Theta_{xy}(f)]$ darstellen. Dazu muß y(t) derart zeitverzögert werden, daß sich – bezogen auf die betreffende Frequenz f – eine Phasenverschiebung von 90° zu x(t) ergibt.

Diese in ihrer praktischen Verwirklichung unhandliche Filtertechnik läßt sich wieder elegant durch die Fourier-Transformation ersetzen. Das Produkt

$$\int_0^T x(t)\; e^{-j\omega t}\; dt \int_0^T y(t)\; e^{j\omega t}\; dt \tag{3.64}$$

wirkt als kombiniertes Schmalbandfilter sowohl für den Real- als auch den Imaginärteil. Mit Hilfe der spektralen Amplituden (3.3) X(f) und Y(f) läßt sich (3.64) darstellen als

$$T^2\, |X_\nu|\; |Y_\nu|\; e^{-j(\Theta_{\nu x} - \Theta_{\nu y})}, \tag{3.65}$$

wobei $\nu = \omega T/2\pi$.

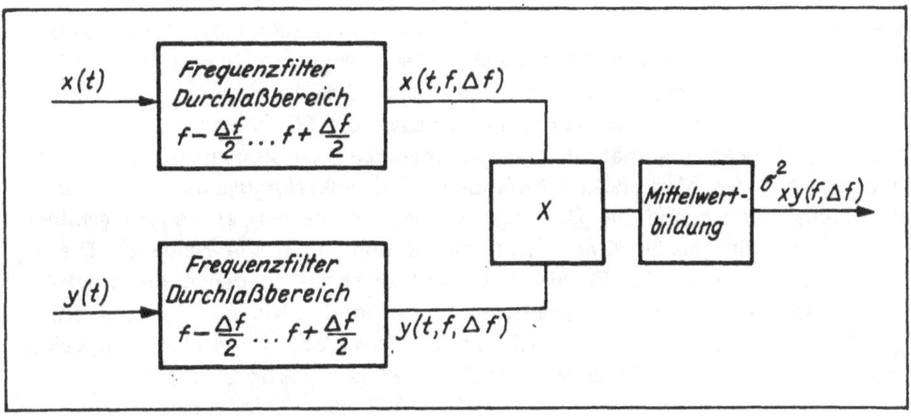

Abb. 23. Zur Veranschaulichung des Begriffes der Kreuzspektraldichte

In Analogie zur Autospektraldichte (3.19) ergibt sich damit folgende Darstellung für die Kreuzspektraldichte

$$S_{xy}(f) = 2 \lim_{N\to\infty} \frac{1}{N} \sum_{\nu=1}^{N} \frac{1}{T} \int_{t_\nu}^{t_\nu+T} x(t)\, e^{-j\omega t}\, dt \int_{t_\nu}^{t_\nu+T} y(t)\, e^{j\omega t}\, dt. \qquad (3.66)$$

Diese Beziehung wird heute auf Grund der erheblichen Vorteile bezüglich der Rechengeschwindigkeit durch den Algorithmus der schnellen Fourier-Transformation (s. 5.3.3.3.) vorrangig für die Bestimmung von Kreuzspektraldichten eingesetzt.

Allgemein gilt für die Kreuzspektraldichte

$$|S_{xy}(f)|^2 \leq S_{xx}(f)\, S_{yy}(f). \qquad (3.67)$$

Das Gleichheitszeichen gilt nur im Falle der vollständigen Korrelation der beiden Signale. Zur anschaulichen Darstellung des Korrelationsgrades zweier Signale hat sich die *Kohärenzfunktion* $\gamma^2_{xy}(f)$ eingebürgert, die (3.67) zur Normierung der Kreuzspektraldichte ausnutzt:

$$\gamma^2_{xy}(f) = \frac{|S_{xy}(f)|^2}{S_{xx}(f)\, S_{yy}(f)} \leq 1. \qquad (3.68)$$

$\gamma^2_{xy}(f) = 1$ bedeutet vollständige Korrelation der beiden Signale, dagegen $\gamma^2_{xy}(f) = 0$ völlige Unkorreliertheit. Es ist kaum noch üblich, die Kreuzspektraldichte zu verwenden, es wird fast ausschließlich die Kohärenzfunktion $\gamma^2_{xy}(f)$ und die Phasenfunktion $\Theta_{xy}(f)$ benutzt, um die Ergebnisse darzustellen.

In Abbildung 24 sind die Kreuzspektraldichten und Kohärenzfunktionen der Signale von Abbildung 22 dargestellt. Reihe a) beschreibt die um 90° phasenverschobenen harmonischen Signale. Sie deutet schon die höhere Aussagekraft der Kohärenzfunktion gegenüber der Kreuzspektraldichte an; mit $\gamma^2_{xy}(f_o) = 1$ ist die Information über die vollständige Korreliertheit der Signale gegeben. Die Phasenfunktion widerspiegelt die 90°-Phasenverschiebung bei $f = f_o$. Reihe b) enthält die beiden unkorrelierten stochastischen Signale, die entsprechenden Verbundkennfunktionen sind erwartungsgemäß 0. Reihe c), deren Signale durch additive Überlagerung der Signale von a) und b) gebildet wurden, zeigt die gleiche Kreuzspektraldichte und Phase wie Reihe a). Die Unterschiede bestehen nur in den Autospektraldichten, in denen die unkorrelierten Anteile als Untergrund auftreten, und in der Kohärenzfunktion mit $\gamma^2_{xy}(f_o) < 1$. In Reihe d) äußert sich die Zeitverschiebung zwischen den beiden korrelierten Signalen als linearer Verlauf der Phasenfunktion; es gilt $\Theta_{xy}(f) = -2\pi f \Delta t$. Die Kohärenzfunktion zeigt, daß es sich um völlig korrelierte Signale handelt. Theoretisch müßte sich die Kohärenzfunktion über den gesamten Frequenzbereich der beiden Signale erstrecken. Praktisch ist es aber auf Grund

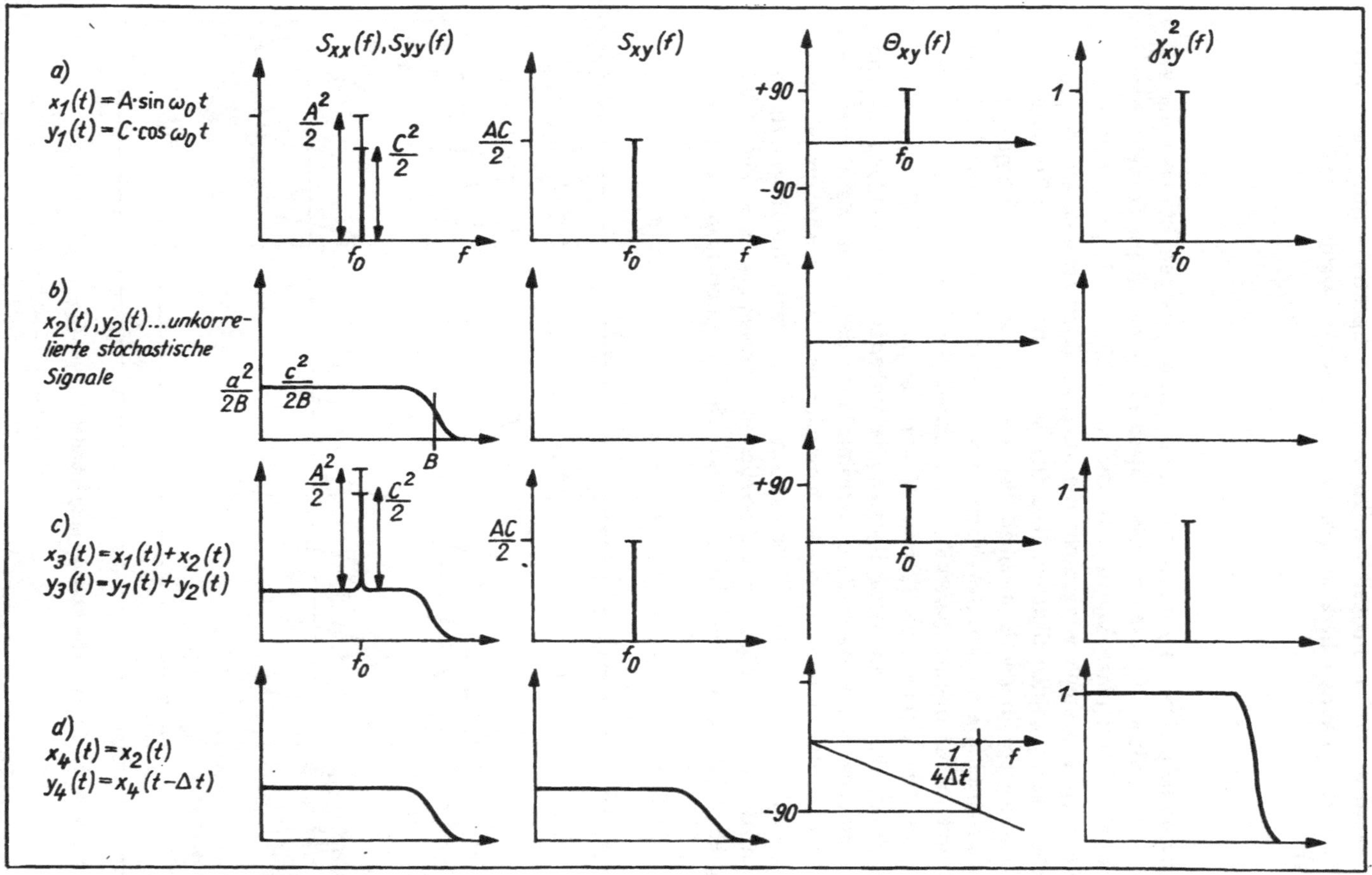

Abb. 24. Kreuzspektraldichten ausgewählter Signale

der begrenzten Meßgenauigkeit der Werte für die Spektraldichten meist nicht möglich, den gesamten Bereich auszunutzen (Division kleiner, fehlerbehafteter Werte).

3.3.4. Verbund-Zeitmittelfunktion

Gegenüber den bisher behandelten Verbundkennfunktionen ist diese nur auf Signale anwendbar, die determinierte Signalanteile enthalten. Die einfache Zeitmittelfunktion eines Signals x(t), die mit Hilfe des Triggersignals eines anderen y(t) gewonnen wird, stellt die *Verbund-Zeitmittelfunktion* $A_{yx}(\tau)$ zwischen diesen beiden Signalen dar. Der Vorteil der Verbund-Zeitmittelfunktion besteht in der Einfachheit der Messung (mit einem Triggersignal kann gleichzeitig eine größere Anzahl von Zeitmittelfunktionen ermittelt werden) und in der unmittelbaren Anschaulichkeit der Ergebnisse. Von den Signalen in den Abbildungen 22 und 24 kommen nur die der Reihen a) und c) in Frage, die determinierte Signalanteile enthalten. In Abbildung 25 sind die entsprechenden Verbund-Zeitmittelfunktionen dargestellt; als Triggersignal wurde der Nulldurchgang der harmonischen Komponente im Signal x(t) gewählt. Zwischen den Reihen a) und b) ist kein Unterschied zu erkennen, d. h., der Einfluß der unkorrelierten Signalanteile in Reihe b) wird völlig eliminiert. Über diese ist mit dieser Kennfunktion keine Aussage mög-

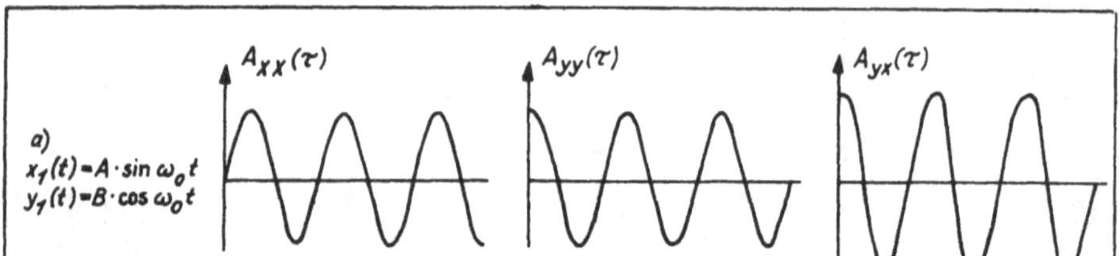

Abb. 25. Verbund-Zeitmittelfunktionen ausgewählter Signale

lich. Als weiteres Beispiel sind in Reihe c) zwei unkorrelierte Signale vom Typ des stochastisch sich wiederholenden Signals gewählt worden. Die einfachen Zeitmittelfunktionen, die von der Anstiegsflanke des transienten Anteils des jeweiligen Signals getriggert wurden, entsprechen sich. Die Verbund-Zeitmittelfunktion, die durch Triggerung des Signals y(t) mit den Anstiegsflanken im Signal x(t) gewonnen wurde, ist dagegen 0, d. h., sie zeigt die Unkorreliertheit der beiden Prozesse.

4. Informationsgewinnung aus Rauschsignalen

Die Analyse der Rauschsignale, d. h. die Ermittlung geeigneter Kennfunktionen zu ihrer Beschreibung, bildet den ersten Schritt der Rauschdiagnostik. Diese Aufgabe ist weitgehend unabhängig vom speziellen, zu untersuchenden System. Sie kann meist mit den beschriebenen Standard-Methoden erfolgen. Im nächsten Schritt sind aus den ermittelten Kennfunktionen Informationen über das System und die darin ablaufenden Prozesse zu gewinnen.

Die *direkte Form,* um diese Informationen zu erhalten, ist die Verwendung geeigneter mathematisch-physikalischer Modelle, welche die Bestimmung der interessierenden Prozeß- und Systemparameter aus den Kennfunktionen gestatten. Diese müssen einerseits den Zusammenhang zwischen den gesuchten Rauschquellen und den Rauschanteilen der verschiedenen Ausgangssignale beschreiben, d. h. die Übertragung von der Rauschquelle als Eingangssignal auf die verschiedenen Ausgangssignale. Solche *Übertragungsmodelle* sollen als *Modelle 1. Art* bezeichnet werden. Mit der Kenntnis der Rauschquelle ist das Diagnose-Problem in den meisten Fällen nicht gelöst, d. h., es ist z. B. damit noch nicht die Grundlage für die Einleitung betrieblicher Handlungen gegeben. Dazu werden sogenannte *Modelle 2. Art* benötigt, die den *Zusammenhang zwischen der Rauschquelle und den interessierenden System- und Prozeßparametern* vermitteln. Während die Übertragungsmodelle eine bekannte Modellform darstellen, für die vielfach erprobte Methoden der Modellfindung existieren, sind die Modelle 2. Art noch wenig üblich. Einleitend war versucht worden, einen Eindruck von der Vielfalt der Zusammenhänge von Rauschquellen mit System- und Prozeßparametern zu vermitteln. Dieser Vielfalt entsprechend, existieren keine allgemein anwendbaren Methoden, die es erlauben, Modelle 2. Art aufzustellen und zu beschreiben, wie das für Modelle 1. Art möglich ist. Hinsichtlich des Zusammenhanges zwischen einer Rauschquelle und der Entwicklung eines Schadens in einem System gibt es einige Ansätze aus der Werkstoff-Forschung, z. B. Modelle, welche die Materialermüdung bei Wechselbelastung beschreiben (WÖHLER-Kurve). Die mögliche Aussage eines derartigen Modells besteht im Erwartungswert für die Restlebensdauer der belasteten Komponente. Dieser ist aber in den meisten Fällen auf Grund zahlreicher nicht erfaßbarer Parameter quantitativ nicht angebbar. Dagegen sind häufig qualitative Angaben möglich, z. B. unter vielen gleichartigen Komponenten diejenigen herauszufinden, welche am stärksten belastet sind und daher mit größerer Wahrscheinlichkeit ausfallen werden, oder eine Klassifizierung nach dem Belastungsgrad vorzunehmen, wozu allerdings keine absolute Skala verwendet werden kann.

Die *indirekte Form,* um Informationen aus Rauschsignalen zu gewinnen, ist dann anzuwenden, wenn die Kenntnisse über das System und den Prozeß nicht so vollständig sind, daß die direkte Form ausreicht. Sie beruht auf der Methode der *Mustererkennung.* Während eines Systemzustandes, für den mit hoher Wahrscheinlichkeit angenommen werden kann, daß er dem ungestörten Normalzustand entspricht, werden die Normalkennfunktionen der als aussagekräftig eingeschätzten Rauschsignale ermittelt. In regelmäßigen Zeitabständen werden die aktuellen Kennfunktionen mit den Normalkennfunktionen verglichen und bezüglich Abweichungen von vorgegebenen Grenzwerten sowie Trends in diesen Abweichungen kontrolliert. Diese indirekte Form ist eine halbempirische Methode, die allerdings auch nicht vollständig auf Modelle verzichten kann. Die Auswahl des Normalzustandes, der Rauschsignale, der Kennfunktionen, der Häufigkeit des Vergleichs und die Festlegung der Grenzwerte erfordern Modellvorstellungen, an die im Vergleich zur direkten Methode allerdings nicht so hohe Anforderungen gestellt werden.

4.1. Beschreibung und Ermittlung von Übertragungseigenschaften (Modelle 1. Art)

Vom Standpunkt des Übertragungsverhaltens eines Systems befinden sich die verschiedenen Rauschquellen darin an unterschiedlichen Orten, d. h., jede einzelne Rauschquelle stellt eine Eingangsgröße $x_\mu(t)$ dar, die bezüglich ihrer Abbildung in den verschiedenen Ausgangssignalen $y_\nu(t)$ ihre spezifische Übertragungscharakteristik $h_{\mu\nu}$ besitzt.

Zur Vereinfachung des Problems wird allgemein die einschränkende Voraussetzung gemacht, daß es sich um *lineare Systeme mit konstanten Parametern* handelt. Unter Linearität werden zwei Übertragungseigenschaften verstanden,

1. die der additiven Überlagerung der verschiedenen Eingangssignale x_μ im Ausgangssignal y, d. h.

$$y = f(x_1, x_2, \dots x_m) = f(x_1) + f(x_2) + \dots + f(x_m), \tag{4.1}$$

und

2. die der proportionalen Übertragung eines Eingangssignals x. Ist A eine Konstante, so gilt

$$f(A \cdot x) = A \cdot f(x). \tag{4.2}$$

Die Bedingung der konstanten Parameter bedeutet die Zeitunabhängigkeit der Systemeigenschaften.

Natürlich stellt diese einschränkende Voraussetzung eine Idealisierung dar, die aber in den meisten praktischen Fällen mit hinreichender Genauigkeit zulässig ist. Der Grund dafür liegt einerseits in den meist nur sehr kleinen Amplituden der Rauschsignale, so daß für den betreffenden Arbeitspunkt des Systems und seine Umgebung Linearität angenommen werden kann. Andererseits kann die Voraussetzung durch Beschränkung auf Meßzeiten, die der zeitlichen Änderung der Systemparameter angepaßt sind, auch bei Systemen mit nicht-konstanten Parametern mit ausreichender Genauigkeit erfüllt werden.

4.1.1. System mit einem Eingang und einem Ausgang

Der einfachste Fall ist das System mit jeweils nur einem Ein- und Ausgang, mit dem die grundlegenden Begriffe und Meßmethoden eingeführt werden sollen [z. B. 35, 42].

Im Zeitbereich wird zur Beschreibung des Übertragungsverhaltens die *Gewichtsfunktion* $h(\tau)$ verwendet, die als Ausgangssignal $y(t)$ als Antwort des Systems auf einen Deltaimpuls zu dem früheren Zeitpunkt $t-\tau$ am Eingang definiert ist. Damit kann das Ausgangssignal $y(t)$ allgemein als das Integral über das „gewichtete" Eingangssignal in der Vergangenheit dargestellt werden:

$$y(t) = \int_0^\infty h(\tau)\, x(t-\tau)\, d\tau \tag{4.3}$$

Die experimentelle Bestimmung von $h(\tau)$ kann unmittelbar nach Gleichung (4.3) erfolgen. Es gibt zwei Standardmethoden, die Impulsanregung des Systems [Näherung für $\delta(t)$] und die Sprunganregung [bei $t = 0$ springt $x(t)$ von 0 auf den Wert 1]. Im ersten Fall entspricht das Ausgangssignal unmittelbar der Gewichtsfunktion, im zweiten Fall wird die sogenannte Übergangsfunktion $g(\tau)$ ermittelt, die in einfacher Weise mit $h(\tau)$ zusammenhängt:

$$g(\tau) = \int_0^\tau h(t)\, dt, \qquad h(\tau) = \frac{dg(\tau)}{d\tau} \tag{4.4}$$

Es ist allerdings zu beachten, daß die Bedingung der Linearität eingehalten werden muß. Um eine möglichst hohe Meßgenauigkeit zu erreichen, werden meist relativ große Amplituden zur Anregung verwendet, die zur Überschreitung des Linearitätsbereiches und damit zu Fehlern führen können.

Im Frequenzbereich wird zur Beschreibung der Übertragungseigenschaften der *Frequenzgang* $H(f)$ verwendet, die Fourier-Transformierte der Gewichtsfunktion,

$$H(f) = \int_0^\infty h(\tau)\, e^{-j\omega\tau}\, d\tau. \tag{4.5}$$

Durch Fourier-Transformation von (4.3)

$$\int_{-\infty}^\infty y(t)\, e^{-j\omega t}\, dt = \int_{-\infty}^\infty \left[\int_0^\infty h(\tau)\, x(t-\tau)\, d\tau\right] e^{-j\omega t}\, dt$$

$$= \int_0^\infty h(\tau)\, e^{-j\omega\tau}\, d\tau \int_{-\infty}^\infty x(t')\, e^{-j\omega t'}\, dt'$$

folgt unmittelbar

$$Y(f) = H(f)\ X(f), \tag{4.6}$$

wobei Y(f) und X(f) die bekannten spektralen Amplitudendichten (3.33) der Signale x(t) und y(t) darstellen.

Im allgemeinen ist H(f) eine komplexe Funktion, die in Betrags- und Phasenfunktion zerlegt wird:

$$H(f) = |H(f)|\ e^{-j\phi(f)} \tag{4.7}$$

Aus (4.6) folgt unmittelbar die direkte Methode für die experimentelle Bestimmung von H(f). Als Eingangsgröße wird eine harmonische Funktion $x(t) = x_o \cos\omega_o t$ gewählt, d. h. $X(f) = x_o/_2\ \delta\ (f-f_o)$; die (komplexe Ausgangsgröße) Y(f) ist an der Stelle $f = f_o$ dem Wert des Frequenzganges proportional

$$H(f_o) = 2\ \frac{Y(f_o)}{x_o}\ . \tag{4.8}$$

Auf diese Weise können nacheinander alle gewünschten Werte von H(f) im interessierenden Frequenzbereich bestimmt werden.

Ein Vergleich der Gleichungen (4.3) und (4.6) deutet an, daß der Zusammenhang zwischen Eingang und Ausgang im Frequenzbereich einfacher zu beschreiben ist (Multiplikation statt Faltung). Daher wird auch der Frequenzbereich häufig gegenüber dem Zeitbereich bevorzugt. Vorteile ergeben sich auch, wenn mehrere Systeme aufeinander folgen. Der Frequenzgang des Gesamtsystems H(f) ist dann einfach das Produkt der Frequenzgänge der Einzelsysteme $H_\nu(f)$

$$H(f) = H_1(f) \cdot H_2(f) \ldots H_n(f). \tag{4.9}$$

Es muß jedoch darauf hingewiesen werden, daß die Darstellung im Frequenzbereich die Beschränkung auf stationäre, eingeschwungene Zustände bedeutet. Einschwing- oder Ausschaltvorgänge lassen sich z. B. nicht erfassen.

Mit Hilfe von Gewichtsfunktion und Frequenzgang kann auch die Übertragung von Rauschsignalen beschrieben werden. Zur Ermittlung der Zusammenhänge wird in Anlehnung an [35] an Stelle der Definition (3.13) für die Korrelationsfunktion die für die folgenden Betrachtungen erheblich günstigere, äquivalente Definition als Erwartungswert des Produktes der Signale verwendet:

$$R_{yy}(\tau) = E\left\{ y(t)\ y(t+\tau) \right\}$$

Durch Einsetzen von (4.3) und Umformung entsteht

$$R_{yy}(\tau) = E\left\{\int_0^\infty h(\xi)\; x(t-\xi)\; d\xi \int_0^\infty h(\eta)\; x(t+\tau-\eta)\; d\eta\right\}$$

$$= \int_0^\infty \int_0^\infty h(\xi)\; h(\eta)\; E\left\{x(t-\xi)\; x(t+\tau-\eta)\right\} d\xi\, d\eta$$

$$= \int_0^\infty \int_0^\infty h(\xi)\; h(\eta)\; R_{xx}(\tau+\xi-\eta)\; d\xi\, d\eta. \quad (4.10)$$

Entsprechend ergibt sich die Kreuzkorrelationsfunktion zwischen Eingangs- und Ausgangssignal

$$R_{xy}(\tau) = E\left\{x(t)\; y(t+\tau)\right\}$$

$$= \int_0^\infty h(\xi)\; R_{xx}(\tau-\xi)\; d\xi. \quad (4.11)$$

Über die WIENER-CHINTSCHINschen Beziehungen (3.21) folgen die entsprechenden Beziehungen im Frequenzbereich

$$S_{yy}(f) = 2\int_{-\infty}^\infty R_{yy}(\tau)\; e^{-j\omega\tau}\; d\tau$$

$$= \int_0^\infty \int_0^\infty h(\xi)\; h(\eta)\; 2\int_{-\infty}^\infty R_{xx}(\tau+\xi-\eta)\; e^{-j\omega\tau}\; d\tau\, d\xi\, d\eta$$

$$= \int_0^\infty h(\xi)\; e^{j\omega\xi}\; d\xi \int_0^\infty h(\eta)\; e^{-j\omega\eta}\; d\eta\; 2\int_{-\infty}^\infty R_{xx}(\tau')\; e^{-j\omega\tau'}\; d\tau'.$$

$$= H^*(f)\cdot H(f)\cdot S_{xx}(f) \quad (4.12)$$

oder

$$S_{yy}(f) = |\,H(f)\,|^2\; S_{xx}(f). \quad (4.13)$$

In gleicher Weise berechnet sich auch die Kreuzspektraldichte zwischen Ein- und Ausgangssignal zu

$$S_{xy}(f) = H(f)\; S_{xx}(f). \quad (4.14)$$

Ein Vergleich der Beziehungen im Zeitbereich und im Frequenzbereich zeigt wieder, daß die Zusammenhänge im Frequenzbereich einfacher und übersichtlicher sind. Die Gleichungen (4.11) und (4.14) gestatten häufig verwendete experimentelle Bestimmungen von $h(\tau)$ und $H(f)$. Wird als Eingangsrauschsignal ein sogenanntes *weißes Rauschen* [$R_{xx}(\tau) = \sigma^2\delta(\tau)$] gewählt, so stellt die Kreuzkorrelationsfunktion unmittelbar die Gewichtsfunktion dar

$$h(\tau) = \frac{R_{xy}(\tau)}{\sigma^2} . \qquad (4.15)$$

Im Spektralbereich folgt für das gleiche Eingangssignal

$$H(f) = \frac{S_{xy}(f)}{S_{xx}(f)} = \frac{S_{xy}(f)}{2\sigma^2} . \qquad (4.16)$$

Gleichung (4.16) zeigt außerdem, daß im Frequenzbereich die Forderung nach einem weißen Rauschsignal nicht unbedingt notwendig ist.

Die Verwendung von Rauschsignalen zur Bestimmung des Übertragungsverhaltens hat scheinbar Vorteile, wenn in Betracht gezogen wird, daß bei der Frequenzgangmessung mit dem harmonischen Eingangssignal Frequenzpunkt für Frequenzpunkt nacheinander gemessen werden muß, mit einem Rauschsignal hinreichend großer Bandbreite aber die Bestimmung aller Frequenzpunkte in einer einzigen Messung erfolgt. Wird jedoch die Genauigkeit des Ergebnisses betrachtet, so liegen die Vorteile eindeutig bei den determinierten Eingangssignalen. Für die hinreichend genaue Messung der Kennfunktionen von Rauschsignalen werden beträchtliche Meßzeiten benötigt, für die periodischen Signale reicht theoretisch eine Periode, wenn das System eingeschwungen ist.

Für die Ermittlung des Übertragungsverhaltens ist es möglich, die Vorteile determinierter Signale mit denen statistischer Signale durch Verwendung *pseudostatistischer binärer* Signale zu verknüpfen. Obwohl die Methode in der Durchführung relativ einfach ist [43], wird sie offensichtlich in der Praxis kaum verwendet.

Ein pseudostatistisches Signal stellt ein determiniertes, periodisches Signal mit einem relativ breiten Spektrum dar, das für die Bestimmung des Übertragungsverhaltens nach (4.11) bzw. (4.14) verwendet werden kann. Auf Grund der Periodizität des Signals genügt im eingeschwungenen Zustand des Systems im Prinzip wieder eine Periode für die Messung. Die Erzeugung des pseudostatistischen binären Signals kann mit einem Digitalrechner oder einer einfachen hardware-Einheit erfolgen, wie sie in Abbildung 26 dargestellt ist. Letztere besteht aus einem sogenannten Schieberegister aus n bistabilen Multivibratoren (sog. Flip-Flops) und einer Rückkopplungslogik in Form eines NAND's. Kommt ein Taktimpuls, so wird die in den einzelnen Flip-Flops enthaltene Information (0 oder L) auf den jeweils folgenden übertragen, der erste Flip-Flop erhält das Ergebnis der logischen Verknüpfung der Information von zwei geeigneten Flip-Flops. Wird für das in Abbildung 26 dargestellte 5stufige Schieberegister als Anfangsbedingung die Kombination gewählt, in der alle Flip-Flops die Information L haben, so ergeben sich bei den darauf folgenden Taktimpulsen nacheinander die in Tabelle 2 zusammengestellten Kombinationen. Beim 31. Taktimpuls ist wieder der Ausgangszustand erreicht, d. h., es treten 2^n-1 verschie-

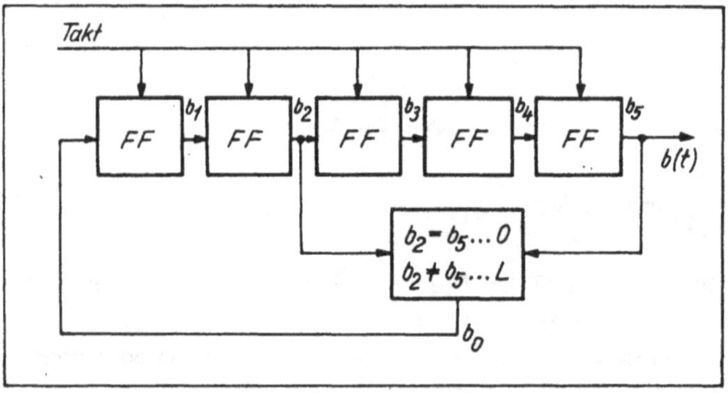

Abb. 26. 5stufiges rückgekoppeltes Schieberegister zur Erzeugung eines pseudostatistischen Signals

Tabelle 2
Kombinationsfolge eines 5stufigen Schieberegisters

Nr.	b_0	b_1	b_2	b_3	b_4	b_5	Nr.	b_0	b_1	b_2	b_3	b_4	b_5
0	0	L	L	L	L	L							
1	0	0	L	L	L	L	16	0	L	0	L	0	0
2	L	0	0	L	L	L	17	L	0	L	0	L	0
3	L	L	0	0	L	L	18	L	L	0	L	0	L
4	0	L	L	0	0	L	19	L	L	L	0	L	0
5	L	0	L	L	0	0	20	0	L	L	L	0	L
6	0	L	0	L	L	0	21	L	0	L	L	L	0
7	0	0	L	0	L	L	22	L	L	0	L	L	L
8	L	0	0	L	0	L	23	0	L	L	0	L	L
9	0	L	0	0	L	0	24	0	0	L	L	0	L
10	0	0	L	0	0	L	25	0	0	0	L	L	0
11	0	0	0	L	0	0	26	L	0	0	0	L	L
12	0	0	0	0	L	0	27	L	L	0	0	0	L
13	L	0	0	0	0	L	28	L	L	L	0	0	0
14	0	L	0	0	0	0	29	L	L	L	L	0	0
15	L	0	L	0	0	0	30	L	L	L	L	L	0
							31	0	L	L	L	L	L

dene Kombinationen auf (n – Länge des Schieberegisters), es fehlt die verbotene Kombination, in der alle Flip-Flops die Information 0 haben.

Der zeitliche Verlauf x(t) der Information des letzten Flip-Flop b_5 in Tabelle 2 ist in Abbildung 27a wiedergegeben. Bei einem Taktimpulsabstand von Δt (Tastintervall) wird die Periodendauer $T = (2^n-1)\,\Delta t$, d. h. im Falle des 5-stufigen Registers $T = 31\,\Delta t$. Die Autokorrelationsfunktion $R_{xx}(\tau)$ dieses Signals ähnelt der des weißen Rauschens (Abb. 27b). Das Dreiecksfenster bei $\tau = 0$ beschränkt sich auf den Bereich $-\Delta t \leqslant \tau \leqslant \Delta t$; je größer die Länge der Schiebekette (n) gewählt wird, um so mehr nähert sich die Autokorrelationsfunktion der des weißen Rauschens an. Es gilt

$$\begin{aligned} R_{xx}(\tau) &= (b\ T)^2\,[1 - (N+1)\,\frac{|\tau|}{T}] \quad \text{für } |\tau| \leqslant \Delta t \\ &= -\frac{1}{N}\,(b\,T)^2 \qquad \text{für } \Delta t < |\tau| < T - \Delta t, \end{aligned} \tag{4.17}$$

wobei b die Amplitude des binären Signals und $N = 2^n-1$ ist. Die Autospektraldichte $S_{xx}(f)$ in Abbildung 27c charakterisiert den Frequenzinhalt des Signals x(t):

$$S_{xx}(f) = 2\,(b\ T)^2\,\frac{1+N}{N^2}\sum_{\nu=0}^{\infty}\left[\frac{\sin\frac{\nu\pi\Delta t}{T}}{\frac{\nu\pi\Delta t}{T}}\right]^2 \delta(f - \frac{\nu}{T}) \tag{4.18}$$

Die Grundharmonische liegt bei 1/T und entspricht der Frequenzauflösung Δf. Bis zu Frequenzen von etwa $1/2\,\Delta t \approx 2^{n-1}\,\Delta f$ sind die spektralen Amplituden für eine Messung der Übertragungscharakteristik hinreichend groß.

Besonders vorteilhaft läßt sich die Gewichtsfunktion $h(\tau)$ mit Hilfe des pseudostatistischen Signals bestimmen. Dabei ist zu beachten, daß die Periodendauer T größer ist als die Gedächtniszeit des Systems T_g, d. h., daß

$$h(\tau) = 0 \quad \text{für} \quad \tau > T_g, \text{ wobei } \quad T_g < T \quad \text{ist.} \tag{4.19}$$

Entsprechend (4.11) gilt dann

$$R_{xy}(\tau) = \int_0^{T_g} h(\xi)\ R_{xx}(\tau - \xi)\ d\xi. \tag{4.20}$$

Durch Einsetzen von (4.17) ergibt sich

$$R_{xy}(\tau) = (b\ T)^2\,\frac{N+1}{N}\int_{\tau-\Delta t}^{\tau+\Delta t} h(\xi)\ [1 - \frac{|\tau-\xi|}{\Delta t}]\ d\xi - \frac{(b\ T)^2}{N}\int_0^T h(\xi)\ d\xi \tag{4.21}$$

und für $\tau > T_g$ wegen $h(\tau > T_g) = 0$

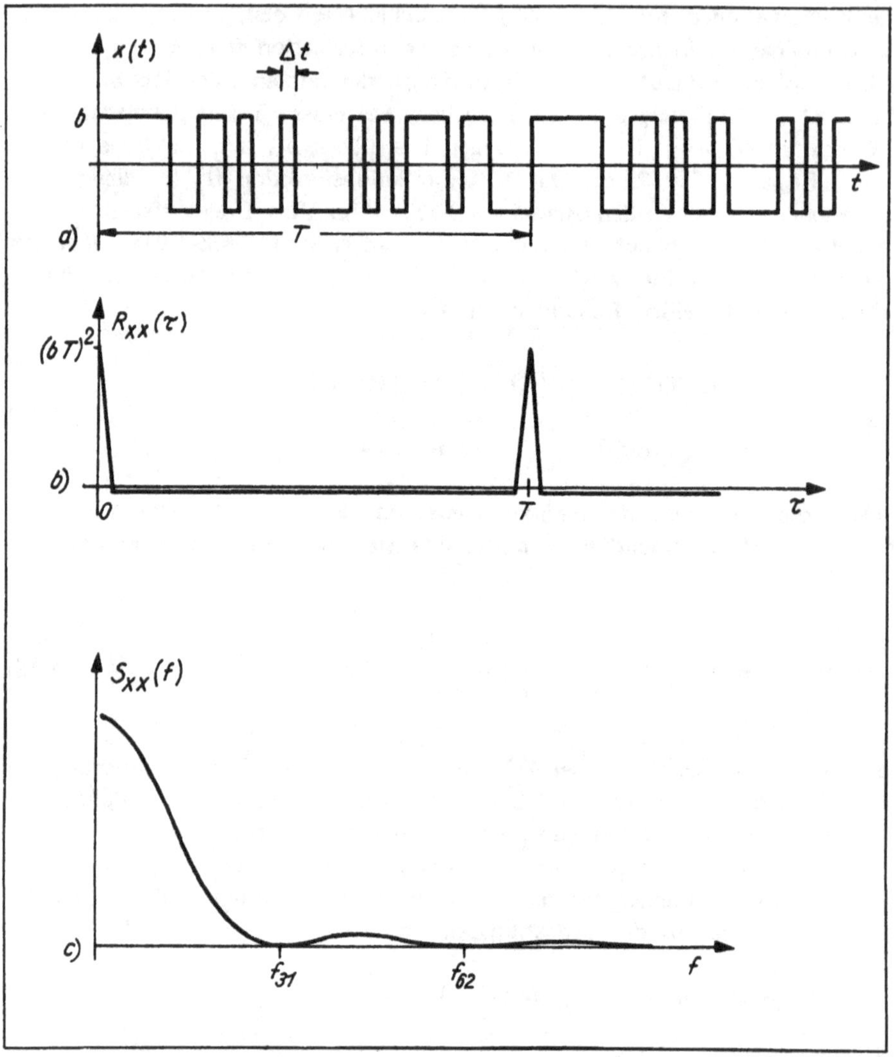

Abb. 27. Pseudostatistisches binäres Signal für n = 5 und seine Kennfunktionen

$$R_{xy}(\tau > T_g) = - \frac{(b\,T)^2}{N} \int_0^{T_g} h(\xi)\,d\xi = - R_o, \tag{4.22}$$

d. h., aus dem „eingeschwungenen“ Zeitabschnitt der Kreuzkorrelationsfunktion $R_{xy}(\tau)$ läßt sich die Nullpunktkorrektur für (4.21) bestimmen.

Der erste Summand in (4.21) enthält die über den Zeitbereich von $\tau - \Delta t$ bis $\tau + \Delta t$ mit einer Dreiecksfunktion gewichtete Funktion $h(\tau)$:

$$\bar{h}(\tau) = \frac{1}{\Delta t} \int_{\tau-\Delta t}^{\tau+\Delta t} h(\xi)\,[1 - \frac{|\tau-\xi|}{\Delta t}]\,d\xi \tag{4.23}$$

Unter Verwendung von (4.21) und (4.22) ergibt sich schließlich als Bestimmungsgleichung für die Gewichtsfunktion

$$\bar{h}(\tau) = \frac{N}{(N+1)\,(b\,T)^2\,\Delta t}\,(R_{xy}(\tau) + R_o). \tag{4.24}$$

Durch eine hinreichend hohe Taktfrequenz $1/\Delta t$ kann die Auflösung Δt für die Bestimmung der Gewichtsfunktion beliebig fein gewählt werden, d. h. die Form der Gewichtsfunktion bestimmt in der Praxis die notwendige Taktfrequenz. Die Gedächtniszeit T_g bestimmt dagegen die Periodendauer T und damit wegen $T = (2^n-1)\,\Delta t$ auch die Länge n des Schieberegisters.

Bemerkenswert ist, daß die Bestimmung der Kreuzkorrelationsfunktion ohne Schwierigkeiten mit hoher statistischer Genauigkeit vorgenommen werden kann. Auf Grund der Periodizität von x(t) kann durch Zeitmittelfunktionsbildung von y(t), getriggert von einem bestimmten Zustand des Pseudozufallssignals x(t), der Untergrund von unkorrelierten Signalanteilen in y(t) beliebig unterdrückt werden. Die sonst aufwendige Berechnung der Kreuzkorrelationsfunktion wird auf die Summation der jeweiligen Werte der gemessenen Zeitmittelfunktion $A_{xy}(\tau)$ zurückgeführt, die mit den L-Zuständen des pseudostatistischen Signals $x(t+\tau)$ synchron sind.

Die Bestimmung der Übertragungseigenschaften kann auch analytisch erfolgen. Grundsätzlich läßt sich das dynamische Verhalten eines linearen Systems mit konstanten Parametern mit Hilfe einer linearen Differentialgleichung mit konstanten Koeffizienten beschreiben, deren allgemeine Form

$$a_n \frac{d^n y(t)}{dt^n} + a_{n-1} \frac{d^{n-1} y(t)}{dt^{n-1}} + \ldots + a_1 \frac{dy(t)}{dt} + a_o = x(t) \tag{4.25}$$

lautet. Diese Gleichung wird in herkömmlicher Weise aus den physikalischen Zusammenhängen im System aufgestellt. Die Berechnung der Gewichtsfunktion erfolgt dann durch Lösung der Differentialgleichung für $x(t) = \delta(t)$, die Berechnung des Frequenzganges durch Fouriertransformation von $h(\tau)$ entsprechend (4.5) oder durch Lösung der Differentialgleichung für eine harmonische Störfunktion $x(t) = e^{-j\omega t}$.

Am Beispiel des gedämpften Feder-Masse-Systems, das einer anregenden Kraft K(t) ausgesetzt ist, sei diese analytische Methode demonstriert. Mit y(t) als Auslenkung der Masse m aus der Ruhelage, ρ, dem Reibungskoeffizienten und F, der Federkonstanten, ergibt sich folgende Kräftebilanz

$$-m \frac{d^2 y(t)}{dt^2} - \rho \frac{dy(t)}{dt} - F \cdot y(t) + K(t) = 0, \tag{4.26}$$

also (Trägheits-) + (Reibungs-) + (Feder-) + (Anregungskraft) = 0.
Mit den üblichen vereinfachenden Beziehungen

$$\rho/m = 2\omega_1 , \quad F/m = \omega_o^2 \tag{4.27}$$

geht (4.26) über in

$$\frac{d^2 y(t)}{dt^2} + 2\omega_1 \frac{dy(t)}{dt} + \omega_o^2 \, y(t) = \frac{K(t)}{m} . \tag{4.28}$$

Die allgemeine Lösung der homogenen Gleichung für $\omega_1 \neq \omega_o$ ist

$$y(t) = e^{-\omega_1 t} \left(C_1 \, e^{\sqrt{\omega_1^2 - \omega_o^2}\, t} + C_2 \, e^{-\sqrt{\omega_1^2 - \omega_o^2}\, t}\right). \tag{4.29}$$

Mit der Methode der Variation der Konstanten ergibt sich die allgemeine Lösung der inhomogenen Gleichung, aus der für die Impulsanregung $K(t) = K_o \delta(t)$ die spezielle Lösung für $\omega_1 \neq \omega_o$ folgt:

$$y(t) = \frac{K_o \, e^{-\omega_1 t}}{m\sqrt{\omega_1^2 - \omega_o^2}} \cdot \frac{e^{\sqrt{\omega_1^2 - \omega_o^2}\, t} - e^{-\sqrt{\omega_1^2 - \omega_o^2}\, t}}{2} . \tag{4.30}$$

Für den Fall der gedämpften Schwingung $0 < \omega_1 < \omega_o$ folgt dann

$$y(t) = \frac{K_o \, e^{-\omega_1 \cdot t}}{m\sqrt{\omega_o^2 - \omega_1^2}} \sin \sqrt{\omega_o^2 - \omega_1^2}\; t \tag{4.31}$$

und damit für die Gewichtsfunktion $h(\tau)$

$$h(\tau) = \frac{e^{-\omega_1 \tau}}{m\sqrt{\omega_o^2 - \omega_1^2}} \sin \sqrt{\omega_o^2 - \omega_1^2}\; \tau . \tag{4.32}$$

Abbildung 28 veranschaulicht diese Gewichtsfunktion für einige Werte des Verhältnisses ω_1/ω_o.

Aus (4.32) läßt sich nun durch Fourier-Transformation der Frequenzgang H(f) berechnen:

$$H(f) = \frac{1}{m\sqrt{\omega_o^2 - \omega_1^2}} \int_0^\infty e^{-\omega_1 \tau} \sin \sqrt{\omega_o^2 - \omega_1^2}\, \tau\, e^{-j\omega\tau}\, d\tau. \qquad (4.33)$$

Durch Umrechnung auf Integrale des Typs

$$\int_0^\infty e^{-\omega_1 \tau} \sin \left(\sqrt{\omega_o^2 - \omega_1^2} \pm \omega\right) \tau d\tau = \frac{\sqrt{\omega_o^2 - \omega_1^2} \pm \omega}{\omega_o^2 + \omega_1^2 \pm 2\omega\sqrt{\omega_o^2 - \omega_1^2}}$$

$$\int_0^\infty e^{-\omega_1 \tau} \cos \left(\sqrt{\omega_o^2 - \omega_1^2} \pm \omega\right) \tau d\tau = \frac{\omega_1}{\omega_o^2 + \omega_1^2 \pm 2\omega\sqrt{\omega_o^2 - \omega_1^2}}$$

ergibt sich

$$H(f) = \frac{1}{m(\omega_o^2 - \omega^2 + 2j\omega_1\omega)} . \qquad (4.34)$$

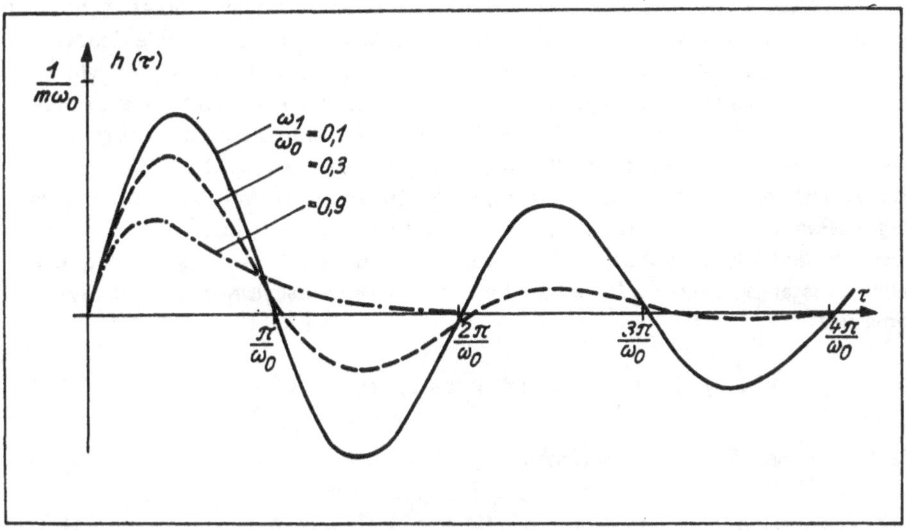

Abb. 28. Gewichtsfunktion des Feder-Masse-Systems für verschiedene Dämpfungen

oder in Betrags- und Phasenfunktion zerlegt:

$$|H(f)| = \frac{1}{m\sqrt{(\omega_0^2 - \omega^2)^2 + (2\omega_1\omega)^2}} \tag{4.35}$$

$$\phi(f) = \text{arc tg} \frac{2\omega_1\omega}{\omega_0^2 - \omega^2}\,. \tag{4.36}$$

Erheblich einfacher ist allerdings die direkte Ermittlung des Frequenzganges aus der Differentialgleichung (4.28) durch Einführung einer periodischen Störgröße $K(t) = K_0\, e^{j\omega t}$, die in wenigen Schritten zu dem gleichen Ergebnis (4.35) und (4.36) führt. Abbildung 29 enthält die beiden Funktionen $|H(f)|$ und $\phi(f)$ für die gleichen Werte des Verhältnisses ω_1/ω_0 wie in Abbildung 28. Der Übertragungscharakter des Systems läßt sich gut in beiden Darstellungen, in $h(\tau)$ und $H(f)$, erkennen: Das Nachschwingen in $h(\tau)$, die Resonanzüberhöhung in $H(f)$ und der Phasendurchgang durch $\phi(f) = 90°$ bei $\omega = \omega_0$ deuten auf den Resonanzcharakter des Systems, während das Abklingen der Schwingungen in $h(\tau)$, die begrenzte Überhöhung in $|H(f)|$ bei $\omega = \omega_0$ und der allmähliche Übergang der Phase von 0 auf 180° auf die Dämpfung hinweisen.

4.1.2. System mit mehreren Ein- und Ausgängen

In komplizierten Systemen, wie z. B. in einer industriellen Anlage, existieren meist mehrere Rauschquellen, die sich in den Ausgangssignalen überlagern. Auch werden für eindeutige Aussagen über das System und die darin ablaufenden Prozesse mehrere unabhängige Ausgangssignale benötigt. Ein derartiges System läßt sich bezüglich seiner Übertragungseigenschaften nicht mehr durch eine einzige Gewichtsfunktion beschreiben. Zur vollständigen Beschreibung der Übertragung jeder Eingangsgröße (Rauschquelle) $x_i(t)$ zu jeder Ausgangsgröße $y_\nu(t)$ wird je eine Gewichtsfunktion $h_{i\nu}(\tau)$ benötigt, d. h. bei q Eingangsgrößen und n Ausgangsgrößen sind insgesamt qn Gewichtsfunktionen erforderlich. Abbildung 30 illustriert die Zusammenhänge. Jede Ausgangsgröße $y_\nu(t)$ setzt sich aus q partiellen Ausgangsgrößen $y_{i\nu}(t)$ zusammen. Auf Grund der Linearität des Systems gilt

$$y_\nu(t) = \sum_{i=1}^{q} y_{i\nu}(t) = \sum_{i=1}^{q} \int_0^\infty h_{i\nu}(\tau)\; x_i(t-\tau)\; d\tau. \tag{4.37}$$

Die Matrix der Gewichtsfunktionen

$$[h_{i\nu}(\tau)] \text{ mit } i = 1, 2, \ldots q \text{ und } \nu = 1, 2, \ldots n \tag{4.38}$$

bestimmt jetzt das Übertragungsverhalten des Systems.

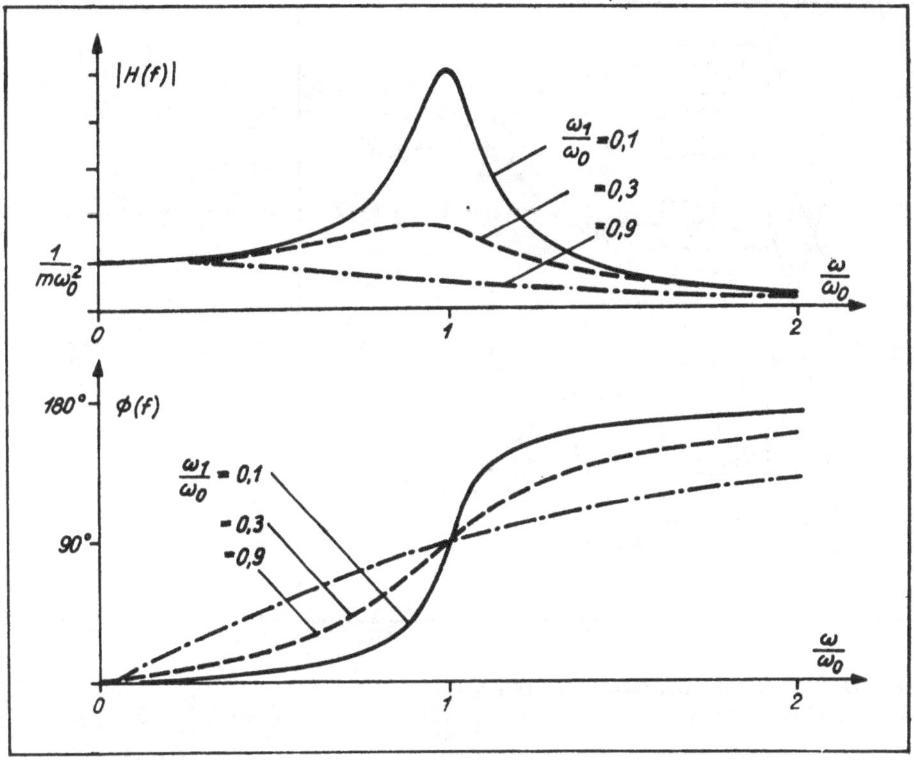

Abb. 29. Frequenzgang des Feder-Masse-Systems für verschiedene Dämpfungen

Die Bestimmung der einzelnen (partiellen) Gewichtsfunktionen kann in ähnlicher Weise wie beim einfachen System erfolgen. Das System wird durch einen $\delta(t)$-Impuls der ausgewählten Eingangsgröße angeregt, und die entsprechenden Reaktionen der Ausgangssignale werden gemessen. In der Praxis ist es notwendig, diese Messungen sehr häufig zu wiederholen und die Zeitmittelfunktionen $A_{x_i y_\nu}(\tau)$ der Ausgangsgrößen zu bilden, um den Einfluß der Rauschquellen zu unterdrücken. Zu beachten ist, daß das Ergebnis meist von den Werten der anderen Eingangsgrößen abhängt, d. h. vom „Arbeitspunkt" des Systems.

Durch Fourier-Transformation von (4.37) ergeben sich, analog zu (4.6), die Beziehungen im Frequenzbereich

$$Y_\nu(f) = \sum_{i=1}^{q} H_{i\nu}(f)\, X_i(f) \qquad \text{für } \nu = 1, 2, \ldots n. \tag{4.39}$$

In Matrixform lautet (4.39):

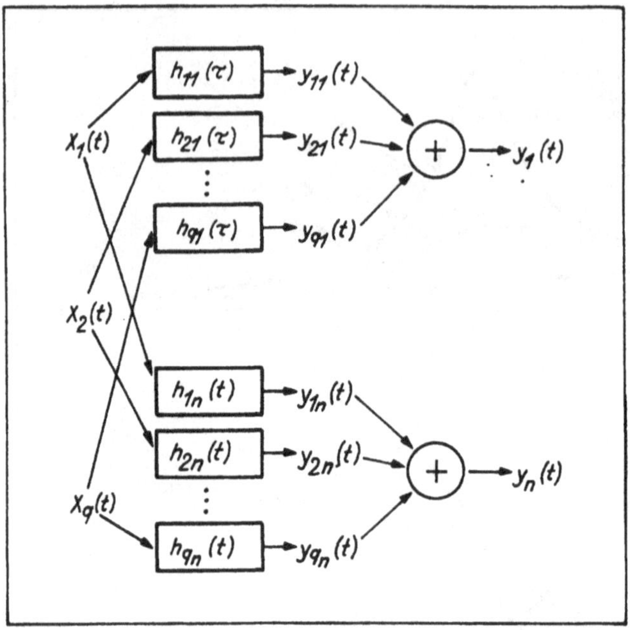

Abb. 30. Schematische Darstellung der Zusammenhänge in einem multiplen System

$$\begin{bmatrix} Y_1(f) \\ Y_2(f) \\ . \\ . \\ Y_n(f) \end{bmatrix} = \begin{bmatrix} H_{11}(f) & H_{21}(f) \ldots & H_{q1}(f) \\ H_{12}(f) & H_{22}(f) \ldots & H_{q2}(f) \\ . & & \\ . & . & . \\ H_{1n}(f) & H_{2n}(f) \ldots & H_{qn}(f) \end{bmatrix} \begin{bmatrix} X_1(f) \\ X_2(f) \\ . \\ . \\ X_q(f) \end{bmatrix} \tag{4.40}$$

Die Bestimmung der einzelnen (partiellen) Frequenzgänge $H_{i\nu}(f)$ kann wieder durch harmonische Störung der Eingangsgröße $x_i(t)$ und Messung der Reaktionen der Ausgangsgrößen $y_\nu(t)$ erfolgen.

Sind künstliche Störsignale nicht anwendbar, so muß versucht werden, mit den natürlichen Störsignalen, den Rauschsignalen, auszukommen. In gleicher Weise wie (4.10) und (4.12) lassen sich die Zusammenhänge der Kennfunktionen der Ein- und Ausgangssignale herleiten, wobei im Unterschied zum einfachen System hier auch die Verbundkennfunktionen zwischen den verschiedenen Ausgangssignalen interessieren.

Für die Kreuzkorrelationsfunktion zwischen den beiden Ausgangssignalen $y_\mu(t)$ und $y_\nu(t)$ folgt

$$R_{y_\mu y_\nu}(\tau) = E\,[y_\mu(t)\; y_\nu(t+\tau)]$$

$$= \sum_{i=1}^{q} \sum_{l=1}^{q} \int_0^\infty \int_0^\infty h_{i\mu}(\xi)\; h_{l\nu}(\eta)\; R_{x_i x_l}(\xi-\eta+\tau)\; d\xi d\eta. \tag{4.41}$$

Die entsprechende Kreuzspektraldichte ergibt sich dann zu

$$S_{y_\mu y_\nu}(f) = 2 \int_{-\infty}^{\infty} R_{y_\mu y_\nu}(\tau)\; e^{-j\omega\tau}\; d\tau$$

$$= \sum_{i=1}^{q} \sum_{l=1}^{q} H^*_{i\mu}(f)\; H_{l\nu}(f)\; S_{x_i x_l}(f). \tag{4.42}$$

Für $\mu = \nu$ resultieren die entsprechenden Auto-Kennfunktionen.

Die Verbundkennfunktionen zwischen Ein- und Ausgangsgrößen lauten:

$$R_{x_i y_\nu}(\tau) = E\,[x_i(t)\; y_\nu(t+\tau)]$$

$$= \sum_{l=1}^{q} \int_0^\infty h_{l\nu}(\xi)\; R_{x_i x_l}(\tau-\xi)\; d\xi \tag{4.43}$$

und

$$S_{x_i y_\nu}(f) = 2 \int_{-\infty}^{\infty} R_{x_i y_\nu}(\tau)\; e^{-j\omega\tau}\; d\tau$$

$$= \sum_{l=1}^{q} H_{l\nu}(f)\; S_{x_i x_l}(f). \tag{4.44}$$

Die Bestimmung der Übertragungseigenschaften eines multiplen Systems mit Hilfe von Rauschsignalen ist offensichtlich etwas komplizierter als beim einfachen System. Nur in dem Spezialfall, der allerdings nicht selten vorkommt, daß alle Rauschquellen untereinander unkorreliert sind, d. h., daß $S_{x_i x_l}(f) = 0$ für $i \neq l$ gilt, reduziert sich Gleichung (4.44) auf die vom einfachen System her bekannte Form

$$S_{x_i y_\nu}(f) = H_{i\nu}(f)\; S_{x_i x_i}(f). \tag{4.45}$$

Im allgemeinen Fall ist es jedoch nicht möglich, die Übertragungseigenschaften zwischen x_i und y_ν nur durch Messung einer Kreuzspektraldichte $S_{x_i y_\nu}(f)$ und aller zugehörigen Kreuzspektraldichten der Rauschquellen $S_{x_i x_l}(f)$ zu bestimmen. Nach Gleichung (4.44) würde dabei nur eine lineare Gleichung mit q Unbekannten $H_{l\nu}(f)$ erhalten. Durch Erweiterung der Messung auf die Kreuzspektraldichten aller q Rauschquellen $x_i(t)$ mit der ausgewählten Ausgangsgröße $y_\nu(t)$ folgen q lineare Gleichungen der Form (4.44) für die q Unbekannten. In Matrixschreibweise sieht dies so aus:

$$\begin{bmatrix} S_{x_1 y_\nu}(f) \\ S_{x_2 y_\nu}(f) \\ \cdot \\ \cdot \\ S_{x_q y_\nu}(f) \end{bmatrix} = \begin{bmatrix} S_{x_1 x_1}(f) & S_{x_1 x_2}(f) & \dots & S_{x_1 x_q}(f) \\ S_{x_2 x_1}(f) & S_{x_2 x_2}(f) & \dots & S_{x_2 x_q}(f) \\ \cdot & & & \\ \cdot & \cdot & & \cdot \\ S_{x_q x_1}(f) & S_{x_q x_2}(f) & \dots & S_{x_q x_q}(f) \end{bmatrix} \begin{bmatrix} H_{1\nu}(f) \\ H_{2\nu}(f) \\ \cdot \\ \cdot \\ H_{q\nu}(f) \end{bmatrix}$$

oder in zusammengefaßter Form

$$[\vec{S}_{x_i y_\nu}(f)]' = [S_{x_i x_l}(f)]\ [\vec{H}_{l\nu}(f)]', \tag{4.46}$$

wobei der Index ' den transponierten Vektor, d. h. den Spaltenvektor, kennzeichnen soll. Aufgelöst nach dem Spaltenvektor der partiellen Frequenzgänge folgt

$$[\vec{H}_{l\nu}(f)]' = [S_{x_i x_l}(f)]^{-1}\ [\vec{S}_{x_i y_\nu}(f)]'. \tag{4.47}$$

Für jede der n Ausgangsgrößen $y_\nu(t)$ entsteht ein derartiges System linearer Gleichungen, wobei allerdings jeweils nur die q Kreuzspektraldichten der Rauschquellen mit der betreffenden Ausgangsgröße $y_\nu(t)$ neu benötigt werden; die Matrix $[S_{x_i x_l}(f)]^{-1}$ bleibt unverändert.

Offensichtlich ist die geschilderte Methode nur eine grundsätzliche Möglichkeit zur Bestimmung des Übertragungsverhaltens eines multiplen Systems. Wird berücksichtigt, daß für eine hinreichende Auflösung der Funktionen mindestens 100 Frequenzwerte nötig sind, so kann der Aufwand ermessen werden, der in einer Berechnung der Frequenzgänge nach (4.47) steckt und welche Fehler durch geringfügige Meßfehler entstehen können. Es sollte stets versucht werden, künstliche Störsignale [δ(t)-Impuls, harmonisches Störsignal oder das pseudostochastische binäre Signal] zu verwenden. Ist dies nicht möglich, dann bringt die Verwendung von Rauschsignalen eigentlich nur dann Erfolg, wenn vereinfachende Bedingungen, wie z. B. die Unkorreliertheit der Rauschquellen, bestehen.

In jüngster Zeit finden in zunehmendem Maße sogenannte *parametrische Modelle* Anwendung, die nicht auf einer detaillierten Systemstruktur, wie in Abbildung 30, aufbauen. In 4.3. wird ein derartiges Modell, das multivariate, autoregressive Modell, vorgestellt, dessen Parameter durch Anpassung an alle Meßsignale über einen bestimmten Zeitraum gewonnen werden, wobei nicht zwischen Ein- und Ausgangsgrößen unterschieden wird. Das fertige Modell gestattet dann Aussagen über die Zusammenhänge zwischen den einzelnen

Signalen, d. h. auch über die Struktur des Systems. Diese rechentechnisch recht aufwendigen Verfahren befinden sich noch in der Entwicklung; die bisherigen Ergebnisse sind jedoch vielversprechend (siehe 4.3.).

Auch die analytische Bestimmung der Übertragungseigenschaften ist bei einem multiplen System komplizierter. Sie lassen sich mit Hilfe eines Systems linearer Differentialgleichungen mit konstanten Koeffizienten beschreiben, das wieder aus den physikalischen Zusammenhängen gewonnen wird. Die Berechnung der Gewichtsfunktion bzw. des Frequenzganges erfolgt in ähnlicher Weise wie bei einem einfachen System; die fragliche Eingangsgröße wird als $\delta(t)$ bzw. $e^{j\omega t}$ gewählt und die Systemantwort berechnet.

Am Beispiel eines Systems, das durch Kopplung von zwei einfachen gedämpften Feder-Masse-Systemen mit zwei anregenden Kräften entsteht, soll diese analytische Methode illustriert werden. Der Einfachheit halber sei angenommen, daß die Größen m, ρ, F in beiden einfachen Systemen übereinstimmen. Dann folgt mit k als Kopplungskoeffizient:

$$\begin{aligned} \frac{d^2y_1(t)}{dt^2} + 2\omega_1 \frac{dy_1(t)}{dt} + \omega_o^2\, y_1(t) + k\,[y_1(t) - y_2(t)] &= \frac{x_1(t)}{m} \\ \frac{d^2y_2(t)}{dt^2} + 2\omega_1 \frac{dy_2(t)}{dt} + \omega_o^2\, y_2(t) + k\,[y_2(t) - y_1(t)] &= \frac{x_2(t)}{m} \end{aligned} \qquad (4.48)$$

Die allgemeine Lösung des homogenen Systems, die am einfachsten mittels Substitution der Variablen $z_1 = y_1 - y_2$ und $z_2 = y_1 + y_2$ [44] erhalten wird, lautet

$$\begin{aligned} y_1 &= C_1\, e^{\lambda_1 t} + C_2\, e^{\lambda_2 t} + C_3\, e^{\lambda_3 t} + C_4\, e^{\lambda_4 t} \\ y_2 &= -C_1\, e^{\lambda_1 t} - C_2\, e^{\lambda_2 t} + C_3\, e^{\lambda_3 t} + C_4\, e^{\lambda_4 t} \end{aligned} \qquad (4.49)$$

wobei

$$\lambda_1 = -\omega_1 + \sqrt{\omega_1^2 - \omega_o^2 - 2k}$$

$$\lambda_2 = -\omega_1 - \sqrt{\omega_1^2 - \omega_o^2 - 2k}$$

$$\lambda_3 = -\omega_1 + \sqrt{\omega_1^2 - \omega_o^2}$$

$$\lambda_4 = -\omega_1 - \sqrt{\omega_1^2 - \omega_o^2}\,.$$

Die Koeffizienten C_i werden durch Variation der Konstanten bestimmt. Für die speziellen anregenden Kräfte $x_1(t) = \delta(t)$ und $x_2(t) = 0$ folgen die Beziehungen

$$C_1 = \frac{1}{4m\sqrt{\omega_1^2 - \omega_o^2 - 2k}}\,, \qquad C_2 = -\,C_1$$

$$C_3 = \frac{}{4m\sqrt{\omega_1^2 - \omega_o^2}}\,, \qquad C_4 = -\,C_3\,.$$

Für den Fall der gedämpften Schwingung $0 < \omega_1 < \omega_o$ lautet damit die Lösung

$$y_1(t) = \frac{e^{\omega_1 t}}{2m}\left(\frac{\sin\omega' t}{\omega'} + \frac{\sin\omega'' t}{\omega''}\right)$$

$$y_2(t) = \frac{e^{-\omega_1 t}}{2m}\left(-\frac{\sin\omega' t}{\omega'} + \frac{\sin\omega'' t}{\omega''}\right) \tag{4.50}$$

mit

$$\omega' = \sqrt{\omega_o^2 + 2k - \omega_1^2} \quad \text{und} \quad \omega'' = \sqrt{\omega_o^2 - \omega_1^2}\,.$$

Bei $k = 0$ ergibt sich erwartungsgemäß für $y_1(t)$ die Lösung für das einfache System (4.31) und für $y_2(t) = 0$. Die gesuchten Gewichtsfunktionen sind aus Symmetriegründen dann:

$$h_{11}(\tau) = h_{22}(\tau) = y_1(\tau)$$

$$h_{12}(\tau) = h_{21}(\tau) = y_2(\tau)\,. \tag{4.51}$$

Durch Fourier-Transformation lassen sich die entsprechenden Frequenzgänge in gleicher Weise wie beim einfachen System berechnen:

$$H_{11}(f) = H_{22}(f) = \frac{1}{2m}\left(\frac{1}{\omega_o^2 + 2k - \omega^2 + 2j\omega_1\omega} + \frac{1}{\omega_o^2 - \omega^2 + 2j\omega_1\omega}\right)$$

$$H_{12}(f) = H_{21}(f) = \frac{1}{2m}\left(-\frac{1}{\omega_o^2 + 2k - \omega^2 + 2j\omega_1\omega} + \frac{1}{\omega_o^2 - \omega^2 + 2j\omega_1\omega}\right) \tag{4.52}$$

In wenigen Rechnungsschritten ist dieses Ergebnis auch durch die Einführung einer periodischen Störgröße $x(t) = e^{j\omega t}$ direkt zu ermitteln.

Die Abbildungen 31a und b stellen die Gewichtsfunktion $h_{11}(\tau)$ und $h_{12}(\tau)$ für zwei verschiedene Kopplungsgrade dar. Deutlich ist die Verwandtschaft von $h_{11}(\tau)$ mit der Gewichtsfunktion des einfachen Systems (Abb. 28) zu erkennen, aber auch eine Frequenzverschiebung in Richtung höherer Frequenzen. Zum Beispiel erfolgt der erste Nulldurchgang der Funktion im Falle des gekoppelten Systems schon vor π/ω_o. Im Falle stärkerer Kopplung (Abb. 31b) sind die

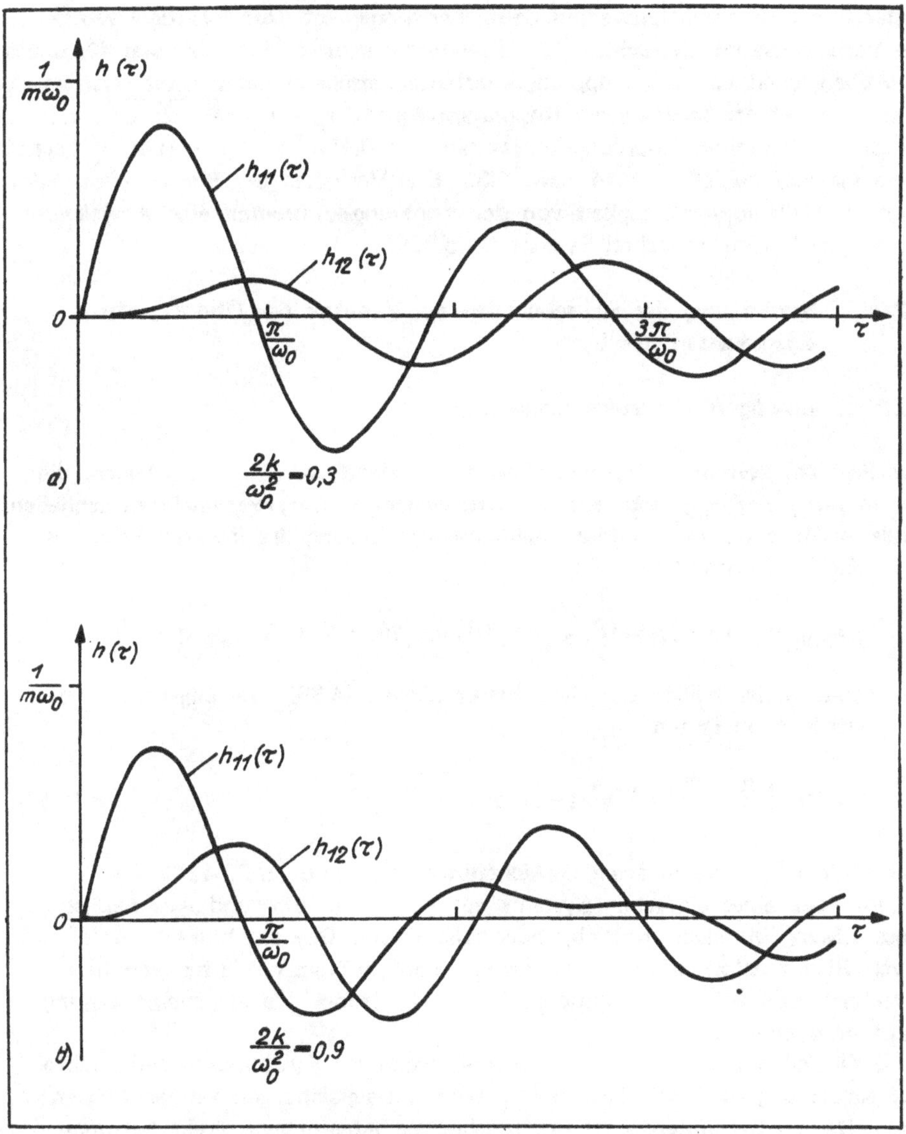

Abb. 31. Gewichtsfunktionen einer gekoppelten gedämpften Schwingung bei verschiedenen Kopplungen

Unterschiede im Funktionsverlauf deutlicher ausgeprägt. Durchsichtiger werden die Verhältnisse bei Betrachtung der Frequenzgangkurven in Abbildung 32a und b. In Abhängigkeit von der Kopplungskonstanten erscheint ein zweites relatives Maximum bei der sogenannten Kopplungsfrequenz $f_k = f_o \sqrt{1 + 2k/\omega_o^2}$, d. h. für die ausgewählten Kopplungskonstanten $k = 0.15\omega_o^2$ und $k = 0.45\omega_o^2$ liegen diese Maxima bei $f/f_o = 1.14$ bzw. 1.38. Das Verhalten der Phasen (Abb. 32b) zeigt ebenfalls in Abhängigkeit von der Kopplungskonstanten eine Abweichung im Vergleich zum einfachen System (Abb. 29).

4.2. Bestimmung der Rauschquellen bei Kenntnis der Übertragungseigenschaften des Systems

4.2.1. Lösung für beliebige Signalform

Das Problem besteht darin, ausschließlich an Hand von Ausgangssignalen, die der Messung zugängig sind, auf die verursachenden Eingangssignale zu schließen. Diese Aufgabe korrekt zu lösen, bedeutet die Lösung des inversen Problems, d. h. die Ermittlung der

$$x_i(t) = f\,[y_1(t),\ y_2(t),\ \dots\ y_n(t)] \qquad \text{für } i = 1, 2, \dots q$$

bei Kenntnis der Matrix der Gewichtsfunktionen (4.38). Die allgemeine Lösung würde dann lauten

$$x_i(t) = \sum_{\nu=1}^{n} \int_0^{\infty} h^*_{\nu i}(\tau)\ y_\nu(t-\tau)\ d\tau, \qquad (4.53)$$

wobei die $h^*_{\nu i}(\tau)$ die inversen Gewichtsfunktionen sind [z. B. 42].

Im Falle eines einfachen Systems mit nur einem Ein- und Ausgang ist diese Lösung durchaus möglich, indem die inverse Gewichtsfunktion $h^*(\tau)$ durch Rücktransformation der reziproken Laplace-Transformierten von $h(\tau)$ berechnet wird [42]. Für multiple Systeme ist jedoch die allgemeine Lösung recht problematisch.

Erheblich einfacher wird die Aufgabe, wenn als Ausgangspunkt die Differentialgleichung bzw. das System von Differentialgleichungen verwendet werden kann. Da bei bekannten $y_\nu(t)$ die zugehörigen Ableitungen direkt bestimmt werden können, besteht das Problem lediglich in der Multiplikation mit den entsprechenden Koeffizienten und Addition der verschiedenen Ausdrücke, um die gesuchten Eingangssignale zu ermitteln. Am einfachen Beispiel der gedämpften Schwingung soll dies demonstriert werden.

$y(t) = y_o \cos\omega t$ sei das harmonische Ausgangssignal des Systems von Gleichung (4.28), gesucht werde die anregende Kraft K(t). Durch Einsetzen von

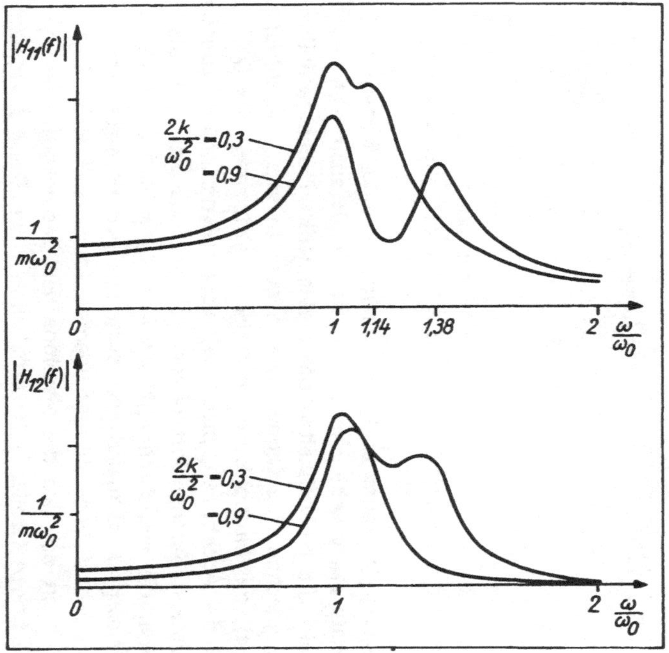

Abb. 32a. Betrag der Frequenzgänge einer gekoppelten, gedämpften Schwingung für $\frac{\omega_1}{\omega_o} = 0{,}1$

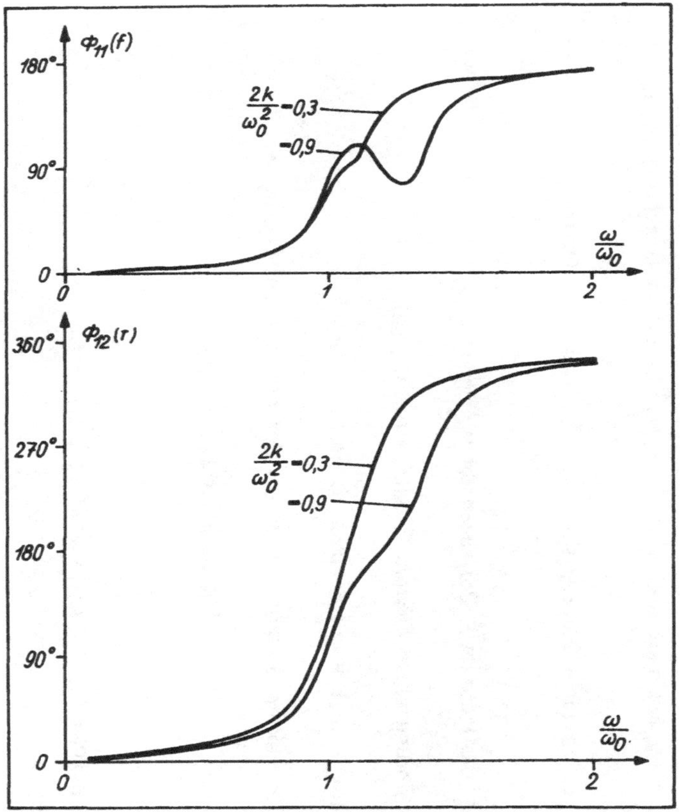

Abb. 32b. Phase der Frequenzgänge einer gekoppelten, gedämpften Schwingung für $\frac{\omega_1}{\omega_o} = 0{,}1$

$y(t)$, $y'(t) = -y_o \omega \sin \omega t$ und $y''(t) = -y_o \omega^2 \cos \omega t$ in Gleichung (4.28) folgt

$$-y_o \omega^2 \cos \omega t - 2\omega_1 \omega y_o \sin \omega t + \omega_o^2 y_o \cos \omega t = K(t)/m$$

oder

$$(\omega_o^2 - \omega^2) \cos \omega t - 2\omega_1 \omega \sin \omega t = \frac{K(t)}{y_o m} .$$

Durch Einführung eines Faktors C wird erreicht, daß

$$C\ (\omega_o^2 - \omega^2) = \cos \varphi \quad \text{und} \quad C\ 2\omega_1 \omega = \sin \varphi$$

werden. Der Faktor berechnet sich aus der notwendigen Bedingung

$$C^2\ (\omega_o^2 - \omega^2)^2 + C^2\ (2\omega_1 \omega)^2 = 1.$$

Damit wird

$$\cos \varphi \cos \omega t - \sin \varphi \sin \omega t = \frac{C\ K(t)}{m\ y_o}$$

oder

$$K(t) = m\ y_o \sqrt{(\omega_o^2 - \omega^2)^2 + (2\omega_1 \omega)^2} \cos (\omega t + \varphi),$$

mit $\quad \varphi = \text{arc tg}\ \dfrac{2\omega_1 \omega}{\omega_o^2 - \omega^2} .$

Ein Vergleich mit (4.35) und (4.36) zeigt die Übereinstimmung, wobei allerdings die unterschiedliche Vorzeichendefinition von φ und $\phi(f)$ zu beachten ist.

Da die Ausgangssignale $y_\nu(t)$ kaum analytisch darstellbar sind, kommt die in dem Beispiel verwendete analytische Methode in der Praxis auch nicht vor. Hier ist es notwendig, auf die Möglichkeiten der maschinellen Rechentechnik zurückzugreifen und die gleichen Operationen wie in dem Beispiel, die Bildung der Ableitungen der $y_\nu(t)$, die Multiplikation mit den Koeffizienten der Differentialgleichungen und die Additionen, maschinell vorzunehmen. Meist können diese Operationen in Echtzeit durchgeführt werden, so daß aus den $y_\nu(t)$ als Eingangsgrößen unmittelbar die gesuchten $x_i(t)$ als Ausgangsgrößen berechnet werden. Da die Rechenmaschine normalerweise nicht mit den richtigen Anfangsbedingungen an den Prozeß angeschlossen werden kann, muß eine „Lernphase" abgewartet werden, in der sich die Maschine den Bedingungen des Systems anpaßt, ehe die richtigen Größen $x_i(t)$ erhalten werden. Diese Lernphase hat eine Dauer in der Größenordnung der schon diskutierten Gedächtniszeit des Systems. Diese Methode der *inversen Simulation* kann sowohl digital als auch analog durchgeführt werden. Die Verwendung eines Digitalrechners hat insbesondere dann Vorteile, wenn niederfrequente Signale auftreten. Für Routine-Überwachungsverfahren mit Hilfe der Simulationstechnik ist beim heutigen Stand der Mikroprozessortechnik sicher der Einsatz der Digitaltechnik vorzuziehen.

Die Analogschaltung in Abbildung 33 leistet die inverse Simulation für das schon behandelte Beispiel von zwei gekoppelten, gedämpften Schwingungssystemen. Die Auslenkungen $y_1(t)$ und $y_2(t)$ des echten Systems aus der Ruhelage werden als Eingangsgrößen verwendet und die anregenden Kräfte $x_1(t)$ und $x_2(t)$ berechnet. Abbildung 34 demonstriert die Funktionsweise der Schaltung. In Reihe a) sind die beiden Eingangssignale des realen Systems $x_1(t)$ und $x_2(t)$, in Reihe b) die entsprechenden Ausgangssignale $y_1(t)$ und $y_2(t)$ sowie in Reihe c) die Ausgangssignale der inversen Simulationsschaltung $x_1^*(t)$ und $x_2^*(t)$ zu sehen, die aus $y_1(t)$ und $y_2(t)$ berechnet wurden. Der Vergleich von $x_1(t)$ mit $x_1^*(t)$ und $x_2(t)$ mit $x_2^*(t)$ zeigt die Güte des Verfahrens. Die geringfügige Phasenverschiebung und Unterdrückung höherfrequenter Signalanteile sind auf die Tiefpaßwirkung der in Abbildung 33 gestrichelt eingezeichneten Kondensatoren zurückzuführen, die aber zur Stabilisierung der Schaltung benötigt werden.

4.2.2. Lösung für stationäre Signale

Für die Rauschdiagnostik ist es im allgemeinen nicht notwendig, das inverse Problem in völliger Allgemeinheit zu lösen. Bei den Rauschsignalen bzw. den Rauschanteilen, die für die Diagnostik verwendet werden, handelt es sich fast ausschließlich um stationäre Signale, für die eine Behandlung im Frequenzbereich möglich ist. Dann gestaltet sich der Zusammenhang zwischen Ein- und Ausgangssignalen auf Grund der multiplikativen Verknüpfungen einfacher.

Für das einfache System gilt nach (4.13)

$$S_{xx}(f) = |H(f)|^{-2} S_{yy}(f), \tag{4.54}$$

eine Beziehung, die ohne Schwierigkeiten die Bestimmung der Autospektraldichte der Rauschquelle gestattet.

Für das multiple System gilt Gleichung (4.42), die sich in Matrizenform folgendermaßen darstellen läßt:

$$\begin{bmatrix} S_{y_1y_1} & \dots & S_{y_1y_n} \\ \cdot & & \cdot \\ \cdot & & \cdot \\ S_{y_ny_1} & \dots & S_{y_ny_n} \end{bmatrix} = \begin{bmatrix} H_{11}^* & \dots & H_{q1}^* \\ \cdot & & \cdot \\ \cdot & & \cdot \\ H_{1n}^* & \dots & H_{qn}^* \end{bmatrix} \begin{bmatrix} S_{x_1x_1} & \dots & S_{x_1x_q} \\ \cdot & & \cdot \\ \cdot & & \cdot \\ S_{x_qx_1} & \dots & S_{x_qx_q} \end{bmatrix} \begin{bmatrix} H_{11} & \dots & H_{1n} \\ \cdot & & \cdot \\ \cdot & & \cdot \\ H_{q1} & \dots & H_{qn} \end{bmatrix}$$

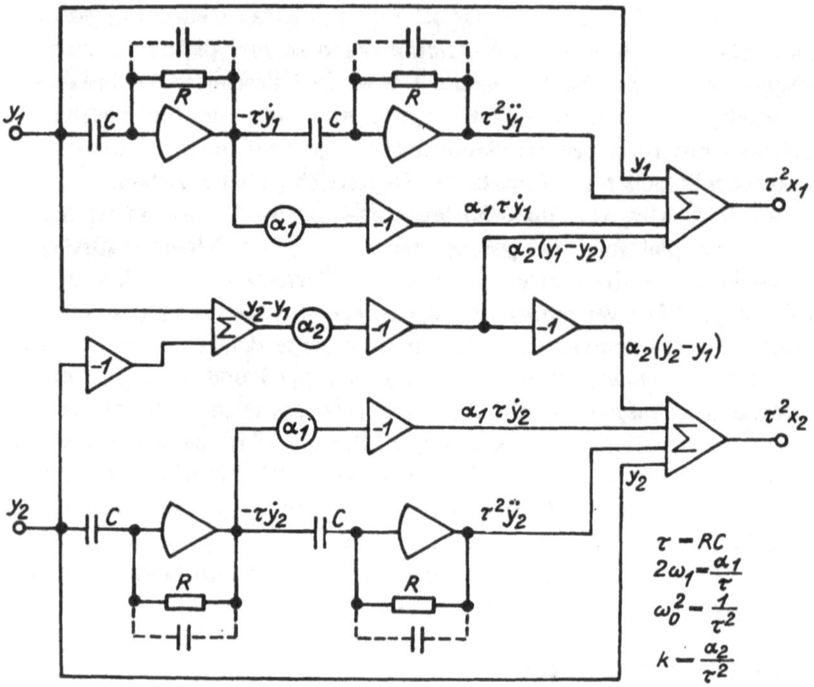

Abb. 33. Analogschaltung zur Ermittlung der Eingangssignale $x_1(t)$ und $x_2(t)$ eines gekoppelten Schwingungssystems aus den Ausgangssignalen $y_1(t)$ und $y_2(t)$

oder in zusammengefaßter Form

$$[S_{y_\mu y_\nu}(f)] = [H^*_{i\mu}(f)]\,[S_{x_i x_l}(f)]\,[H_{l\nu}(f)]' \tag{4.55}$$

Die Lösung des inversen Problems ist dann formal (für q = n)

$$[S_{x_i x_l}(f)] = [H^*_{i\mu}(f)]^{-1}\,[S_{y_\mu y_\nu}(f)]\,[H_{l\nu}(f)]'^{-1}. \tag{4.56}$$

Eine praktische Anwendung dieser grundsätzlichen Möglichkeit ist nicht bekannt. Der Grund ist offensichtlich darin zu suchen, daß

a) die Frequenzgänge meist nicht hinreichend genau bekannt und daß
b) oft zusätzliche, nicht bekannte Rauschquellen vorhanden sind, die das Ergebnis von (4.56) stark verfälschen können.

Die allgemein übliche Herangehensweise an das Problem der Ermittlung der Rauschquellen in einem multiplen System besteht darin, zunächst alle Möglichkeiten der Vereinfachung zu suchen, wie z. B.:

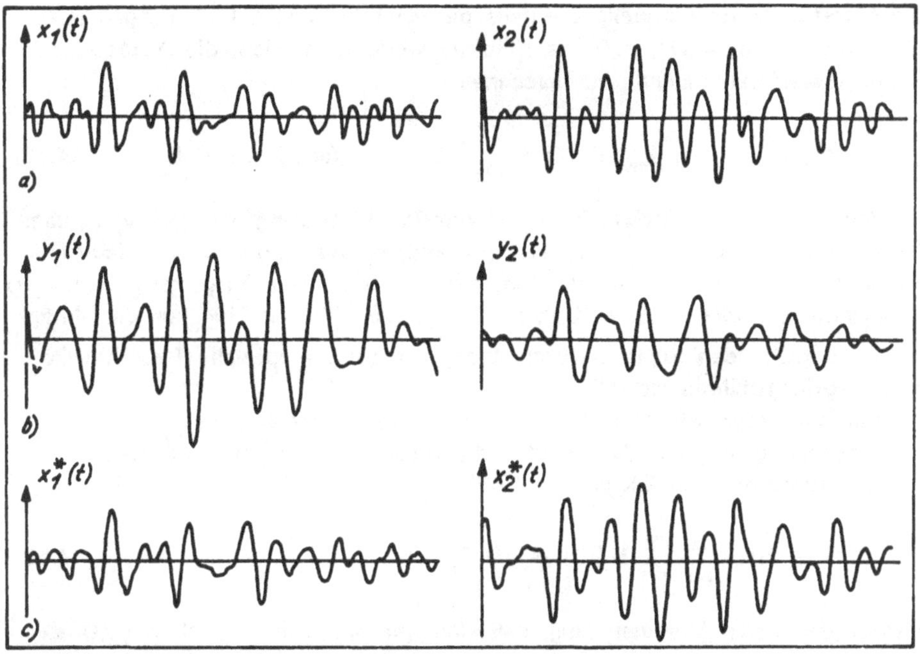

Abb. 34. Anwendungsbeispiel der Schaltung in Abb. 33

1. Sind determinierte, insbesondere periodische Anteile in den Ausgangssignalen zu erkennen, so kann versucht werden, mittels des unter 3.2.3.2. beschriebenen Verfahrens der Dekorrelation jedes einzelne Ausgangssignal $y_\nu(t)$ in zwei Anteile zu zerlegen, den determinierten Anteil $y_{\nu d}(t)$ und den dazu unkorrelierten Anteil $y_{\nu u}(t)$.

Für den determinierten Anteil existieren damit die vereinfachenden Verhältnisse einer einzelnen Rauschquelle, d. h. für den Zusammenhang jedes einzelnen determinierten Anteils $y_{\nu d}(t)$ mit der determinierten Rauschquelle $x_d(t)$ gilt

$$S_{x_d x_d}(f) = | H_{d\nu}(f) |^{-2} S_{y_{\nu d} y_{\nu d}}(f). \tag{4.57}$$

Bei der praktischen Durchführung muß immer von der Zeitmittelfunktion $A_{y_d y_d}(\tau)$ ausgegangen werden, die im Ergebnis der Dekorrelation ermittelt wird, und aus der die anderen gewünschten Kennfunktionen berechnet werden können, z. B. die Autospektraldichte nach (3.44). Der Rest des Signals, der mit dem determinierten Signalanteil unkorrelierte Anteil $y_{\nu u}(t)$, kann völlig unabhängig weiterbehandelt werden.

2. Dominiert eine Rauschquelle $x_m(t)$ in mehreren Ausgangssignalen innerhalb eines bestimmten Frequenzbereiches $f_1 < f' < f_2$, so existieren in diesem für

die betreffende Rauschquelle ebenfalls die vereinfachenden Bedingungen einer einzelnen Quelle (4.57), d. h., es ist ohne weiteres möglich, die Autospektraldichte dieser Rauschquelle zu berechnen:

$$S_{x_m x_m}(f') = |H_{m\nu}(f')|^{-2} \, S_{y_\nu y_\nu}(f') \qquad \text{für } f_1 < f' < f_2. \tag{4.58}$$

3. Dominiert eine Rauschquelle $x_m(t)$ nur in einem Ausgangssignal $y_r(t)$, dann ist es unter der Voraussetzung, daß alle anderen Rauschquellen zu dieser Rauschquelle $x_m(t)$ unkorreliert sind, möglich, von allen Ausgangssignalen $y_\mu(t)$ sogenannte *partielle Spektraldichten* $S^{(p)}_{y_\mu y_\mu}(f)$ zu ermitteln, die nur den Anteil in den betreffenden Signalen beschreiben, der auf die spezielle Rauschquelle $x_m(t)$ zurückzuführen ist [45].

Für die Kreuzspektraldichte eines beliebigen Ausgangssignals $y_\mu(t)$ mit dem besonderen Signal $y_r(t)$, das nur auf die Rauschquelle $x_m(t)$ zurückzuführen ist, gilt zunächst nach Gleichung (4.42)

$$S_{y_\mu y_r}(f) = \sum_{i=1}^{q} \sum_{l=1}^{q} H^*_{i\mu}(f) \, H_{lr}(f) \, S_{x_i x_l}(f) \tag{4.59}$$

Gemäß der ersten Voraussetzung, daß sich nur das Signal $x_m(t)$ in $y_r(t)$ abbildet, können für $l \neq m$ alle Frequenzgänge $H_{lr}(f) = 0$ gesetzt werden. Dadurch reduziert sich (4.59) auf

$$S_{y_\mu y_r}(f) = \sum_{i=1}^{q} H^*_{i\mu}(f) \, H_{mr}(f) \, S_{x_i x_m}(f). \tag{4.60}$$

Die zweite Voraussetzung, die Unkorreliertheit aller anderen Rauschquellen zur Rauschquelle $x_m(t)$, bedeutet, daß

$$S_{x_m x_l}(f) = S_{x_i x_m}(f) = 0 \text{ für alle } i, \, l \neq m.$$

Damit wird (4.60) auf den einfachsten Fall einer einzelnen Rauschquelle zurückgeführt:

$$S_{y_\mu y_r}(f) = H^*_{m\mu}(f) \, H_{mr}(f) \, S_{x_m x_m}(f). \tag{4.61}$$

Damit läßt sich die entsprechende Kohärenzfunktion berechnen:

$$\gamma^2_{y_\mu y_r}(f) = \frac{|S_{y_\mu y_r}(f)|^2}{S_{y_r y_r}(f) \, S_{y_\mu y_\mu}(f)}$$

$$= \frac{H^*_{m\mu}(f) \, H_{m\mu}(f) \, H_{mr}(f) \, H^*_{mr}(f) \, S^2_{x_m x_m}(f)}{H^*_{mr}(f) \, H_{mr}(f) \, S_{x_m x_m}(f) \, S_{y_\mu y_\mu}(f)}$$

oder

$$| H_{m\mu}(f) |^2 \, S_{x_m x_m}(f) = \gamma^2_{y_\mu y_r}(f) \, S_{y_\mu y_\mu}(f). \tag{4.62}$$

Die linke Seite von (4.62) stellt die Autospektraldichte des Signalanteils $y_{m\mu}(t)$ im Ausgangssignal $y_\mu(t)$ dar, der auf das spezielle Eingangssignal $x_m(t)$ zurückzuführen ist, d. h. die sogenannte *partielle Autospektraldichte*

$$S^{(m)}_{y_\mu y_\mu}(f) = | H_{m\mu}(f) |^2 \, S_{x_m x_m}(f). \tag{4.63}$$

In gleicher Weise kann auch die *partielle Kreuzspektraldichte* zwischen den Ausgangsgrößen $y_\mu(t)$ und $y_\nu(t)$ bezüglich ihrer Signalanteile $y_{m\mu}(t)$ und $y_{m\nu}(t)$ ermittelt werden, die entsprechend (4.63) als

$$S^{(m)}_{y_\mu y_\nu}(f) = H^*_{m\mu}(f) \, H_{m\nu}(f) \, S_{x_m x_m}(f) \tag{4.64}$$

definiert ist. Durch Multiplikation der rechten Seite von (4.64) mit

$$\frac{H^*_{mr}(f) \, H_{mr}(f) \, S_{x_m x_m}(f)}{S_{y_r y_r}(f)} = 1$$

ergibt sich

$$S^{(m)}_{y_\mu y_\nu}(f) = \frac{S_{y_\mu y_r}(f) \, S_{y_\nu y_r}(f)}{S_{y_r y_r}(f)} . \tag{4.65}$$

Die interessierende Information in (4.65) ist nur die Phase, da auf Grund der Abhängigkeit von nur einer Rauschquelle die Amplitudeninformation schon voll in den partiellen Autospektraldichten enthalten ist. Die Ermittlung der Kohärenzfunktion ist daher sinnlos, da sie zwangsläufig den Wert 1 haben muß.

Diese Konzeption der partiellen Spektraldichten ist insofern sehr nützlich, als damit in geeigneten Fällen das komplizierte Problem der Diagnostik vieler gleichzeitig wirkender Rauschquellen auf das einfache Problem der Diagnostik einzelner Rauschquellen nacheinander zurückgeführt werden kann. Im Anwendungsbeispiel unter 6.2. wird diese Methode demonstriert.

4.3. Anwendung parametrischer Modelle

In den letzten Jahren ist vielfach versucht worden, mit parametrischen Modellen eine allgemeinere Separation der Rauschquellen in einem System zu erzielen. Am häufigsten ist die sogenannte *multivariate autoregressive (MAR-) Methode* mit recht vielversprechenden Ergebnissen angewendet worden [z. B. 46–

49]. Diese Methode kann hier nur in ihren grundlegenden Zügen geschildert werden. Sie beruht darauf, den jeweiligen Zustand eines Prozesses, der durch den Vektor $[\vec{y}(t)] = [y_1(t), y_2(t), \ldots y_m(t)]'$ aller *zentrierten* Meßgrößen (Eingangs- und Ausgangsgrößen) $y_\mu(t)$ für $\mu = 1, 2, \ldots m$ beschrieben wird, mit Hilfe der Linearkombination einer geeigneten Anzahl p vorangegangener Zustände vorherzusagen, die in äquidistanten Zeitschritten Δt bestimmt wurden:

$$[\hat{\vec{y}}(t)] = \sum_{i=1}^{q} [A_i]\,[\vec{y}(t - i\Delta t)]. \tag{4.66}$$

Darin stellen die $[A_i]$ quadratische Matrizen (mxm), die sogenannten AR-Matrizen dar, die das dynamische Verhalten des Prozesses beschreiben. Aus der Forderung nach möglichst geringer Abweichung $[\vec{z}(t)]$ des Vorhersagevektors $[\hat{\vec{y}}(t)]$ vom echten Meßvektor $[\vec{y}(t)]$, d. h. aus der Forderung

$$E_p = \sum_{\nu=0}^{N-1} [\vec{z}(t - \nu\Delta t)]'\,[\vec{z}(t - \nu\Delta t)] = \text{Minimum} \tag{4.67}$$

ergeben sich $p \cdot m^2$ „Normalgleichungen" zur Schätzung der Koeffizienten der p AR-Matrizen:

$$\sum_{i=1}^{p} [\hat{A}_i]\,[C(k - i)] = -[C(k)] \qquad \text{für } k = 1, 2, \ldots p. \tag{4.68}$$

Die $[C(i)]$ sind die Schätzungen der Kovarianzmatrizen für die Verzögerungszeit $i\Delta t$:

$$[C(i)] = \frac{1}{N-i} \sum_{\nu=1}^{N-i} [\vec{y}(t - \nu\Delta t + i\Delta t)]\,[\vec{y}(t - \nu\Delta t)]'. \tag{4.69}$$

Die Bestimmung der optimalen Ordnung p des Modells erfolgt in ähnlicher Weise, indem für den Vektor der „Reststörungen" $[\vec{z}(t)]$ eine geeignete Minimum-Forderung gestellt wird. Zum Beispiel wird in [46] die Ordnung schrittweise um 1 erhöht und jeweils der Ausdruck

$$N \ln \|\Sigma^2\| + 2m\,(1 + mp) \tag{4.70}$$

berechnet. $\|\Sigma^2\|$ ist die Determinante der Kovarianzmatrix der Reststörungen

$$\Sigma^2 = \frac{1}{N} \sum_{\nu=1}^{N} [\vec{z}(t - \nu\Delta t)]\,[\vec{z}(t - \nu\Delta t)]'. \tag{4.71}$$

Das Minimum des Ausdrucks (4.70) charakterisiert die optimale Modellordnung p, für welche die Reststörung als unkorrelierter, weißer Rauschprozeß angesehen wird.

Der Nutzen dieser recht aufwendigen Modellbildung ergibt sich erst beim Übergang zum Spektralbereich. Durch Fourier-Transformation von $[\vec{y}(t)] = [\hat{\vec{y}}(t)] + [\vec{z}(t)]$ ergibt sich nach Gleichung (4.66) unter Berücksichtigung, daß

$$\int y(t - i\Delta t)\; e^{-j\omega t}\, dt = e^{-j\omega i\Delta t} \int y(t')\; e^{-j\omega t'} dt'$$

ist:

$$[\vec{Y}(f)] = -\sum_{i=1}^{p} [A_i]\; e^{-j\omega i\Delta t}\, [\vec{Y}(f)] + [\vec{Z}(f)] \tag{4.72}$$

oder mit [E] als Einheitsmatrix der Ordnung m:

$$\left\{[E] + \sum_{i=1}^{p} [A_i]\; e^{-j\omega i\Delta t}\right\} [\vec{Y}(f)] = [\vec{Z}(f)].$$

Mit Einführung der Beziehung

$$[A(f)] = [E] + \sum_{i=1}^{p} [A_i]\; e^{-j\omega i\Delta t}$$

entsteht die einfache Beziehung

$$[\vec{Y}(f)] = [A(f)]^{-1}\, [\vec{Z}(f)]. \tag{4.73}$$

Durch Multiplikation mit der Komplex-Konjugierten und Transponierten

$$[\vec{Y}(f)]^{*\prime} = [\vec{Z}(f)]^{*\prime}\, [A(f)]^{-1\,*\prime}$$

entsteht die Spektraldichtematrix $[S_{yy}(f)]$, deren „Koeffizienten" die Auto- bzw. Kreuzspektraldichten der Komponenten des Meßvektors sind:

$$[S_{yy}(f)] = [A(f)]^{-1}\; \Sigma^2\; [A(f)]^{-1\,*\prime}. \tag{4.74}$$

Da $[\vec{Z}(f)]$ einen weißen Rauschprozeß darstellt, ist die Spektraldichtematrix mit der Kovarianzmatrix Σ^2 nach Gleichung (4.71) identisch.

Seien $a_{ik}^{-1}(f)$ die Komponenten von $[A(f)]^{-1}$ und σ_{ik}^2 die Komponenten von Σ^2, so gilt für die Autospektraldichte einer beliebigen Komponente des Meßvektors $y_r(t)$

$$S_{rr}(f) = \sum_{k=1}^{m} \sum_{i=1}^{m} a_{rk}^{-1}\, \sigma_{ki}^2\, a_{ri}^{-1\,*}, \tag{4.75}$$

d. h. die Autospektraldichte ist im allgemeinen Fall eine Summe von m×m

Anteilen. Aus dieser Summe lassen sich die Anteile sogenannter inhärenter Rauschquellen herausheben, d. h. Anteile, die jeweils nur von einer einzigen Rauschquelle abhängen, d. h. die Anteile mit σ_{ll}^2 für l = 1, 2, ... m:

$$S_{rr}(f) = \sum_{k=1}^{m} \sum_{i=1}^{m(l)} a_{rk}^{-1} \sigma_{ki}^2 a_{ri}^{-1\,*} + \sum_{l=1}^{m} |a_{rl}|^{-2} \sigma_{ll}^2. \tag{4.76}$$

Das Verhältnis des Anteils der inhärenten Rauschquelle $z_k(t)$ der Komponente $y_k(t)$ in der Autospektraldichte $S_{rr}(f)$ der Komponente $y_r(t)$ zur gesamten Autospektraldichte

$$\gamma_{kr}(f) = \frac{|a_{rk}|^{-2} \sigma_{kk}^2}{S_{rr}(f)} \tag{4.77}$$

kann zur Ermittlung der Abhängigkeit des Rauschsignals $y_r(t)$ von dem Rauschsignal $y_k(t)$ verwendet werden. Eindeutig werden die Verhältnisse, wenn die Komponenten des Vektors der Reststörungen untereinander unkorreliert sind. Dann reduziert sich Σ^2 auf eine Diagonalmatrix und (4.76) auf

$$S_{rr}(f) = \sum_{k=1}^{m} |a_{rk}|^{-2} \sigma_{kk}^2. \tag{4.78}$$

In diesem Fall ergibt sich eine Zerlegung in die unabhängigen m Anteile und damit stellt das in (4.77) definierte Verhältnis unmittelbar den Einfluß von $y_k(t)$ auf $y_r(t)$ dar.

In den Abbildungen 35 bis 37 sind einige Ergebnisse der Anwendung der MAR-Methode an einem Siedewasserreaktor gezeigt. Die Gegenüberstellung der Autospektraldichte des Kühlmitteldurchflusses nach dem MAR-Verfahren mit der nach der üblichen Spektralanalyse nach Gleichung (3.19) in Abbildung 35 läßt einerseits die gute Übereinstimmung erkennen, aber andererseits auch die glättende Wirkung des MAR-Verfahrens, die insbesondere bei der Analyse von kurzen Signalstücken von Vorteil ist. Die Abbildungen 36 und 37 illustrieren die Zerlegung der Autospektraldichte eines Signals in die Anteile, die von dem eigenen inhärenten Rauschanteil und von denen der verschiedenen anderen Signale herrühren, die im Meßvektor enthalten sind. Letzterer bestand aus 5 Signalen von den 4 Neutronenflußdetektoren A, B, C und D übereinander in einem Kühlmittelkanal in der aktiven Zone und dem Kühlmitteldurchfluß. In Abbildung 36 ist die Zerlegung des oberen Neutronenflußsignals D dargestellt. Der einzelne $\gamma_{kr}(f)$-Wert entspricht dem Ordinatenabschnitt, der bei dem Abszissenwert f durch Schnitt mit den beiden begrenzenden Kurvenzügen entsteht. Zum Beispiel betragen die γ_{k4} (0.2) für k = 1, 2, ... 5 0.338, 0.379, 0.027, 0.176 und 0.081. Es ist deutlich zu erkennen, wie im niederfrequenten Bereich < 1 Hz das Signal D wesentlich von den darunterliegenden Signalen be-

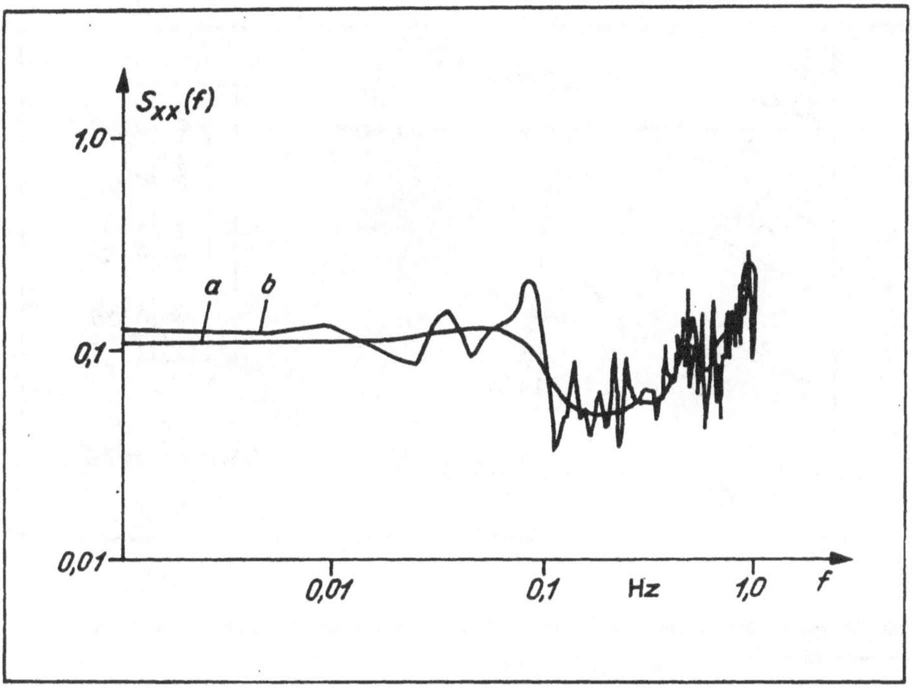

Abb. 35. Vergleich der Autospektraldichteschätzung nach dem MAR-Verfahren mit der nach dem Standardverfahren [46]

einflußt wird. Die Strömung ist von unten nach oben gerichtet und transportiert offensichtlich Störungen, die im Bereich der Detektoren A, B und C entstehen (Dampfblasenbildung). Im Frequenzbereich > 1 Hz treten im wesentlichen nur die eigenen inhärenten Rauschanteile auf. Bei der Zerlegung des Detektorsignals B in Abbildung 37 dominiert deutlich der Anteil des Signals des darunterliegenden Detektors A, während die darüberliegenden Detektorsignale C und D praktisch keinen Einfluß haben. Ganz offensichtlich wird der niederfrequente Bereich in beiden Fällen durch den Dampfblasentransport stark beeinflußt, im Falle des Signals B können nur Dampfblasen aus der Region des Detektors A, aber nicht von C und D registriert werden. Im Falle des Signals D haben alle 3 anderen Regionen Einfluß, da sie unterhalb von D liegen. Die höherfrequenten Signalanteile haben dagegen nur lokalen Charakter.

Das MAR-Verfahren kann noch nicht als Standardverfahren bezeichnet werden. Es gibt noch einige Probleme, wie z. B. die notwendige bzw. optimale Dimension des Meßvektors, die Sicherheit der Kriterien für die optimale Modellordnung p, die Frage der Gültigkeit von (4.78), d. h. der vernachlässigbaren Korrelation zwischen den verschiedenen Komponenten des Vektors der Rest-

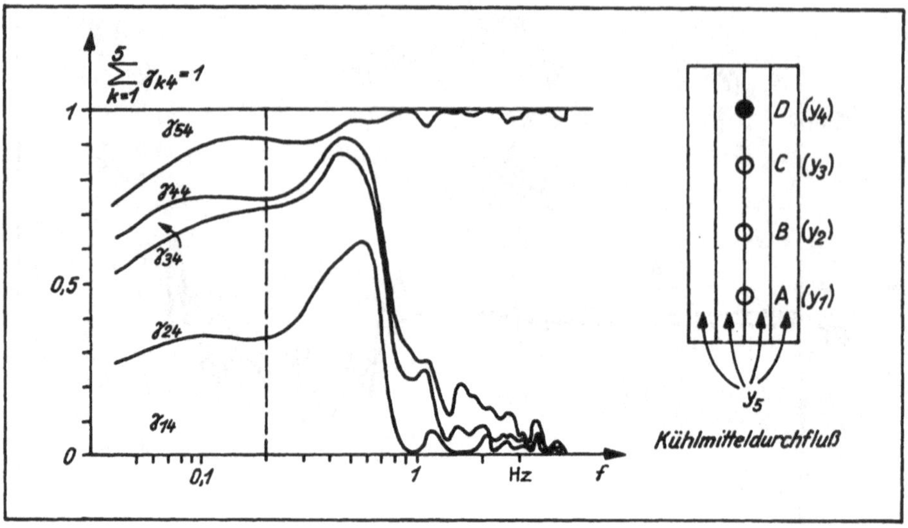

Abb. 36. Anteile der Komponenten des Meßvektors $[y_i]$ in der Autospektraldichte der Komponente y_4 [47]

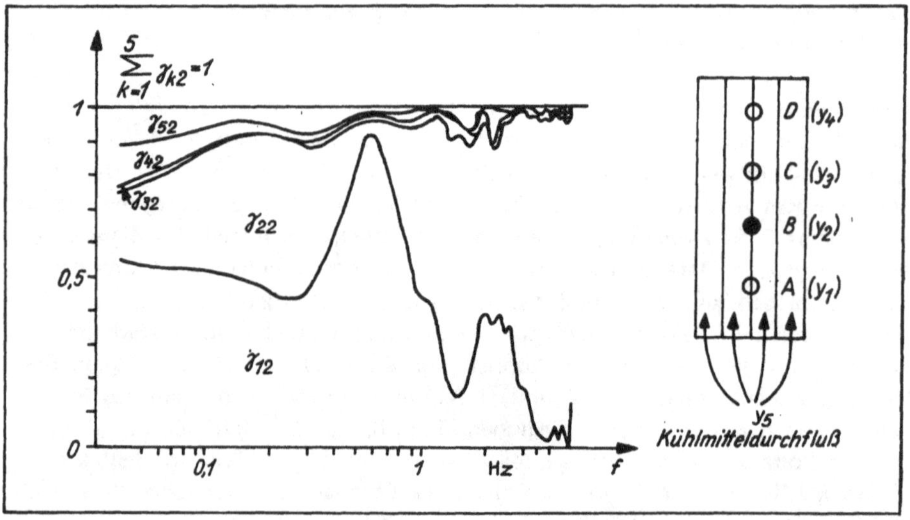

Abb. 37. Anteile der Komponenten des Meßvektors $[y_i]$ in der Autospektraldichte der Komponente y_2 [47]

störungen, und, nicht zu vergessen, der rechentechnische Aufwand, der eine online oder on-site Verarbeitung der Signale erschwert. Auf jeden Fall ist es ein interessantes und aussichtsreiches Verfahren, das an komplizierten Systemen wahrscheinlich mit Vorteil nicht nur zur Rauschquellen-Identifikation, sondern auch zur Aufklärung des Übertragungsverhaltens eingesetzt werden kann.

Eine sehr originelle Anwendung wird im Anwendungsbeispiel 6.7. gebracht, in dem das MAR-Verfahren als Filter verwendet wird, um die Stationarität des Rauschprozesses zu überwachen. Die Filtereigenschaft folgt unmittelbar aus (4.73). $[A(f)]\ [\vec{Y}(f)]$ muß einen weißen Rauschprozeß ergeben, wenn Modell und Prozeß übereinstimmen. Abweichungen vom weißen Rauschprozeß entstehen, wenn sich der Prozeß verändert, aber immer noch das alte Modell verwendet wird.

4.4. Ermittlung von System- und Prozeßinformationen (Modelle 2. Art)

Wie unter 4.1. und 4.2. gezeigt wurde, ist die Ermittlung der Rauschquellen und ihrer Parameter eine Aufgabe, die klar formuliert werden kann, für die es weitgehend allgemeingültige Lösungswege gibt und die auch schon recht gut beherrscht wird. Demgegenüber ist die Aufgabe erheblich schwieriger, die sich unmittelbar an die Rauschquellenermittlung anschließt, nämlich die Ermittlung der für das System und den erwünschten Prozeß wichtigen Informationen. Es existieren bisher nur wenige Ansätze zu allgemeingültigen Lösungen; auch kann von einer „Beherrschung" dieser Problematik noch keineswegs gesprochen werden.

Mit gewissen Einschränkungen ist es möglich, zwei Probleme zu unterscheiden:

1. Die Ausnutzung der Rauschquellenkenntnis zur Information über den Zustand des Systems. Dazu werden Modelle benötigt, die den Zusammenhang zwischen der Rauschquelle als unerwünschtem Prozeß und einem als Auswirkung drohenden Schaden beschreiben *(Schadensmodelle)*.
2. Die Ermittlung von Aussagen über den erwünschten Prozeß aus den Rauschquellen als Begleitprozesse, die mit bestimmten Zuständen des erwünschten Prozesses verbunden sind. Die dazu notwendigen Modelle entsprechen den normalen Prozeßmodellen, die nur um die Problematik der Rauschquellen erweitert werden *(erweiterte Prozeßmodelle)*.

Bei technischen Systemen ist diese Unterscheidung sehr günstig, bei biologischen Systemen bestehen teilweise Zuordnungsschwierigkeiten.

4.4.1. Schadensmodell

Das Ziel ist ein Modell, das an Hand der ermittelten Rauschquellenparameter eine Aussage über den aktuellen Zustand des Systems und seine weitere Entwicklung liefert. Die Aussage muß nach Möglichkeit eine Form haben, die den Operator in die Lage versetzt, eine fundierte Betriebsentscheidung zu treffen.

Die Aussage über einen vorhandenen Schaden ist grundsätzlich exakt möglich, die Aussage über die Entwicklung eines zukünftigen Schadens kann jedoch — wie bei der Wettervorhersage — nur in Form einer Wahrscheinlichkeitsaussage gegeben werden. Das Schadensmodell kann nur den Zusammenhang zwischen der Wahrscheinlichkeit P, daß die Rauschquelle in nächster Zukunft einen Schaden verursacht, und den Parametern der Rauschquelle vermitteln. Dies bedeutet, daß der Operator die Information aus dem Schadensmodell nicht in gewohnter Weise wie die Meßwerte der konventionellen Instrumentierung verwenden, sondern seine Entscheidung erst nach einer Risikobetrachtung treffen kann. Er befindet sich in diesem Falle in einer ähnlichen Situation wie der Landwirt, der häufig auf der Basis von Wetterprognosen Entscheidungen fällen muß. Eine derartige Risikoentscheidung kann z. B. in folgender Weise geschehen:

Seien K_o die Kosten, die für die Beseitigung der Rauschquelle erforderlich sind, und

K_1 die Kosten, die durch den eventuellen Schaden und bei seiner Behebung entstehen. Dann ist die Risiko-Funktion

$$R(P) = \frac{P\,K_1}{K_o} \tag{4.79}$$

zu bilden, mit deren Hilfe der Operator seine Entscheidung fällen kann:

$R > 1$ ... Rauschquelle beseitigen,

$R \leqslant 1$ ... nichts unternehmen.

Unter der Voraussetzung, daß K_o, K_1 und P hinreichend genau bekannt sind, läßt sich mit Hilfe der Risiko-Funktion R(P) eine objektive Entscheidung fällen. Meist sind jedoch die Kosten nicht das allein Entscheidende; häufig kommen Probleme wie die Gefährdung von Menschenleben oder Umweltgefährdung hinzu, die sich nicht unmittelbar in Kosten ausdrücken lassen. Die Objektivierung der Entscheidung ist in solchen Fällen äußerst schwierig. Einerseits verbieten ethische Gründe, den Wert eines Menschenlebens in Geld auszudrükken, andererseits hieße es, die Augen vor der Tatsache verschließen, daß in nicht wenigen Situationen mehr oder weniger bewußt solche Überlegungen angestellt werden müssen, die auch das Risiko eines Schadens für einen Menschen beinhalten. Zum Beispiel muß der Leiter einer Feuerwehrgruppe über den Einsatz nach der Höhe des zu erwartenden Schadens und dem Grad der Gefahr für die Gruppe entscheiden. Bei einem unbedeutenden Objekt lohnt es sich nicht, ein Risiko für die Gruppe einzugehen, bei einem wichtigen Objekt muß es eventuell eingegangen werden. Das heißt, unterschwellig wird hierbei der Wert eines Menschenlebens mit kalkuliert.

Ein schon seit Jahrzehnten bearbeitetes Problem ist die modellmäßige Erfassung des mechanischen Bruchs von Anlagenkomponenten durch statische Überbeanspruchung und durch Ermüdung auf Grund von Wechsellast. Ein einfaches lineares Schadensmodell [50], das die beiden schädigenden Komponenten berücksichtigt, stellt Gleichung (4.80) dar:

$$\sum_{i=1}^{n} \left(\frac{t_i}{t_{Bi}} + \frac{N_i}{N_{Bi}}\right) = D, \tag{4.80}$$

wobei

t_i – Beanspruchungsdauer bei einer bestimmten Temperatur und Spannung,
t_{Bi} – Beanspruchungsdauer, die unter den gleichen Bedingungen zum Bruch führt,
N_i – Lastwechselanzahl,
N_{Bi} – Lastwechselanzahl, die unter den gleichen Bedingungen zum Bruch führt.

D stellt ein allgemeines Schadensmaß dar. D = 0 charakterisiert den ungeschädigten Zustand, D = 1 den Bruch. Die Größen t_{Bi} und N_{Bi} sind Materialeigenschaften vom Standpunkt der Bruchgefahr, sie können grundsätzlich durch experimentelle Untersuchungen an geeigneten Prüfkörpern ermittelt werden.

Durch eingehendere Untersuchung der weitgehend gemeinsamen Entstehungsmechanismen der unterschiedlichen Bruchformen und -ursachen ist es möglich, die Grenzen von einfachen empirischen Beziehungen, wie Gleichung (4.80), zu bestimmen und Verfeinerungen anzubringen. Der Beginn der Schädigung ($D > 0$) ist durch die Entstehung eines Risses gekennzeichnet, der auf Grund der Belastung wächst. Für den häufig vorkommenden Fall der zyklischen Belastung kann die fortschreitende Schädigung durch die Rißlänge a charakterisiert werden. Abbildung 38 zeigt den grundsätzlichen Zusammenhang zwischen der Rißwachstumsgeschwindigkeit da/dN (N – Anzahl der Lastwechsel) und der Spannungsamplitude $\Delta\sigma$. Unterhalb eines unteren Grenzwertes von $\Delta\sigma$ ist das Rißwachstum praktisch nicht nachweisbar (Bereich I). Bei höheren Werten von $\Delta\sigma$ steigt die Wachstumsgeschwindigkeit exponentiell mit etwa konstantem Exponenten an. In dieser Phase des stabilen Rißwachstums ist für die Rißvergrößerung Energiezufuhr notwendig (Bereich II). In dem daran anschließenden Bereich III geht das Rißwachstum in die instabile Phase über, die durch Energiefreisetzung und möglichen plötzlichen Bruch des Prüfkörpers charakterisiert ist.

Ein anderes, recht verwandtes Problem ist das Leckwachstum in einem Natrium-Wasser-Dampferzeuger eines Kernkraftwerks mit schnellem Brutreaktor, auf das im Rahmen des Anwendungsbeispiels 6.4. eingegangen wird.

Ein weiteres Beispiel stellt die Überwachung von Maschinen mit rotierenden

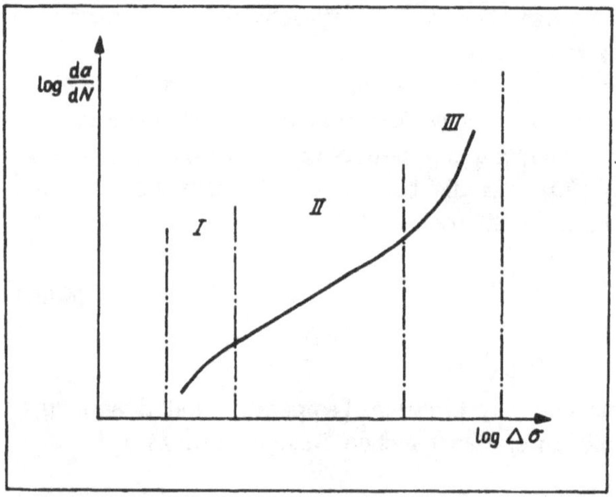

Abb. 38. Zusammenhang zwischen Rißwachstumsgeschwindigkeit und Spannungsamplitude [50]

Teilen an Hand der Schwingungen des stationären Teils dar. Im Rahmen einer Empfehlung (VDI 2056) werden die maximal zulässigen Effektivwerte der Schwinggeschwindigkeit für bestimmte Maschinenklassen angegeben (Tabelle 2) [20]. Dieser Empfehlung liegt das einfache Schadensmodell zugrunde, daß sich die wesentlichen schädigenden Maschinenfehler, wie z. B. die Unwucht, in weitgehend gleicher Weise im Schwingsignal abbilden und die schädigende Wirkung von der Schwinggeschwindigkeit abhängt. Die angegebenen Grenzwerte stammen aus langjährigen Erfahrungen mit einer Vielzahl von Maschinen.

Solche günstigen Voraussetzungen eines umfangreichen statistischen Materials fehlen im folgenden Beispiel der Problematik loser Teile in einem Kühlkreislauf (s. auch 6.6.). Aus der rauschanalytischen Information über den Ort, die Größe und die Bewegung des losen Teils können unmittelbar kaum Schlüsse für den weiteren Betrieb der Anlage gezogen werden, da ein loses Teil nicht unbedingt einen Schaden verursachen muß. Erst die Kenntnis der wahrscheinlichen Herkunft des Teils sowie seiner ursprünglichen Bedeutung für die Funktionstüchtigkeit des Systems einerseits und der Möglichkeiten einer schädigenden Wirkung andererseits gestatten die Beurteilung des möglichen Schadens. Zum Beispiel kann das lose Teil ein wesentlicher Teil der Pumpe sein und gleichzeitig verschiedene Schäden, wie die Beschädigung anderer Komponenten des Systems oder die Verstopfung eines Kühlkanals, verursachen. Für die Entscheidung bezüglich der Maßnahmen zur Entfernung des losen Teils müßte nun an Stelle von Gleichung (4.79) die Beziehung

$$R = \frac{\sum_i P_i K_i}{K_o} \qquad (4.81)$$

Tabelle 3
Empfehlungen des VDI 2056 zur Beurteilung des Maschinenzustandes an Hand des Effektivwertes der Schwinggeschwindigkeit (nach [20])

(mm/s)				
45				unzulässig
28		unzulässig	unzulässig	
18	unzulässig			
11.2				gerade noch zulässig
7.1			gerade noch zulässig	
4.5		gerade noch zulässig		zulässig
2.8	gerade noch zulässig		zulässig	
1.8		zulässig		gut
1.12	zulässig		gut	
0.71		gut mittlere Maschinen 15–75 kW oder bis 300 kW auf speziellen Fundamenten	große Maschinen mit festen, schweren Fundamenten, deren Eigenfrequenz oberhalb der Maschinendrehfrequenz liegt	große Maschinen mit Umdrehungsfrequenzen oberhalb der Eigenfrequenz des Fundaments (z. B. Turbomaschinen)
0.45	gut kleine Maschinen bis zu 15 kW			
0.28				
0.18				
	Gruppe K	Gruppe M	Gruppe G	Gruppe T

verwendet werden, wobei die P_i die Wahrscheinlichkeiten für das Auftreten der verschiedenen Schäden und die K_i die durch das Auftreten dieser Schäden verursachten anteiligen Kosten sind. Die Schwierigkeiten der Aufstellung eines geeigneten Modells, das die P_i liefert, sind unübersehbar. Hinzu kommt, da derartige lose Teile selten sind, daß die Möglichkeit der empirischen Modellbildung auf der Grundlage statistischen Materials nicht gegeben ist.

Schließlich sei auf ein Problem aus der Medizin verwiesen, das sich durch eine besonders gut ausgeprägte, durch umfangreiches statistisches Material gestützte Modellbildung auszeichnet, nämlich auf die Beurteilung der Herzfunktion mit Hilfe des Elektrokardiogramms. Allerdings sind hier die Modelle 1. und 2. Art stark miteinander verflochten, die Diagnose erfolgt unmittelbar an Hand der gemessenen Kennfunktionen.

4.4.2. Erweitertes Prozeßmodell

Unter dem Prozeßmodell soll hier das dynamische Modell des erwünschten

Prozesses verstanden werden, wie es eingangs geschildert wurde. Es beschreibt den im System ablaufenden erwünschten Prozeß in Abhängigkeit von dessen Eingangsparametern. Zur Problematik der Modellbildung existieren bereits systematisierte Darstellungen, z. B. [51]. Auf der Basis allgemeingültiger Prinzipien, wie der Erhaltung der Masse, Energie oder Bewegungsgröße, werden Bilanzgleichungen aufgestellt, aus denen die Modelle entwickelt werden. Diese Modellierungsarbeiten berücksichtigen aber meist nicht die begleitenden Prozesse, die keineswegs nur lästiges Beiwerk sein müssen, sondern als Informationsträger über den erwünschten Prozeß nicht unterschätzt werden dürfen. Für die Ausnutzung dieser Informationen ist die Erweiterung der üblichen Modelle auf die Begleitprozesse notwendig.

Ein Beispiel für ein erweitertes Prozeßmodell ist das Siedemodell eines Druckwasserreaktors. Eine der Havariemöglichkeiten in einem Leistungsreaktor ist die thermische Überbelastung von Brennstoffelementen. Es besteht die Gefahr, daß die Hülle der Elemente aufreißt und sich der hochaktive Brennstoff im gesamten primären Kühlkreislauf verteilt. Daher ist nicht nur eine sichere Leistungsbegrenzung für den Reaktor insgesamt, sondern auch für jedes einzelne Brennelement notwendig. Die Leistungsgrenze ist im Falle des Druckwasserreaktors im allgemeinen durch das sogenannte unterkühlte Sieden gekennzeichnet, d. h., daß die mittlere Kühlmitteltemperatur noch unterhalb der Sättigungstemperatur liegt; nur an der Brennelementoberfläche entstehen und zerfallen Dampfblasen. Dieser Prozeß verursacht Schwankungen der Kühlmitteldichte in den Kühlkanälen und damit Schwankungen des Neutronenflusses. Gleichzeitig entstehen auch Schallsignale. Beide Effekte sind untersucht und für die Diagnostik der oberen Leistungsgrenze brauchbar befunden worden. Besonders eindrucksvoll sind die Ergebnisse, die an einem Versuchsreaktor gewonnen wurden [24]. Dort konnte nachgewiesen werden, daß eine Resonanz in der Autospektraldichte des Neutronenflusses bei etwa 15 Hz (Abbildung 39) auf den Prozeß des unterkühlten Siedens zurückzuführen ist und daß die Fläche unterhalb dieser Resonanz proportional dem Anteil der Brennelementoberflächen ist, an dem dieser Prozeß stattfindet (Abbildung 40). Mit diesem experimentell ermittelten Modell ist es möglich, die Leistung des betreffenden Reaktors unmittelbar nach der Fläche unterhalb der Resonanz zu regeln.

Ein weiterer Fall ist die Überwachung eines Kernreaktors im abgeschalteten Zustand. Dessen wichtigste Kenngröße ist die sogenannte Reaktivität, die den Abstand zum kritischen Zustand charakterisiert. Im abgeschalteten Zustand herrscht ein geringer Neutronenpegel, der durch spontane Spaltungen, γ-n-Reaktionen im Kühlmittel und durch künstliche Neutronenquellen hervorgerufen wird. Wegen der relativ geringen Anzahl von Elementarereignissen zeigt der Neutronenpegel starke stochastische Schwankungen, deren Kennfunktion im wesentlichen durch den Prozeßzustand bestimmt wird. Auf der Basis der Modellvorstellungen zur Berechnung des Kurzzeitmittelwertes des Neutronenflusses

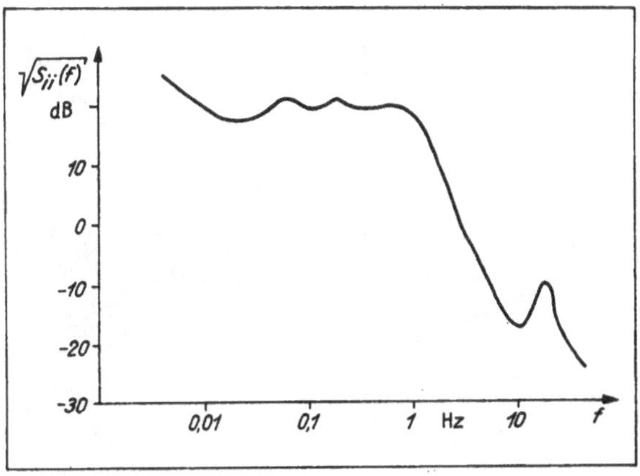

Abb. 39. Autospektraldichte des Stromes einer Neutronen-Ionisationskammer [24]

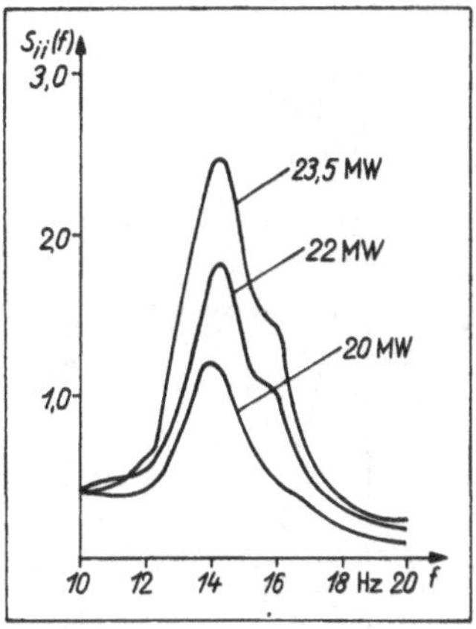

Abb. 40. Einfluß der Reaktorleistung auf die Resonanz in der Autospektraldichte in Abb. 39 [24]

und seiner Ortsverteilung im Reaktor ist auch die Aufstellung eines Modells für die Neutronenflußschwankungen möglich. Für einen Reaktor mit kleiner aktiver Zone, bei dem ortsabhängige Effekte vernachlässigt werden können, ergibt sich für die Korrelationsfunktion folgende einfache Beziehung

$$R_{xx}(\tau) = A\,\delta(\tau) + B\,e^{-\alpha_0(1-\rho)\tau}. \tag{4.82}$$

A und B sind Größen, die von der Detektorempfindlichkeit und vom Neutronenpegel abhängen. α_0 kennzeichnet die kinetischen Eigenschaften des Reaktors, ρ ist die gesuchte Reaktivität.

Abbildung 41 zeigt die Korrelationsfunktion des Neutronendetektorrauschens in einem Nulleistungsreaktor in verschiedenen bekannten unterkritischen Zuständen [19]. Die Reaktivität, die in $-Einheiten dargestellt wird, ergibt sich unmittelbar aus der Steigung der Kurven. Der steilere Anstieg bei $\tau = 0$ ist auf den ersten Summanden in (4.82) zurückzuführen, der den stochastischen Prozeß der Neutronendetektion beschreibt.

4.5. Anwendung der Mustererkennung

Beim Einsatz der Rauschdiagnostik für die Routine-Überwachung ist die Automatisierung des Meß-, Analyse- und Diagnoseprozesses wichtig. In der Phase der Entwicklung bzw. Einführung einer derartigen Methode an einem System und bei der Untersuchung von Störfällen ist der Fachmann unentbehrlich. Für die Routine-Anwendung während des normalen Betriebes muß er aber so weit-

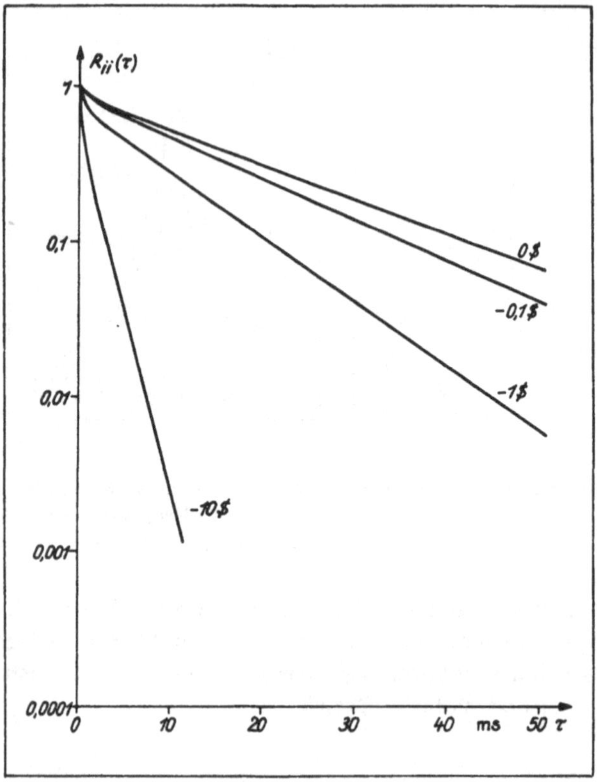

Abb. 41. Autokorrelationsfunktion des Ionisationskammerstromes in einem Nulleistungsreaktor bei verschiedenen unterkritischen Zuständen [19]

gehend wie nur möglich durch eine automatisierte Anlage ersetzt werden. Da bei Routine-Aufgaben die speziellen Bedingungen, wie Rauschquellen und Signaltypen, gut bekannt sind, ist die Automatisierung des Meß- und Analyseprozesses kein prinzipielles Problem. Schwieriger ist die Frage der Diagnosestellung. Hier kann auf die Erfahrungen des Fachmannes nicht verzichtet werden. Es muß aber versucht werden, ihm einen Teil der Arbeit dadurch abzunehmen, daß dem Automaten soviel wie möglich an vorbereitenden Arbeiten übertragen wird. Weitere wesentliche Gesichtspunkte sind einerseits, die spezifischen Vorteile von Automaten auszunutzen, um die Qualität der Diagnose zu erhöhen, z. B. viele Signale gleichzeitig für die Diagnosestellung auszuwerten, und andererseits die Notwendigkeit der Objektivierung des Diagnoseprozesses, um individuelle Auffassungen der verschiedenen Fachleute weitgehend auszuschalten.

4.5.1. Die Methode der Mustererkennung

Mit der Mustererkennung [z. B. 52] steht eine schon recht weit entwickelte Methode zur Verfügung, die sich für eine automatisierte Diagnosestellung eignet. Hierbei handelt es sich im Grunde genommen nur um die Übernahme der Fähigkeit höherer Lebewesen, die Umwelt nach der Gesamtheit von Sinneswahrnehmungen, die als Muster bezeichnet werden, zu beurteilen und die zu neuen Umweltsituationen gehörigen neuen Muster zu erlernen. An einem bekannten Beispiel, der Erkennung von handgeschriebenen Ziffern, seien die grundlegenden Probleme erläutert:

Die Erkennung von Ziffern erfordert, eine geschriebene Ziffer, trotz unterschiedlicher individueller Schreibweise, in eine von zehn möglichen Klassen einzuordnen. Die Aufgabe wird so gelöst, daß als Muster der Ziffer ein Merkmalsvektor $[\vec{x}]$ gebildet wird, der mit den Standardvektoren $[\vec{v}]$ der verschiedenen Ziffern 0 bis 9 verglichen wird. Am einfachsten ist ein Raster von quadratischen Feldern (Abbildung 42), der über die geschriebene Ziffer gelegt wird. Diejenigen Felder, die von der Ziffer berührt werden, entsprechen L, die anderen 0. So ergibt sich der binäre Merkmalsvektor $[\vec{x}]$ der betreffenden Ziffer. Der Vergleich mit den Standardvektoren $[\vec{v}]$ wird üblicherweise durch Produktbildung vorgenommen. Das Produkt $[\vec{v}]'[\vec{x}]$ wird, sofern Ziffer und Klasse übereinstimmen, ein Maximum haben, wobei allerdings die Gesamtzahl von L-Werten für die betreffende Klasse als Wichtungsfaktor verwendet werden muß. Der grundsätzliche Vorgang der Mustererkennung ist demnach folgender (Abbildung 43): In der ersten Stufe wird der Merkmalsvektor $[\vec{x}]$ ermittelt und in der zweiten Stufe durch Vergleich mit den Standardvektoren der verschiedenen möglichen Klassen eingeordnet.

Trotz anerkannter Erfolge, gerade auf dem Gebiet der Ziffern- und Buchstabenerkennung, fällt jedoch ein Vergleich mit der Leistungsfähigkeit des Menschen noch immer eindeutig zu dessen Gunsten aus. Als Beispiel sei der Apo-

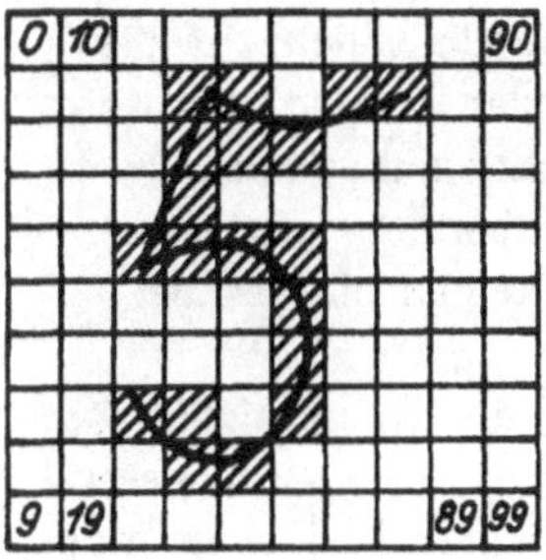

Abb. 42. Darstellung der geschriebenen Ziffer 5 als binärer Merkmalsvektor [52]

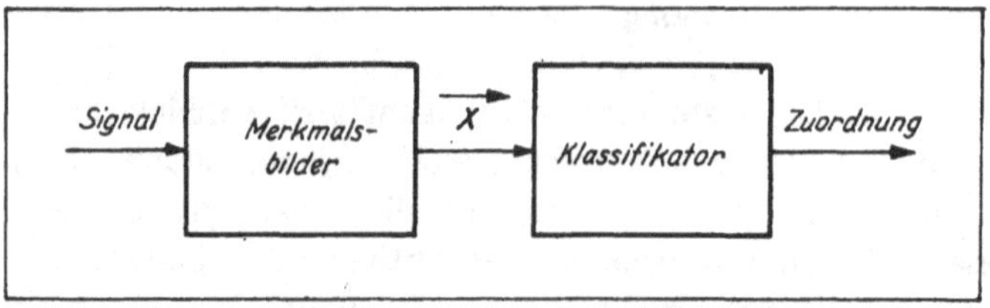

Abb. 43. Grundsätzlicher Ablauf der Mustererkennung

theker genannt, der die Rezepte verschiedener individuell ausgeprägter Handschriften lesen kann. Das heißt, auch bei der Übertragung dieser Methode auf das Gebiet der Rauschdiagnostik sind zunächst keine Wunder bezüglich der Verbesserung der Diagnostik zu erwarten. Die Vorteile sind in erster Linie in der Möglichkeit der Automatisierung bestimmter Teile der Diagnose und damit in einer Entlastung des Fachmannes von der Routinearbeit zu sehen.

4.5.2. Anwendung der Mustererkennung in der Rauschdiagnostik

Die Anwendung der Mustererkennung auf Rauschsignale erfolgt in analoger Weise wie bei der Ziffernerkennung. Die erste Aufgabe besteht darin, geeignete Merkmalsvektoren zu ermitteln, welche die betreffenden Signale hinreichend charakterisieren. Dazu eignen sich die im Kapitel 3 beschriebenen Kennfunktionen der Rauschsignale. Die zweite Aufgabe ist dann, diese Merkmalsvektoren mit Standardvektoren zu vergleichen und zu klassifizieren. Von wenigen Ausnahmen abgesehen, ist es notwendig, die Klassifizierung auf zwei Klassen zu beschränken, auf die Klasse des Normalverhaltens und die des anomalen Verhaltens. Eine Aufspaltung der anomalen Klasse ist in den meisten Fällen nicht sinnvoll. Auf Grund der relativen Seltenheit anomaler Zustände ist die Bestimmung der entsprechenden Standardvektoren nicht hinreichend genau möglich. Häufig sind auch nicht alle möglichen anomalen Zustände bekannt. Dagegen ist es häufiger sinnvoll, das Normalverhalten mit Hilfe mehrerer Klassen zu beschreiben.

Bisher ist das Verfahren der Mustererkennung fast ausschließlich auf die Autospektraldichte als Muster des Rauschsignals angewendet worden. Die folgende Darstellung baut ebenfalls auf der Autospektraldichte auf. Selbstverständlich sind auch alle anderen Kennfunktionen verwendbar; die grundsätzlichen Vorgehensweisen entsprechen sich. Einige Abweichungen gibt es bei der Wahl des geeigneten Klassifikators.

Im ersten Schritt wird die Autospektraldichte $S_{xx}(f)$ des Rauschsignals $x(t)$ in bekannter Weise bestimmt. Im zweiten Schritt wird diese Autospektraldichte in einer Vorverarbeitungseinheit in den Merkmalsvektor $[\vec{x}]$ einer möglichst geringen Dimension n transformiert. Die Dimension muß aber noch die hinreichende Charakterisierung der Autospektraldichte gestatten. Die Transformation kann z. B. durch die Unterteilung des Frequenzbereiches der Autospektraldichte in n Abschnitte erfolgen, deren integrale Werte als Komponenten des Merkmalsvektors verwendet werden.

Der nächste Schritt betrifft die Klassifikation, für die es verschiedene Möglichkeiten gibt: Im wesentlichen die der weitgehend *allgemeingültigen Klassifikation,* welche auf der Basis allgemeiner statistischer Gesetzmäßigkeiten mit einem Minimum an speziellen Kenntnissen über den betreffenden Prozeß arbeitet, und die der dem speziellen Prozeß *angepaßten Klassifikation.* Von vornherein ist zu erwarten, daß letztere eine höhere Genauigkeit und einen geringeren Zeitaufwand benötigt. Allerdings ist der Aufwand für die Entwicklung eines speziell angepaßten Klassifikationsverfahrens auch erheblich größer.

Es gibt eine Reihe von Klassifikationsverfahren [57], von denen hier ein weitgehend allgemeingültiges Verfahren beschrieben werden soll [54, 55], das mit der Ermittlung der Kovarianzmatrix $[C_x(0)]$ des Merkmalsvektors $[\vec{x}]$ beginnt (die x_i werden als zentrierte Größen vorausgesetzt):

$$[C_x(0)] = \begin{bmatrix} x_1^2, & x_1 x_2, & \ldots & x_1 x_n \\ x_2 x_1, & x_2^2, & \ldots & x_2 x_n \\ \cdot & & & \\ x_n x_1, & x_n x_2, & \ldots & x_n^2 \end{bmatrix} \tag{4.83}$$

Wenn in der Kovarianzmatrix (4.83) Komponenten außerhalb der Hauptdiagonale auftreten, die nicht vernachlässigt werden können, bedeutet dies, daß die entsprechenden Komponenten des Merkmalsvektors miteinander korreliert sind. Um bei der weiteren Verarbeitung alle Komponenten als statistisch unabhängige Größen behandeln zu können, wird eine „Entkopplung" des Merkmalsvektors empfohlen [55], indem eine Transformation in einen anderen Merkmalsvektor $[\vec{y}]$ gleicher Dimension ausgeführt wird, dessen Kovarianzmatrix $[C_y(0)]$ nur noch in der Hauptdiagonalen signifikante Komponenten hat. Allerdings ist diese Entkopplungstransformation nicht ganz ungefährlich: Wenn der Merkmalsvektor $[\vec{x}]$ den Prozeß nicht umfassend beschreibt, kann durch diese Transformation die fehlerhafte Beschreibung des Prozesses verstärkt werden.

Für die weitere Behandlung ist die Kenntnis bzw. eine geeignete Annahme über die n-dimensionale Wahrscheinlichkeitsverteilung des Merkmalsvektors notwendig. Üblich ist die Annahme einer kontinuierlichen, elliptisch symmetrischen Verteilung [54]. Der geometrische Ort aller Merkmalsvektoren, die eine gleiche Wahrscheinlichkeit der Zugehörigkeit zur Normalklasse haben, ist dann die Oberfläche des Ellipsoids im n-dimensionalen Raum, die durch folgende Gleichung beschrieben wird:

$$[\vec{y}]'\,[C_y(0)]^{-1}\,[\vec{y}] = \gamma_n \tag{4.84}$$

Die inverse Kovarianzmatrix $[C_y(0)]^{-1}$ stellt sich besonders einfach dar:

$$[C_y(0)]^{-1} = \begin{bmatrix} \sigma_{y_1}^{-2}, & 0, & \ldots & 0 \\ 0, & \sigma_{y_2}^{-2}, & \ldots & 0 \\ 0, & 0, & \ldots & \sigma_{y_n}^{-2} \end{bmatrix} \tag{4.85}$$

Zur Veranschaulichung der Zusammenhänge sei der Fall n = 2 gewählt, für den sich Gleichung (4.84) reduziert auf

$$[y_1, y_2] \begin{bmatrix} \sigma_{y_1}^{-2}, & 0 \\ 0, & \sigma_{y_2}^{-2} \end{bmatrix} \begin{bmatrix} y_1 \\ \cdot \\ y_2 \end{bmatrix} = \gamma_2, \text{ d. h. auf}$$

$$\frac{y_1^2}{\sigma_{y_1}^2} + \frac{y_1^2}{\sigma_{y_2}^2} = \gamma_2 . \tag{4.86}$$

Gleichung (4.86) stellt die bekannte Ellipsengleichung mit den Hauptachsen $\sqrt{\gamma_2}\,\sigma_{y_1}$ und $\sqrt{\gamma_2}\,\sigma_{y_2}$ dar. Das Verhältnis der Hauptachsen ist durch das Verhältnis der Streuungen bestimmt, die absolute Größe der Hauptachsen durch γ_2. In Abbildung 44 sind diese Ellipsen für einige ausgewählte Werte von γ_2 dargestellt.

Die Bedeutung von γ_2 ergibt sich unmittelbar aus Gleichung (4.86). Wird angenommen, daß die y_i GAUSS-Verteilung gehorchen, so stellt (4.86) unmittelbar die Definitionsgleichung für die χ_2^2-Verteilung [53] dar, d. h. die Summe der Quadrate von zwei statistisch unabhängigen, auf $\sigma = 1$ normierten, GAUSS-verteilten Größen. Demnach entspricht γ_2 unter dieser Voraussetzung, die in den meisten Fällen möglich ist, unmittelbar dem Quantil χ_2^2 der Chi-Quadrat-verteilung und kann als Maß für die Klassifikationsaufgabe verwendet werden. In Abbildung 44 ist zusätzlich für jede Ellipse die Wahrscheinlichkeit P eingetragen, daß ein der Normalklasse angehörender gemessener Merkmalsvektor $[\vec{y}]$ sich außerhalb der betreffenden Ellipse befindet (Klassifikationsfehler 1. Art). Diese Wahrscheinlichkeit $P(\gamma_2)$ sinkt mit zunehmendem γ_2 von $P(1) \approx 0{,}58$ auf $P(9) \approx 0{,}01$. Wird der äußere Ellipsenring ($\gamma_2 = 9$) für die Entscheidung verwendet, so gestaltet sich die Klassifikation folgendermaßen:

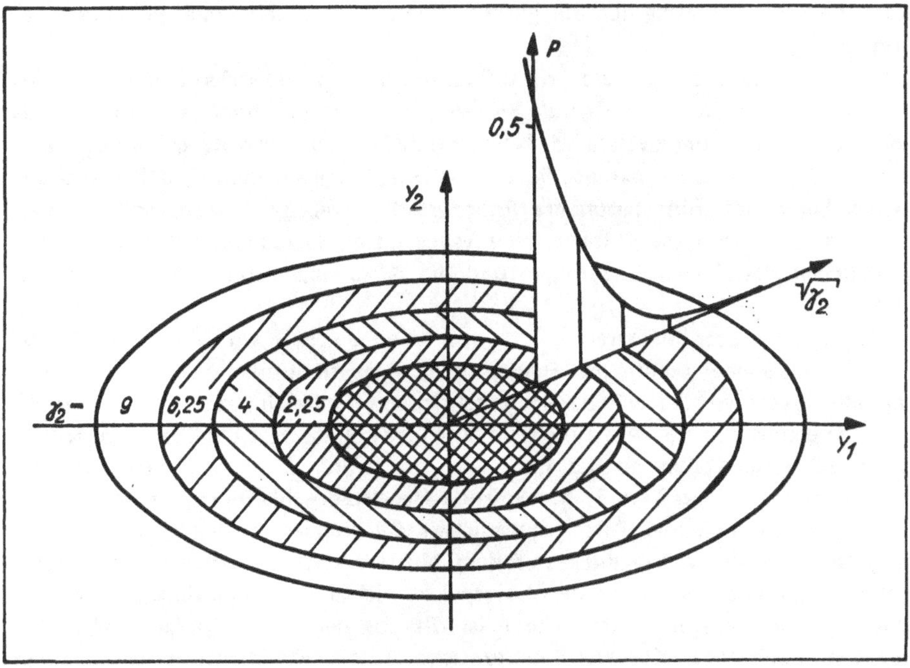

Abb. 44. Wahrscheinlichkeit P eines Klassifikationsfehlers 1. Art als Funktion von γ_2

Ein aus dem Meßvektor $[\vec{x}]$ gewonnener Merkmalsvektor $[\vec{y}]$, der nach Gleichung (4.86) den Wert γ_2 ergibt, gehört zur

Klasse „normal", wenn $\gamma_2 \leqslant 9$

Klasse „anomal", wenn $\gamma_2 > 9$.

Die Wahrscheinlichkeit eines Klassifikationsfehlers 1. Art würde bei dieser Schwellenwahl 0.01 betragen, d. h. mit einer Häufigkeit von 1 % sind als Klassifikationsergebnis Fehlalarme zu erwarten. Über die Wahrscheinlichkeit eines Klassifikationsfehlers 2. Art, daß ein Mitglied der anomalen Klasse in die Normalklasse eingeordnet wird, d. h., daß ein Alarm verpaßt wird, lassen sich keine Aussagen machen. Dazu sind Kenntnisse über die verschiedenen Klassen anomalen Verhaltens und die entsprechenden Verteilungen notwendig, die aber bei dieser allgemeingültigen Methode nicht vorausgesetzt werden können. Die Einstellung der Schwelle für γ_2 kann im allgemeinen nur nach Erfahrungswerten erfolgen; am einfachsten ist die Vorgabe der mittleren Anzahl von Fehlalarmen auf der Basis der Kapazität an vorhandenen Fachleuten, die diese Alarme beurteilen müssen.

Im Falle höherer Dimension gelten die gleichen Zusammenhänge. γ_n stellt das χ_n^2-Quantil für n Freiheitsgrade dar. Für n = 30, einen etwa üblichen

Wert, liegt die Schwelle für die gleiche Wahrscheinlichkeit einer Fehlklassifikation bei $\gamma_{30} \approx 51$.

Für die Anwendung dieser Klassifikationsmethode ist offensichtlich die Kovarianzmatrix (4.83) grundlegend. Sie wird in einer *Lernphase* ermittelt, in der dem Mustererkennungssystem Meßvektoren bekannter Klassenzugehörigkeit angeboten werden, welches daraus die für die Klassifikation benötigte Kovarianzmatrix berechnet. Eine besondere Form ist das *adaptive Lernen,* das auf dem Ergebnis der Lernphase aufbaut, aber es gestattet, langsamen natürlichen Veränderungen des Systems zu folgen und die Kovarianzmatrix laufend zu aktualisieren.

Diese Form der Mustererkennung wurde an einem Kernreaktor erprobt [54, 55]. Als Meßsignal diente das Rauschsignal einer Neutronenionisationskammer. Der Meßvektor wurde, wie bereits beschrieben, durch Unterteilung des Frequenzbereiches aus der Autospektraldichte gewonnen. Für den Lernprozeß waren 12 h Normalbetrieb des Reaktors erforderlich. Danach konnten kleine Änderungen im Prozeß, z. B. geringfügige Regelstaboszillationen, deren Amplitude weit unterhalb der Anzeigegenauigkeit der konventionellen Instrumentierung lag, ohne Schwierigkeiten mit dem Mustererkennungsverfahren ermittelt werden. Abbildung 45 zeigt die Autospektraldichte des Ionisationskammerstromes. Die stark ausgezeichnete Kurve ist die aus der 12-h-Lernphase ermittelte Bezugsspektraldichte, Kurve 2 eine typische Autospektraldichte einer einzelnen Messung, Kurve 3 eine anomale Autospektraldichte, deren Abweichung von der Bezugsspektraldichte im Frequenzbereich von 4 und 8 Hz zu erkennen ist. Die berechneten γ_n-Werte für die beiden letzgenannten Kurven zeigen deutlich die Klassifikation in normal und anomal.

Interessant ist, daß in einer späteren Arbeit [56] die gleichen Meßergebnisse mit einem abgewandelten Klassifikationsverfahren bearbeitet wurden, das dem Prozeß besser angepaßt war. Der Meßvektor setzte sich aus einigen charakteristischen Parametern zusammen, die auf die zu erwartenden Änderungen in der Autospektraldichte bei anomalem Verhalten zugeschnitten waren, z. B. auf die Veränderung der integralen Leistung, der Form des Spektrums und der Frequenzlage von Resonanzen im Spektrum. Insgesamt wurden acht verschiedene integrale Parameter gewählt, die einen Vergleich zwischen dem Normalspektrum und dem aktuellen, gemessenen Spektrum ermöglichten. Einer dieser Parameter ist die integrale Differenz zwischen den logarithmierten Autospektraldichten, der aktuellen $S_{xx}(f)$ und der Normalspektraldichte $S^+_{xx}(f)$,

$$D_{IV} = \frac{1}{n} \sum_{i=1}^{n} \log \frac{S_{xx}(f_i)}{S^+_{xx}(f_i)} . \tag{4.87}$$

Er reagiert empfindlich auf eine gleichmäßige Spektrumsverschiebung. Seine An-

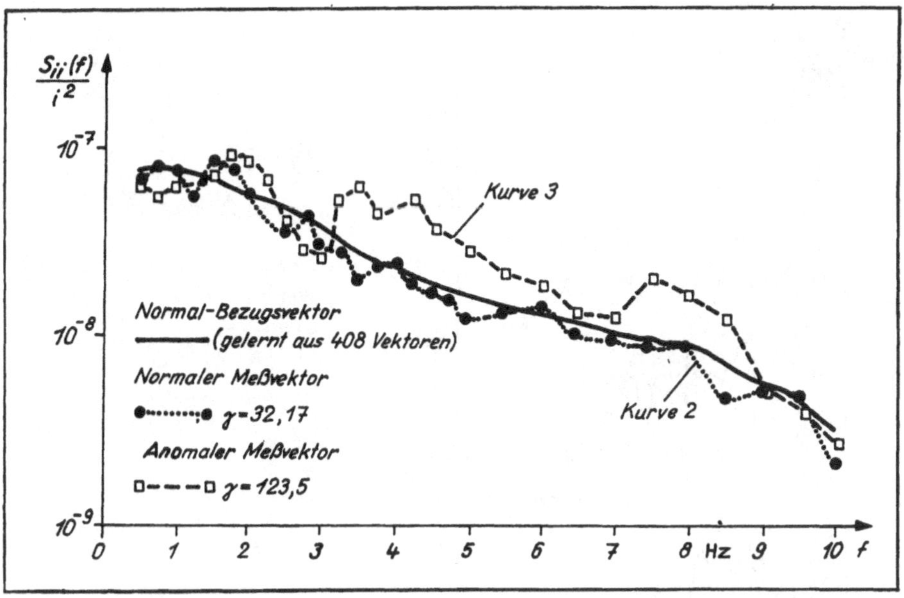

Abb. 45. Neutronenrauschmuster (γ_n = 75.0) bei normalen (Kurve 2) und anomalen (Kurve 3) Betriebsbedingungen [55]

wendbarkeit ist jedoch begrenzt, da sich Effekte umgekehrten Vorzeichens aufheben. Daher ist ergänzend das 2. Moment dieser Spektrumsdifferenz als weiterer Parameter gewählt worden

$$D_V = \frac{1}{n} \sum_{i=1}^{n} [\log \frac{S_{xx}(f_i)}{S^+_{xx}(f_i)}]^2 . \qquad (4.88)$$

Die Schwellwerte für die Klassifikation werden zunächst theoretisch unter Verwendung idealisierender Annahmen, wie GAUSS-Verteilung und statistische Unabhängigkeit der einzelnen Schätzungen, berechnet. Während der Lernphase werden die Mittelwerte und Varianzen der Schätzwerte bestimmt. Diese statistischen integralen Parameter werden dann zur Korrektur der theoretischen Schwellenwerte verwendet (bezüglich Einzelheiten s. [56]).

In Abbildung 46 sind in Kurve a) die Normalspektraldichte (ausgezeichnete Kurve) und eine aktuelle Spektraldichte während des normalen Betriebes der Anlage zu sehen. Merklich unterschiedlich ist die unter anomalen Betriebsbedingungen ermittelte Spektraldichte [Kurve b)]. Noch deutlicher wird dieser Unterschied, in der in Kurve c) dargestellten Differenz der logarithmierten Spektraldichten der Kurven a) und b).

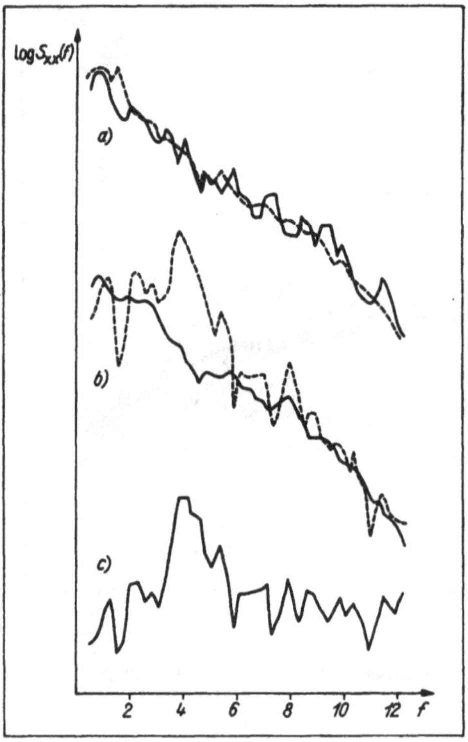

Abb. 46. Beispiel der Abbildung anomaler Bedingungen in der logarithmierten Spektraldichte [56]

Der Vorteil dieser speziell angepaßten Klassifikationsmethode ist beträchtlich: Die Lernphase konnte von 12 h auf 1 h reduziert werden. Der Speicheraufwand in der verwendeten Rechenanlage war deutlich geringer.

Der heutige Stand der Entwicklung der Mustererkennung für Rauschsignale ist durch diese Beispiele etwa charakterisiert. Sie befindet sich zwar noch in der Erprobung. Es ist aber bereits abzusehen, daß sie bald für die kontinuierliche Überwachung und die erste Stufe der Entscheidung zwischen „normal" und „anomal", auch im Routinebetrieb, eingesetzt werden wird.

5. Experimentelle Technik der Rauschdiagnostik

Im Vergleich zur konventionellen Meßtechnik stellt die Rauschdiagnostik höhere und teilweise neuartige Forderungen an die Meßkanäle und an die Registrier- und Auswertegeräte. Einerseits sind es die größere Bandbreite und die meist im Vergleich zum Kurzzeitmittelwert viel kleineren Signalamplituden, andererseits sind es die relativ komplizierten Analysealgorithmen, die eine spezielle experimentelle Technik notwendig machen, die meist nicht mit der konventionellen vereinbar ist. Bei der Durchführung der Rauschdiagnostik ist es sinnvoll, zwischen drei Komplexen zu unterscheiden,

a) der *Meßwerterfassung,* welche die Rauschsignale in geeignet konditionierter Form zur Verfügung stellt,
b) der *Meßwertverarbeitung,* die aus den konditionierten Meßwerten die Kennfunktionen berechnet, und
c) der *Diagnosestellung* an Hand der ermittelten Kennfunktionen.

Für die ersten beiden Teilaufgaben existieren Lösungen, die abgewandelt für alle Anwendungen der Rauschdiagnostik eingesetzt werden können. Abbildung 47 demonstriert die dafür erforderliche Gerätetechnik. Die physikalische Meßgröße y(t) wird von *Meßwertaufnehmer* (Sensor) und *Vorverstärker* in eine normierte elektrische Spannung u(t) verwandelt, die nach Möglichkeit y(t) proportional ist. Die nachfolgende *Konditioniereinrichtung* trennt Kurzzeitmittelwert $\bar{u}(t)$ und Rauschanteil $\tilde{u}(t)$ und ermöglicht eine der Diagnostikaufgabe

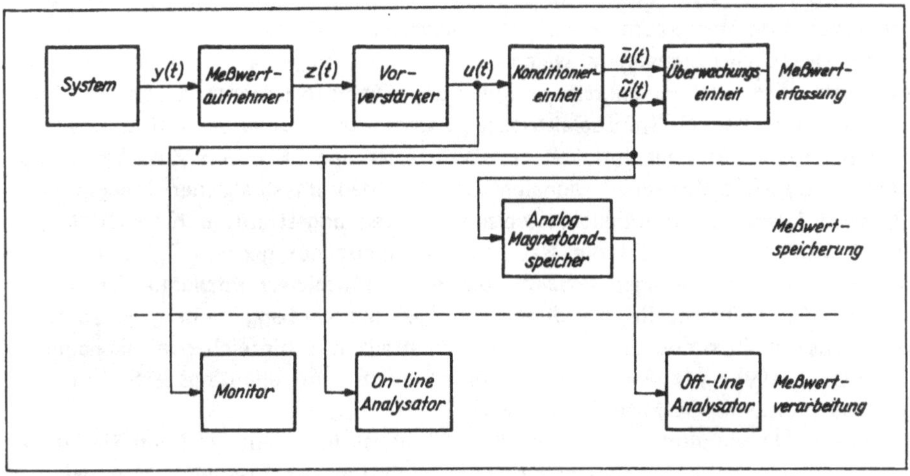

Abb. 47. Schematische Darstellung der experimentellen Technik der Rauschdiagnostik

angepaßte Frequenzbandbeschneidung und Verstärkung des letzteren. Die Kontrolle der Funktionstüchtigkeit aller Einheiten erfolgt mit einer *Überwachungseinheit,* deren Ausführungsform erheblich von den speziellen Bedingungen abhängt, z. B., ob es sich um automatisierte Routineuntersuchungen handelt, wieviele parallele Meßkanäle verwendet werden usw. Für die Meßwertverarbeitung existieren zwei grundsätzliche Wege, die direkte Verarbeitung ohne Zwischenspeicherung der Meßwerte mit einem *On-line-Analysator* oder die indirekte Verarbeitung mit *Zwischenspeicherung* und der späteren Verarbeitung mit einem *Off-line-Analysator.* Beide Wege haben ihre Berechtigung; für Routineuntersuchungen kommt hauptsächlich der erste in Frage, für Forschungsaufgaben der zweite.

Zum letztgenannten Komplex, der Diagnosestellung, lassen sich, da die Lösung stark von dem speziellen Problem abhängt, nur einige allgemeine Grundsätze für die notwendige Gerätetechnik nennen, die aber im wesentlichen mit der für die Meßwertverarbeitung identisch ist. Eine besondere Technik zur kontinuierlichen Routineüberwachung gut bekannter Rauschquellen stellt der *Monitor* dar, der Teile der Meßwerterfassung und die beiden Komplexe der Meßwertverarbeitung und der Diagnosestellung in sich vereinigt.

5.1. Meßwerterfassung

5.1.1. Meßwertaufnehmer

Da die Meßsignale elektronisch weiterzuverarbeiten sind, kommen nur Aufnehmer in Frage, die elektrische Ausgangssignale liefern. Diese Forderung stellt aber heutzutage keine Einschränkung dar [58]. Insbesondere für dynamische Meßgrößen kommen kaum andere Meßverfahren in Frage.

Als elektrische Signale, in welche die jeweilige physikalische Meßgröße umgewandelt wird, dienen elektrische Spannung (Thermoelement), Strom (Ionisationskammer), Ladung (piezoelektrischer Aufnehmer), Widerstand (Dehnmeßstreifen), Kapazität oder Induktivität (Wegaufnehmer). Für den Zusammenhang zwischen diesen elektrischen Signalen $z(t)$ und den physikalischen Meßgrößen $y(t)$ wird Linearität in möglichst weiten Grenzen angestrebt, d. h. nach Möglichkeit $z(t) = c \cdot y(t)$. Da die Rauschsignale meist nur geringfügig, in der Größenordnung von einigen Prozent, um einen Mittelwert schwanken, kann auch bei Aufnehmern, für die dieser ideale Zusammenhang nicht gegeben ist, wenigstens im Aussteuerbereich des Rauschanteils mit hinreichender Genauigkeit $\tilde{z}(t) = c(\bar{y}) \cdot \tilde{y}(t)$ angenommen werden. c ist dann allerdings eine Funktion des momentanen Mittelwertes $\bar{y}(t)$.

Da die Umwandlung der Meßgröße $y(t)$ meist in einem größeren Frequenzbereich erfolgt, ist c im allgemeinen eine Funktion der Frequenz. Wie bei jedem anderen (linearen) System, läßt sich auch die Übertragungscharakteristik des Aufnehmers durch den Frequenzgang $H_{yz}(f)$ beschreiben. Dieser sollte, um die notwendigen Korrekturen bei der Auswertung möglichst gering zu halten, im interessierenden Frequenzbereich einen hinreichend konstanten Betrag $|H_{yz}(f)|$ und eine Phasenfunktion $\phi_{yz}(f) \approx 0$ besitzen. Die genaue Kenntnis von $H_{yz}(f)$ ist zwar eine Grundforderung, aber in manchen Fällen nicht leicht zu erfüllen. Zum Beispiel hängt $H_{yz}(f)$ eines piezoelektrischen Beschleunigungsaufnehmers nicht nur von dessen technischen Parametern, sondern auch von der Art der Befestigung am Meßobjekt ab. Ist eine feste Verbindung in Form einer Schraubverbindung möglich, so wird $H_{yz}(f)$ praktisch nicht verändert. Klebverbindungen oder auch magnetische Halterungen können beträchtliche Veränderungen von $H_{yz}(f)$ bewirken. Bei der Eichung des Aufnehmers ist daher nach Möglichkeit die Art der Halterung zu berücksichtigen. Bei der Messung von Temperaturschwankungen mit Thermoelementen beeinflußt der Wärmeübergang zwischen Meßobjekt und Aufnehmer entscheidend $H_{yz}(f)$.

Ein weiteres Problem betrifft die Konstanz der Umwandlungseigenschaften während der Einsatzdauer des Aufnehmers. Die am Meßort herrschenden Umgebungsbedingungen (Temperatur, Druck, mechanische Schwingungen, Strömung, Strahlung) können Änderungen von $H_{yz}(f)$ bewirken. Hier bestehen zwei Möglichkeiten: Nacheichung der Aufnehmer mit Hilfe geeigneter Einrichtungen oder Berechnung der Veränderungen bei hinreichender Kenntnis derjenigen Prozesse, welche diese hervorrufen (z. B. Berechnung des Empfindlichkeitsverlustes von Neutronendetektoren durch „Abbrand"). Auf jeden Fall ist der Nacheichung der Vorrang einzuräumen; leider stellt sie oft ein kaum lösbares Problem dar.

Die Frage des geeigneten Meßwertaufnehmers und seiner Eichung ist äußerst wichtig. Auch der beste Analysator kann mit Signalen von ungeeigneten Aufnehmern nichts anfangen. Mit dem Aufnehmer und seiner Anbringung am Meßort wird das maximal erreichbare Ergebnis der Diagnostikaufgabe festgelegt.

5.1.2. Vorverstärker

Untrennbar mit dem Meßwertaufnehmer ist der Vorverstärker verbunden, der das elektrische Signal z(t) des Aufnehmers in eine elektrische Spannung u(t) konvertiert, die bezüglich der physikalischen Meßgröße normiert ist. Im Idealfall ist der Vorverstärker mit dem Aufnehmer integriert. Da jedoch die Vorverstärker Bauelemente enthalten, die temperatur-, feuchtigkeits- und strahlungsempfindlich sind, ist es meist notwendig, den Vorverstärker in einem Abstand von einigen Metern vom Aufnehmer anzubringen. An das Verbindungskabel zwischen Aufnehmer und Vorverstärker werden hohe Anforderungen gestellt. Es muß einerseits die Umgebungsbedingungen an der Meßstelle vertragen und andererseits auch die notwendigen mechanischen und elektrischen Eigenschaften aufweisen.

Der Vorverstärker muß sowohl den Kurzzeitmittelwert als auch das Rauschsignal erfassen; dies erfordert einen Dynamikbereich von etwa 100 dB (d. h. 5 Dekaden). Da die Signalverarbeitung häufig einige 100 m vom Meßort entfernt erfolgt, wird außerdem an den Ausgang des Vorverstärkers die Forderung nach der Übertragbarkeit des Spannungssignals über derartige Entfernungen gestellt. Für die Übertragungscharakteristik des Vorverstärkers gelten die gleichen Forderungen wie für den Aufnehmer; ihre Kontrolle bzw. Nacheichung mit Hilfe eines geeigneten Prüfsignals muß möglich sein.

Den verschiedenen elektrischen Signalen an den Ausgängen der Meßwertaufnehmer entsprechend, sind mehrere Grundtypen von Vorverstärkern nötig:

a) Spannungsverstärker zur Verstärkung von Spannungen im mV-Bereich,
b) Stromverstärker zur Umsetzung von Strömen im nA/µA-Bereich,
c) Ladungsverstärker zur Umsetzung von Ladungen im pC-Bereich,
d) Trägerfrequenzverstärker für die Umsetzung der Signale von Aufnehmern mit induktiven, kapazitiven, Widerstands- und Halbleiter-Brückenschaltungen.

5.1.3. Konditioniereinheit

Diese Einheit hat das Ausgangssignal des Vorverstärkers für die Signalanalyse vorzubereiten. Dies bedeutet im einzelnen:

a) Trennung des Signals u(t) in Kurzzeitmittelwert $\bar{u}(t)$ und Rauschanteil $\tilde{u}(t)$.
b) Bereitstellung des Kurzzeitmittelwertes für die Normierung des Rauschanalyseergebnisses und weitere unabhängige Meßaufgaben.
c) Bandpaßfilterung des Rauschanteils, um einerseits zur Erhöhung des Signal-Untergrund-Verhältnisses nur den interessierenden, Information enthaltenden Frequenzbereich für die Analyse bereitzustellen und andererseits das für die Digitalverarbeitung erforderliche Abtasttheorem (s. 5.3.2.1.) zu befriedigen. Letzteres bedeutet, daß alle Frequenzanteile im Rauschsignal hinreichend zu unterdrücken sind, die oberhalb der halben Abtastfrequenz liegen. Für diese Bandpaßfilterung werden im allgemeinen ein elektronischer Tiefpaß mit einer Flankensteilheit von $\geq$ 24 dB/Oktave und ein passiver Hochpaß mit einer Flankensteilheit von 6 dB/Oktave benötigt.
d) Verstärkung des bandpaßgefilterten Rauschanteils auf eine Ausgangsspannung, die der nachfolgenden Signalanalyseeinrichtung angepaßt ist. Da der elektronische Tiefpaß nur eine begrenzte Dynamik von $\leq$ 60 dB besitzt, ist es günstig, das Signal vor dem Tiefpaß optimal auszusteuern. Dies bedeutet, die Verstärkung sowohl vor als auch hinter dem Tiefpaß vorzunehmen.

5.1.4. Überwachungseinheit

Sie soll erstens eine visuelle und mitunter auch akustische Kontrolle der Funktionsfähigkeit des Meßkanals, der Sinnfälligkeit des Meßsignals und der gewählten Signalkonditionierung gestatten. Dazu dienen die Anzeige der Kurzzeitmittelwerte, am günstigsten auf einem Schreiber, und die Oszillographendarstellung der Rauschsignale sowie — bei Signalen mit Frequenzanteilen im Hörbereich — die akustische Wiedergabe (Abbildung 48).

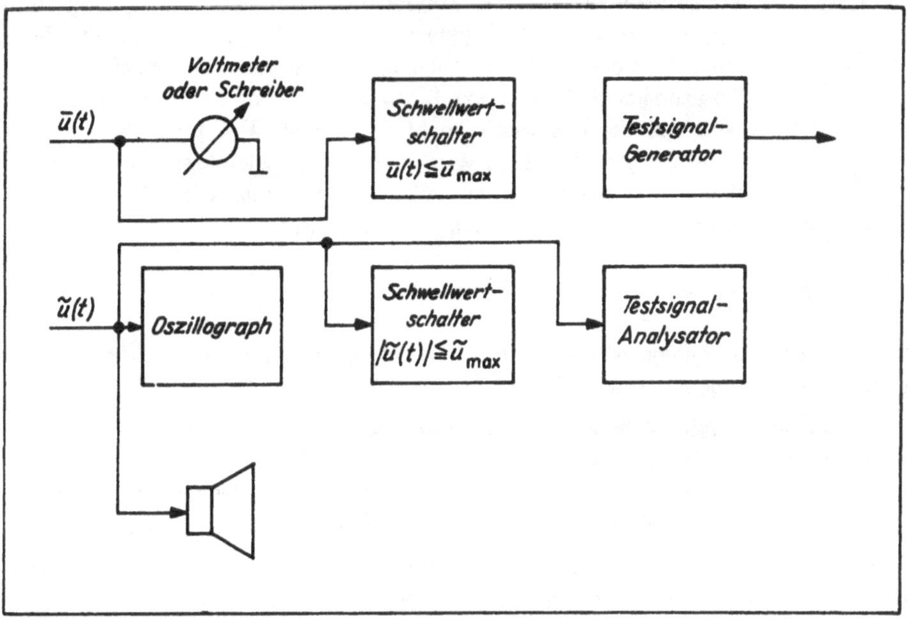

Abb. 48. Überwachungseinheit

Zweitens sollte die Überwachungseinheit auch eine objektive Kontrollmöglichkeit bieten, und zwar für die Signalaussteuerung durch Schwellwertschalter, die bei Überschreiten der gewählten Maximalamplitude $|\tilde{u}_{max}|$ Alarm geben, und für die Funktionsweise der Meßkanäle mit Hilfe von Testsignalen, die an verschiedenen Stellen der Meßketten eingespeist werden können.

Als Testsignale $u_T(t)$, die am Eingang des Vorverstärkers an Stelle des Ausgangssignals des Meßwertaufnehmers eingespeist werden, haben sich folgende drei Signale als günstig erwiesen:

a) $u_T(t) = 0$ zur Kontrolle der Nullpunktlage aller Glieder der Meßkette. An den beiden Ausgängen $\bar{u}(t)$ und $\tilde{u}(t)$ werden die Abweichungen von 0 gemessen und mit den zulässigen Werten verglichen.

b) $u_T(t) = u_o$ zur Kontrolle der Messung des Kurzzeitmittelwertes $\bar{u}(t)$. Dazu wird am Ausgang $\bar{u}(t)$ gemessen und mit dem Sollwert verglichen. Gleichzeitig wird $\tilde{u}(t) = 0$ kontrolliert.

c) $u_T(t)$ als ein zeitabhängiges Testsignal, das zur Kontrolle des Frequenzganges des gesamten Meßkanals für $\tilde{u}(t)$ dient. Dieses Meßsignal kann in verschiedener Form gewählt werden. Es kommen einerseits die Methoden in Frage, die unter 4.1.1. behandelt wurden, andererseits besteht auch die Möglichkeit, nur bestimmte markante Punkte der Übertragungscharakteristik zu bestimmen. Für die Auswertung kann der in der Meßkette folgende Analysator eingesetzt werden. Bei automatischem Betrieb ist neben dem Testsignalgenerator auch ein spezieller Testsignalanalysator sinnvoll. In diesem Fall eignet sich besonders das pseudostatistische binäre Signal (s. 4.1.1.). Die gemessene Gewichtsfunktion wird mit der gespeicherten verglichen; liegen die Abweichungen außerhalb der zulässigen Grenzen, so wird „Fehler im Meßkanal" festgestellt.

5.2. Meßwertspeicherung

Es existieren nur wenige Möglichkeiten, Rauschsignale zu speichern. Im wesentlichen sind es folgende drei:

a) Aufzeichnung mit Hilfe eines Schnellschreibers,
b) Aufzeichnung auf Analog-Magnetband,
c) Digitalisierung des Rauschsignals und Speicherung auf Magnetband, Magnetplatte oder einem anderen digitalen Speicher hinreichender Kapazität.

a) kann dazu dienen, einen visuellen Eindruck von den Rauschsignalen zu vermitteln. Auch ist eine erste grobe Einschätzung bezüglich der Kennfunktionen möglich. Für die korrekte Analyse ist die Methode aber ungeeignet, da das gespeicherte Signal nicht unmittelbar als elektrische Spannung wiedergegeben werden kann.

Die Aufzeichnung auf Analog-Magnetband b) stellt die Universalvariante dar. Nur in wenigen Fällen ist die direkte Aufzeichnungsmethode ausreichend auf Grund der unteren Frequenzgrenze von ≈ 100 Hz und des relativ ungünstigen Signal-Untergrundverhältnisses von $\leqslant 30$ dB. Es werden im allgemeinen Geräte verwendet, die mit Modulation und Demodulation arbeiten, am häufigsten mit Frequenzmodulation, womit Signal-Untergrundverhältnisse von > 40 dB bei einer Bandbreite von 0 bis 20 kHz erreicht werden. Da die Speicherung auf Analog-Magnetband in vielen Fällen erfordert, Signale am Meßort aufzunehmen und dann zum Analysator zu transportieren, sollte eine nicht unnötig große Variante des Analog-Magnetbandes gewählt werden. Geräte mit 4 Spuren sind bequem transportierbar, solche mit 7 Spuren schon erheblich unbequemer, Geräte mit 14 Spuren können praktisch nur noch stationär eingesetzt werden.

Die Aufzeichnung auf einen digitalen Datenträger c) bedeutet vor Ort einen höheren Aufwand und wird kaum angewendet. Sie erfolgt vorteilhaft unmittelbar am Analysator zur Zwischenspeicherung, wenn die Geschwindigkeit des Analysators für die on-line Verarbeitung nicht ausreicht. Der Vorteil der digitalen Aufzeichnung besteht in dem besseren Signal-Untergrundverhältnis, das nur von der Wortlänge und der Genauigkeit der AD-Konvertierung abhängt. Der Nachteil besteht nicht nur in dem höheren Aufwand, sondern auch darin, daß durch die Wahl der Abtastfrequenz und der Datenmenge für die Analyse alle wesentlichen Festlegungen (Frequenzbereich, Frequenzauflösung) getroffen werden, während bei der analogen Speicherung alle Freiheiten für die Analyse erhalten bleiben.

5.3. Signalanalyse

Moderne Signalanalysatoren enthalten zahlreiche „Sicherungen" gegen fehlerhafte Bedienungen; dennoch bestehen immer noch etliche Möglichkeiten, falsche oder wenigstens nicht optimale Ergebnisse zu erhalten. Daher ist es in jedem Falle nützlich, einige grundlegende Probleme der praktischen Signalanalyse zu kennen. Für eine Erörterung von Fehlern ist der Signaltyp wesentlich. Es würde zu weit führen, für jeden unter 3.1. abgehandelten Signaltyp eine Fehlerbetrachtung anzustellen. In diesem Abschnitt wird der Typ des stochastischen Signals gewählt, der mehr oder weniger ausgeprägt in jedem Rauschsignal enthalten ist. Die Ergebnisse sind daher für die anderen Signaltypen nur näherungsweise gültig, aber auf jeden Fall geeignet, die Größenordnung des Einflusses bestimmter Meßparameter (z. B. der Intervallbreite bei der Wahrscheinlichkeitsdichte) abzuschätzen. Vorsicht ist allerdings bei der Anwendung auf periodische Signale geboten!

Fehler bei der Signalanalyse rangieren in zwei großen Gruppen:

a) *methodische Fehler,* die durch die gewählte Analysemethode und die verwendeten Parameter, wie z. B. die Meßdauer, bedingt sind,
b) *apparative Fehler,* die durch die speziellen Bedingungen der Durchführung der Analyse entstehen, wie z. B. die Nichtlinearität des Meßkanals oder die Wahl eines digitalen Auswerteverfahrens.

5.3.1. Methodische Fehler der Signalanalyse

Bei der Messung der Kennfunktion ψ eines stochastischen Signals können nicht alle Forderungen der Definitionsgleichung erfüllt werden; z. B. ist immer die Beschränkung auf endliche Meßdauern notwendig. Die gemessenen Kennfunktionen sind daher als *Schätzungen* $\hat{\psi}$ aufzufassen, welche die Kennfunktion ψ nur mit einer bestimmten Genauigkeit annähern [35]. Die Angabe der Genauigkeit erfolgt mit Hilfe des mittleren quadratischen Fehlers ϵ, dessen Quadrat in zwei Summanden zerlegt werden kann:

$$\epsilon^2 = E\left\{(\hat{\psi} - \psi)^2\right\}$$

$$= E\left\{[\hat{\psi} - E(\hat{\psi})]^2\right\} + E\left\{[E(\hat{\psi}) - \psi]^2\right\} \quad (5.1)$$

Der erste Summand beschreibt den ***statistischen Fehler,*** d. h. die Streuung σ^2 der einzelnen Schätzung bezüglich des Erwartungswertes der Schätzung. Der zweite Summand beschreibt die *Verzerrung* der Schätzung, die dadurch entsteht, daß der Erwartungswert der Schätzung nicht mit der Kennfunktion übereinstimmt. Bei der Auswahl der Meßmethode wird als Minimalforderung gestellt, daß der statistische Fehler mit zunehmender Meßdauer abnimmt, d. h., daß

$$\lim_{T \to \infty} E\left\{[\hat{\psi} - E(\hat{\psi})]^2\right\} = 0 \quad (5.2)$$

Bezüglich der Verzerrung wird nur gefordert, daß sie so klein wie möglich zu halten ist. Die vom Standpunkt der Fehlerbetrachtung günstigste („konsistente") Meßmethode erfüllt neben (5.2) auch die Forderung

$$E\left\{\hat{\psi}\right\} = \psi \quad (5.3)$$

5.3.1.1. Wahrscheinlichkeitsdichte

Die Bestimmung der Wahrscheinlichkeitsdichte p(x) nach der Definition

$$p(x) = \lim_{\substack{N \to \infty \\ \Delta x \to 0}} \frac{\Delta N\,[x < x_\nu < x + \Delta x]}{N \Delta x} \quad (5.4)$$

enthält zwei nicht erfüllbare Forderungen, die Gesamtzahl der gemessenen Signalwerte $N \to \infty$ und das Amplitudenintervall $\Delta x \to 0$. Nach [35] ergibt sich für ein bandbegrenztes weißes Rauschsignal (Bandbreite B) folgender Ausdruck für den mittleren quadratischen Fehler:

$$\epsilon^2(x) \approx \frac{c^2\,p(x)}{N \Delta x} + \left[\frac{(\Delta x)^2}{24}\,p''(x)\right]^2. \quad (5.5)$$

Die Konstante c^2 berücksichtigt den Grad der statistischen Unabhängigkeit der einzelnen Signalwerte. Wird $N \leqslant 2BT$ gewählt, so wird $c^2 \approx 1$. Der erste Summand in (5.5) stellt den statistischen Fehler dar, der mit $N \to \infty$ gegen 0 geht. Der zweite Summand beschreibt die Verzerrung, die mit $\Delta x \to 0$ verschwindet. Da aber im ersten Summanden Δx im Nenner steht, ist es notwendig, einen Kompromiß bei der Wahl von Δx zu schließen. Die zweite Ableitung $p''(x)$ deutet an, daß die Verzerrung von der Form von p(x) in der Umgebung von x abhängt. Bei normalen Rauschsignalen hat p(x) einen glatten Verlauf, d. h. p''(x) ist entsprechend klein und Δx kann relativ groß gewählt werden. Ist aber im Rauschsignal z. B. eine Amplitudenbegrenzung enthalten, so würde der steile Abfall im Verlauf von p(x) entsprechend hohe Werte von p''(x) erzeugen. Für dieses Signal müßten relativ kleine Δx-Werte gewählt und der höhere statistische Fehler in Kauf genommen werden, wenn der Kantenbereich interessiert.*

5.3.1.2. Korrelationsfunktion.

Die Schätzung der Korrelationsfunktion $R_{xx}(\tau)$ durch

$$\hat{R}_{xx}(\tau) = \frac{1}{T} \int_0^T x(t)\; x(t+\tau)\; dt \tag{5.6}$$

ist konsistent. Der Erwartungswert der Schätzung entspricht der Korrelationsfunktion:

$$E\left\{ \hat{R}_{xx}(\tau) \right\} = \frac{1}{T} \int_0^T E\left\{ x(t)\; x(t+\tau) \right\} dt = R_{xx}(\tau) \tag{5.7}$$

Damit beschränkt sich der mittlere quadratische Fehler ϵ auf den statistischen Fehler σ. Für ein bandbegrenztes weißes Rauschen (Bandbreite B) gilt nach [35]

$$\epsilon^2(\tau) \approx \frac{1}{2BT} \left[R_{xx}^2(0) + R_{xx}^2(\tau) \right]. \tag{5.8}$$

Die Korrelationsfunktion erfordert demnach keine Kompromisse, solange nur sie selbst interessiert. Soll allerdings aus der Korrelationsfunktion die Spektraldichte berechnet werden, so sind die im nächsten Abschnitt angestellten Überlegungen bei der Wahl des $\Delta\tau$-Schrittes zu berücksichtigen.

5.3.1.3. Spektraldichte

Die Schätzung der Spektraldichte $S_{xx}(f)$ ist wieder problematischer. Die in Gleichung (3.17) gegebene Definition

$$S_{xx}(f) = \lim_{\Delta f \to 0} \frac{\sigma_x^2(f, \Delta f)}{\Delta f}$$

enthält die nur annähernd erfüllbare Forderung $\Delta f \to 0$. Daher sind grundsätzlich alle Schätzungen der Spektraldichte verzerrt. Allgemein gilt für alle Schät-

* Mit der Voraussetzung der Amplitudenbegrenzung wird allerdings die Voraussetzung bei der Ableitung von (5.5) verletzt, was aber an der grundsätzlichen Aussage nichts ändert.

zungen $\hat{S}_{xx}(f)$, daß der Erwartungswert $E\{\hat{S}_{xx}(f)\}$ von der Frequenzfensterfunktion B(f) abhängt, die den Verlauf des Frequenzintervalls Δf beschreibt:

$$E\left\{\hat{S}_{xx}(f)\right\} = \frac{\int_{-\infty}^{+\infty} B(f'-f)\, S_{xx}(f')\, df'}{\int_{-\infty}^{+\infty} B(f')\, df'} . \tag{5.9}$$

Die ideale Frequenzfensterfunktion B(f), die zwar praktisch nicht realisierbar ist, aber nach Möglichkeit angenähert werden sollte, ist das Rechteckfenster

$$\begin{aligned} B(f) &= 1 \quad \text{für} \quad |f| \leqslant \frac{\Delta f}{2} \\ &= 0 \quad \text{für} \quad |f| > \frac{\Delta f}{2} . \end{aligned} \tag{5.10}$$

In diesem Falle ergibt sich

$$E\left\{\hat{S}_{xx}(f)\right\} = \frac{1}{\Delta f} \int_{f-\frac{\Delta f}{2}}^{f+\frac{\Delta f}{2}} S_{xx}(f')\, df' . \tag{5.11}$$

Für die Messung der Spektraldichte nach der Methode des Bandpaßfilters ergibt sich nach [35] der mittlere quadratische Fehler zu

$$\epsilon^2(f) \approx \frac{S_{xx}^2(f)}{T\Delta f} + \left[\frac{(\Delta f)^2\, S_{xx}''(f)}{24}\right]^2 . \tag{5.12}$$

Diese Beziehung ähnelt stark der für den Fehler von p(x); die dort angestellten Betrachtungen bezüglich der widersprüchlichen Anforderungen an Δx gelten uneingeschränkt auch für Δf. Allerdings ist zu bemerken, daß hier die Problematik der Verzerrung gravierender ist. Einerseits sind bei der Spektraldichte Abweichungen vom glatten Verlauf, z. B. Resonanzen, gerade von besonderem Interesse, andererseits ist die Verwirklichung der geeigneten, schmalen Fensterfunktion nicht einfach.

Das Bandpaßfilter als einfachstes Frequenzfenster weicht in seiner Frequenzcharakteristik stark vom idealen Verhalten (5.10) ab. Abbildung 49 zeigt die Fensterfunktion, die ein einfaches Resonenzfilter liefert. Deutlich ist zu erkennen, daß außerhalb der „Rauschbandbreite" des Filters, die durch

$$B_r = \frac{\int_0^{\infty} |H(f)|^2\, df}{|H(f_0)|^2} \tag{5.13}$$

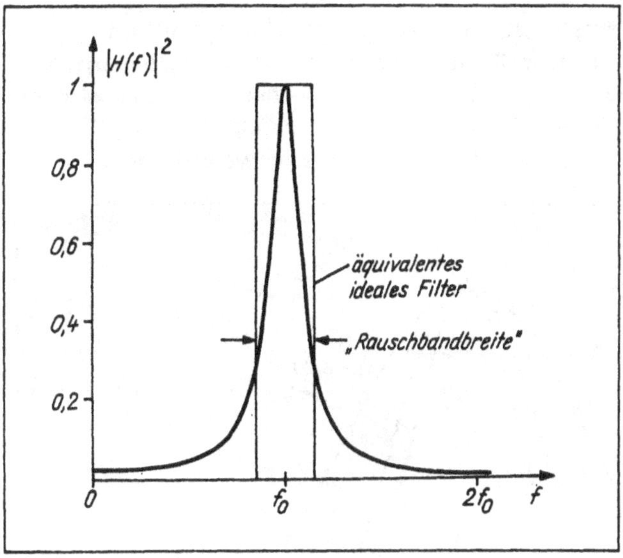

Abb. 49. Fensterfunktion eines einfachen Resonanzfilters

mit f_o als Resonanzfrequenz des Filters definiert ist, noch wesentliche Frequenzanteile durchgelassen werden. Dies bedeutet, daß ein derartiges Filter stark strukturierte Spektraldichten „verschmiert", d. h. verfälscht.

Eine andersartige Form haben die Frequenzfensterfunktionen, die durch Fourier-Transformation entstehen. Am bekanntesten ist die sogenannte *Spaltfunktion,* die bei der Ermittlung der Spektraldichte aus einer zeitlich begrenzten Korrelationsfunktion ($-\tau_m \leqslant \tau \leqslant +\tau_m$) entsteht. Entsprechend

$$\hat{S}_{xx}(f) = 2 \int_{-\tau_m}^{+\tau_m} R_{xx}(\tau)\, e^{-j\omega\tau}\, d\tau, \tag{5.14}$$

ergibt sich im Vergleich zur Definitionsgleichung für die Kennfunktion (3.21) die Fensterfunktion

$$B_1(f) = \int_{-\tau_m}^{+\tau_m} e^{-j\omega\tau}\, d\tau = \tau_m \frac{\sin\omega\tau_m}{\omega\tau_m}, \tag{5.15}$$

die in Abbildung 50 aufgetragen ist. Sie ist ebenfalls weit entfernt von der idealen Fenstercharakteristik, sie zeigt ein zentrales Hauptband, das etwa 60 % des Integrals über den gesamten Frequenzbereich enthält. Die beiden ersten Seitenbänder sind sogar negativ und haben etwa 14 % des integralen Wertes.

Diese Form des Frequenzfensters ist für Spektren mit Resonanzstruktur ungeeignet, sie kann nicht unerhebliche Fehler verursachen; sogar negative Werte für die Autospektraldichteschätzung sind möglich. Abbildung 51 demonstriert, wie eine scharfe Resonanz in $S_{xx}(f)$ durch die bei der Schätzung $\hat{S}_{xx}(f)$ erfolgte Faltung (Gl. 5.9) mit der Spaltfunktion verfälscht werden kann.

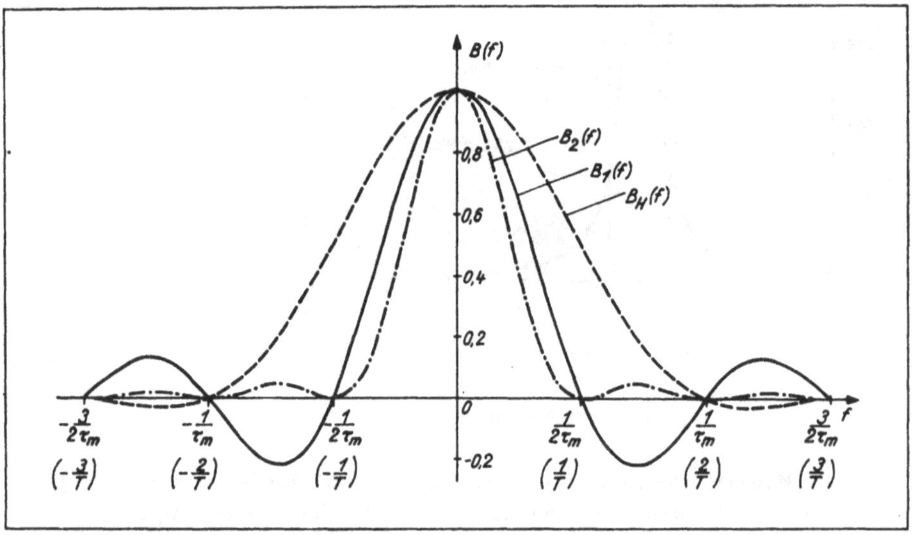

Abb. 50. Frequenzfenster bei der Ermittlung der Spektraldichte durch Fourier-Transformation

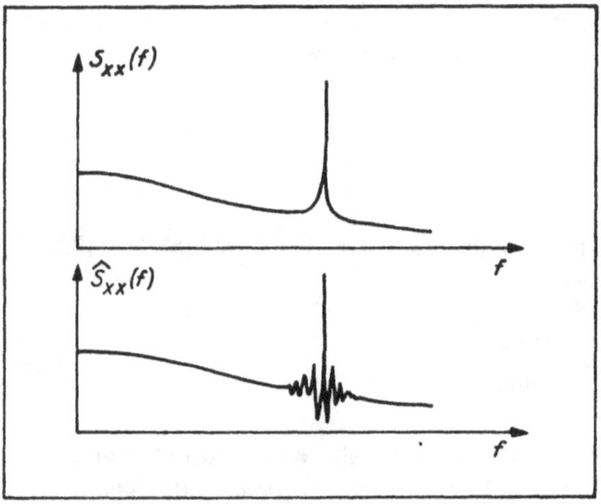

Abb. 51. Einfluß des Frequenzfensters auf die Spektraldichteschätzung

Zur Unterdrückung der Seitenbänder sind verschiedene künstliche Fenster konstruiert worden, die zusätzlich im Zeitbereich oder im Frequenzbereich angewendet werden können. Am bekanntesten ist das sogenannte *HANNING-Fenster,* das im Zeitbereich folgendes Aussehen hat:

$$F_H(\tau) = \frac{1}{2}\left(1 + \cos\frac{\pi\tau}{\tau_m}\right) \quad \text{für } |\tau| \leq \tau_m$$
$$= 0 \quad \text{für } |\tau| > \tau_m . \tag{5.16}$$

Das zugehörige Frequenzfenster

$$B_H(f) = \int_{-\tau_m}^{+\tau_m} F_H(\tau)\, e^{-j\omega\tau}\, d\tau$$
$$= \frac{1}{2} B_1\left(f - \frac{1}{2\tau_m}\right) + B_1(f) + \frac{1}{2} B_1\left(f + \frac{1}{2\tau_m}\right) \tag{5.17}$$

setzt sich aus den Spaltfunktionen von 3 benachbarten Frequenzwerten zusammen, d. h., die Fensteroperation kann im Frequenzbereich unmittelbar durch gewichtete Summation von drei benachbarten Werten der Spektraldichteschätzung entsprechend (5.14) realisiert werden:

$$\hat{\hat{S}}_{xx}(f) = \frac{1}{4}\hat{S}_{xx}\left(f - \frac{1}{2\tau_m}\right) + \frac{1}{2}\hat{S}_{xx}(f) + \frac{1}{4}\hat{S}_{xx}\left(f + \frac{1}{2\tau_m}\right) \tag{5.18}$$

Abbildung 50 zeigt die Wirkung des Fensters $B_H(f)$, das auf Kosten der Frequenzauflösung – die effektive Fensterbreite verdoppelt sich im Vergleich zu $B_1(f)$ – die Seitenbänder deutlich unterdrückt. Dieses Frequenzfenster hat sich als eine Art Standardfenster für die Fourier-Transformation eingebürgert.

Bei der Schätzung der Spektraldichte mit Hilfe der direkten Fourier-Transformation

$$\hat{S}_{xx}(f) = \frac{2}{T}\int_0^T x(t)\, e^{j\omega t}\, dt \int_0^T x(t')\, e^{-j\omega t'}\, dt' \tag{5.19}$$

tritt im Zeitbereich wieder das Rechteckfenster auf. Durch die quadratische Form von (5.19) entsteht aber im Frequenzbereich ein anderes Fenster statt $B_1(f)$. Gleichung (5.19) läßt sich durch Substitution von $t' - t = \tau$ und durch Bildung des Erwartungswertes überführen in

$$E\left\{\hat{S}_{xx}(f)\right\} = \frac{2}{T}\int_0^T dt \int_{-t}^{T-t} R_{xx}(\tau)\, e^{-j\omega\tau}\, d\tau. \tag{5.20}$$

Durch Einführung des Zeitfensters von $-t \leq \tau \leq T - t$ kann die Fourier-Transformation erfolgen, mithin:

$$E\left\{\hat{S}_{xx}(f)\right\} = \int_{-\infty}^{+\infty} T \left[\frac{\sin \pi (f'-f) T}{\pi (f'-f) T}\right]^2 S_{xx}(f')\, df', \tag{5.21}$$

d. h. das natürliche Fenster der Spektraldichtebestimmung durch direkte Fourier-Transformation ist

$$B_2(f) = T \left[\frac{\sin \pi fT}{\pi fT}\right]^2. \tag{5.22}$$

$B_2(f)$ ist erheblich günstiger als die Spaltfunktion $B_1(f)$. Durch die quadratische Form werden einerseits die Seitenbänder stärker unterdrückt (s. Abb. 50), andererseits gibt es nur positive Werte. Das Hauptband enthält etwa 90 % des integralen Wertes.

Zur weiteren Verbesserung der Fensterfunktion wird auch bei der Spektraldichtebestimmung durch direkte Fourier-Transformation häufig zusätzlich die HANNING-Operation angewendet, und zwar auf die spektrale Amplitudendichte X(f) der Zeitfunktion x(t). Dies bedeutet, daß bei jeder Einzelschätzung im Falle der Kreuzspektraldichte zweimal das HANNING-Fenster angewendet werden muß. Die Unterdrückung der Seitenbänder ist damit praktisch vollkommen. Bei normalen Anforderungen an die Rauschdiagnostik ist auch folgendes einfacheres Verfahren anwendbar [35]: Die Akkumulation der Spektraldichteschätzungen erfolgt ohne zusätzliches Fenster; erst nach Abschluß der Akkumulation wird die Fensteroperation durch einfache Summation von benachbarten Spektraldichtewerten durchgeführt. Abbildung 52 zeigt das durch Summation von acht benachbarten Spektraldichtewerten entstehende Fenster. Die Welligkeit im Übertragungsbereich liegt unter 10 %, der Anteil der Seitenbänder ist < 2 %. Dieses Verfahren beeinträchtigt natürlich die Frequenzauflösung, verringert aber den statistischen Fehler.

Hinsichtlich des statistischen Fehlers gilt Gleichung (5.12) auch für die durch Fourier-Transformation gewonnenen Spektraldichteschätzungen. Interessant ist das Problem der Einzelschätzung mittels der direkten Fourier-Transformation. Für sie gilt [35, 36]

$$E\left\{\left[\hat{S}_{xx}(f) - E\left\{\hat{S}_{xx}(f)\right\}\right]^2\right\} = \left[E\left\{\hat{S}_{xx}(f)\right\}\right]^2 \tag{5.23}$$

d. h., unabhängig von der Meßdauer ist der Erwartungswert des statistischen Fehlers gleich dem Erwartungswert der Meßgröße. Dies bedeutet einerseits, daß eine Einzelschätzung praktisch wertlos ist, und andererseits, daß die Minimalforderung an eine geeignete Meßmethode (5.2) erst durch die Mittelwertbildung über viele statistisch unabhängige Einzelschätzungen nach (5.19) erfüllt wird:

$$E\left\{\left[\hat{\hat{S}}_{xx}(f) - E\left\{\hat{S}_{xx}(f)\right\}\right]^2\right\} = \frac{\left[E\left\{\hat{S}_{xx}(f)\right\}\right]^2}{N}. \tag{5.24}$$

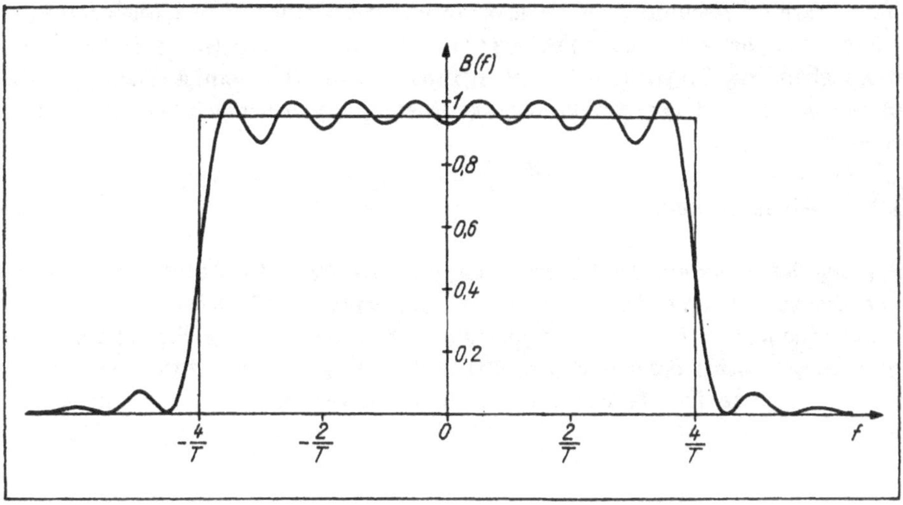

Abb. 52. Frequenzfenster durch einfache Summation von 8 benachbarten Spektraldichtewerten, bestimmt durch direkte Fourier-Transformation

Der Zusammenhang mit dem ersten Summanden in (5.12) wird sichtbar, wenn N durch die Gesamtmeßdauer $T_G = NT$ und die Frequenzauflösung $\Delta f = 1/T$ ausgedrückt wird, d. h. durch $N = \Delta f \cdot T_G$.

5.3.2. Apparative Fehler

Es ist eine Vielzahl von möglichen apparativen Fehlern anzutreffen. Jede einzelne Einheit des Meßsystems kann dazu beitragen. Die Diskussion aller Fehler würde zu weit führen; hier soll nur auf einige vermeidbare Fehler der Signalverarbeitung eingegangen werden.

Die noch vor einigen Jahren immer wieder diskutierte Frage der Vor- und Nachteile von Analog- und Digitaltechnik für die Signalanalyse ist heute durch den Entwicklungsstand der Kleinreichner und Mikroprozessoren entschieden. Die früher vorhandenen Vorzüge der Analogtechnik hinsichtlich Geschwindigkeit und Preis treffen heute nicht mehr zu. Die Analogtechnik wird nur noch für einfache Aufgaben verwendet, für die z. B. die Anwendung des Analogbandfilters ausreicht.

Digitale Recheneinheiten können nur mit diskreten Werten arbeiten. Daher ist es notwendig, das kontinuierliche Signal zunächst in eine Folge von Signalwerten $x(\nu\Delta t)$ zu den diskreten Zeitpunkten $\nu\Delta t$ ($\nu = 0, 1, 2, \ldots$) zu zerlegen. Da jedoch auch im Rechner nur eine endliche Amplitudenauflösung Δx möglich ist, müssen weiterhin die einzelnen Signalwerte $x(\nu\Delta t)$ auf die benachbarten diskreten Amplitudenwerte $\mu\Delta x$ abgerundet werden. Beide Maßnahmen, die Zeit- und die Amplitudendiskretisierung, müssen so erfolgen, daß der Informationsgehalt des Originalsignals x(t) erhalten bleibt. Die richtige Wahl des Abtastintervalls Δt und der Amplitudenquantisierung Δx behandeln die beiden folgenden Abschnitte.

5.3.2.1. Abtasttheorem

Abbildung 53 illustriert die Gefahr einer falschen Wahl der Abtastzeit Δt. Durch die zu langsame Abtastung werden einerseits die höherfrequenten Signalkomponenten nicht erfaßt und andererseits niederfrequente Signalkomponenten vorgetäuscht, die das Signal x(t) nicht enthält. Offensichtlich existiert eine obere Grenze für die Wahl von Δt, die von der Bandbreite des Signals abhängt.

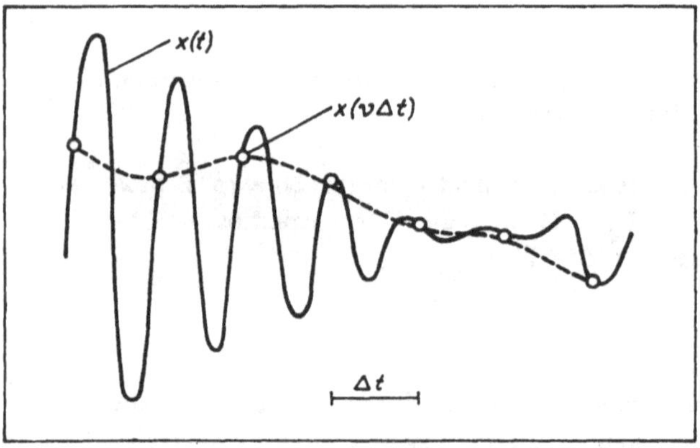

Abb. 53. Signalverfälschung durch eine zu niedrige Tastfrequenz $1/\Delta t$

Um die Signale x(t) und $x(\nu\Delta t)$ bezüglich ihres Informationsgehaltes zu vergleichen, werden die spektralen Amplituden der Signale in einem endlichen Zeitintervall miteinander verglichen. Für das kontinuierliche Signal ergeben sich mit $\Delta f = 1/T$

$$X_l = X(l\Delta f) = \frac{1}{T} \int_0^T x(t)\ e^{-j2\pi lt/T}\ dt \tag{5.25}$$

und

$$x(t) = \sum_{l=-\infty}^{+\infty} X(l\Delta f)\ e^{j2\pi lt/T}. \tag{5.26}$$

Für das diskrete Signal $x(\nu\Delta t)$ folgt mit $N\Delta t = T$ die diskrete Fourier-Transformation (DFT)

$$\hat{X}(k\Delta f) = \frac{1}{N\Delta t} \sum_{\nu=0}^{N-1} x(\nu\Delta t)\, e^{-j2\pi k\nu/N}\, \Delta t. \tag{5.27}$$

Die diskreten Werte $x(\nu\Delta t)$ in (5.27) können mit Hilfe von (5.26) dargestellt werden:

$$\hat{X}(k\Delta f) = \frac{1}{N} \sum_{\nu=0}^{N-1} \sum_{l=-\infty}^{+\infty} X(l\Delta f)\, e^{j2\pi l\nu/N}\, e^{-j2\pi k\nu/N}. \tag{5.28}$$

Die Vertauschung der Summationsfolge liefert

$$\hat{X}(k\Delta f) = \sum_{l=-\infty}^{+\infty} X(l\Delta f)\, \frac{1}{N} \sum_{\nu=0}^{N-1} e^{j2\pi(l-k)\nu/N}. \tag{5.29}$$

Für die endliche Summe gilt offensichtlich

$$\frac{1}{N} \sum_{\nu=0}^{N-1} e^{j2\pi(l-k)\nu/N} = 1 \text{ für } \frac{l-k}{N} = \mu,\ \mu = 0, \pm 1, \pm 2, \ldots$$

$$= 0 \text{ für alle anderen Werte } \frac{l-k}{N}.$$

Dies bedeutet, daß nur die Werte $X(l\Delta f)$ in der ersten Summe von (5.29) erhalten bleiben, für die $l = k + \mu N$ gilt:

$$\hat{X}(k\Delta f) = \sum_{\mu=-\infty}^{\mu=+\infty} X[(k+\mu N)\Delta f]. \tag{5.30}$$

Die Schätzung der spektralen Amplitude aus der Folge der diskreten Werte $x(\nu\Delta t)$ durch DFT enthält demnach die gewünschte spektrale Amplitude $X(k\Delta f)$, aber mit gleichem Gewicht auch die spektralen Amplituden $X(k\Delta f + \mu N\Delta f)$. Abbildung 54 zeigt die Lage aller dieser spektralen Amplituden und deutet auch die Lösung dieses Problems an: Die Abtastfrequenz $f_T = N\Delta f$ ist so zu wählen, daß die spektralen Amplituden oberhalb der halben Abtastfrequenz (sog. *Nyquist-Frequenz)* vernachlässigbar sind. Nur dann gilt

$$\hat{X}(k\Delta f) = X(k\Delta f),$$

d. h. nur dann werden die Informationen in $x(t)$ vollständig und unverfälscht durch das diskrete Signal $x(\nu\Delta t)$ wiedergegeben. Für die praktische Durchführung der Signalanalyse bedeutet das, daß im allgemeinen ein Tiefpaßfilter vor der Abtaststufe eingesetzt wird, dessen Grenzfrequenz unterhalb der Nyquist-Frequenz liegt (etwa einen Faktor 2–3).

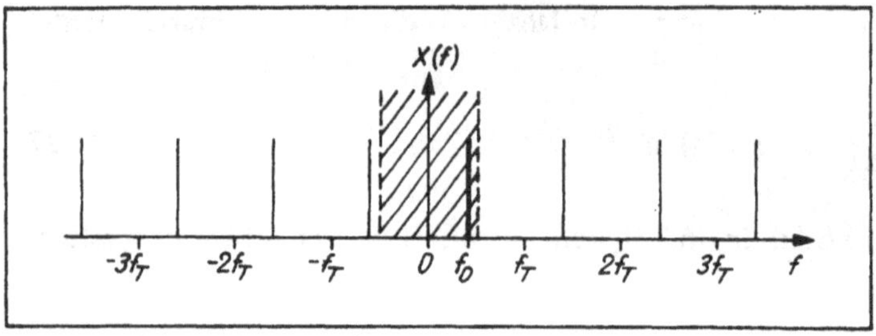

Abb. 54. Lage der spektralen Amplituden X(f) bei der DFT

5.3.2.2. Quantisierungsfehler

In Abbildung 55 ist dargestellt, wie das kontinuierliche Signal x(t) in ein diskretes Signal mit den diskreten Amplitudenwerten $x_\nu = \mu\Delta x$ umgewandelt wird ($-M \leqslant \mu \leqslant +M$). Die Werte $x(\nu\Delta t)$ werden auf den benachbarten diskreten Amplitudenwert abgerundet, d. h.

$$x(\nu\Delta t) \rightarrow x_\nu = \mu\Delta x, \text{ wenn } (\mu - 0.5)\,\Delta x < x(\nu\Delta t) \leqslant (\mu + 0.5)\Delta x.$$

Die diskreten Werte x_ν streuen um das kontinuierliche Signal und erzeugen dadurch ein zusätzliches Rauschsignal am Eingang des Analysators. Für den einzelnen Tastwert $x(\nu\Delta t)$ ist bei hinreichend feiner Amplitudenauflösung (d. h. bei hinreichend großem Wert von M) jede Lage innerhalb des Quantisierungsintervalls gleich wahrscheinlich, d. h. die Wahrscheinlichkeit $p(\epsilon)$ für einen bestimmten Wert des Quantisierungsfehlers $\epsilon = x(\nu\Delta t) - x_\nu$ beträgt $p(\epsilon) = 1/\Delta x$. Der Erwartungswert dieses Fehlers ist damit

$$E\{\epsilon\} = \int_{-0.5\Delta x}^{0.5\Delta x} \epsilon \frac{1}{\Delta x}\, d\epsilon = 0,$$

die Streuung beträgt

$$\sigma^2 = E\{\epsilon^2\} = \int_{-0.5\Delta x}^{0.5\Delta x} \epsilon^2 \frac{1}{\Delta x}\, d\epsilon = \frac{(\Delta x)^2}{12}. \qquad (5.31)$$

Unter der Voraussetzung, daß die Fehler der einzelnen Abtastungen voneinander statistisch unabhängig sind, lassen sich für das diskrete Signal unmittelbar die Autokorrelationsfunktion des Fehlersignals ϵ

$$R_{\epsilon\epsilon}(\nu\Delta t) = \sigma^2_{\epsilon\epsilon}\,\delta(\nu) \qquad \text{mit } \nu = 0, 1, 2, \ldots \qquad (5.32)$$

und die Autospektraldichte

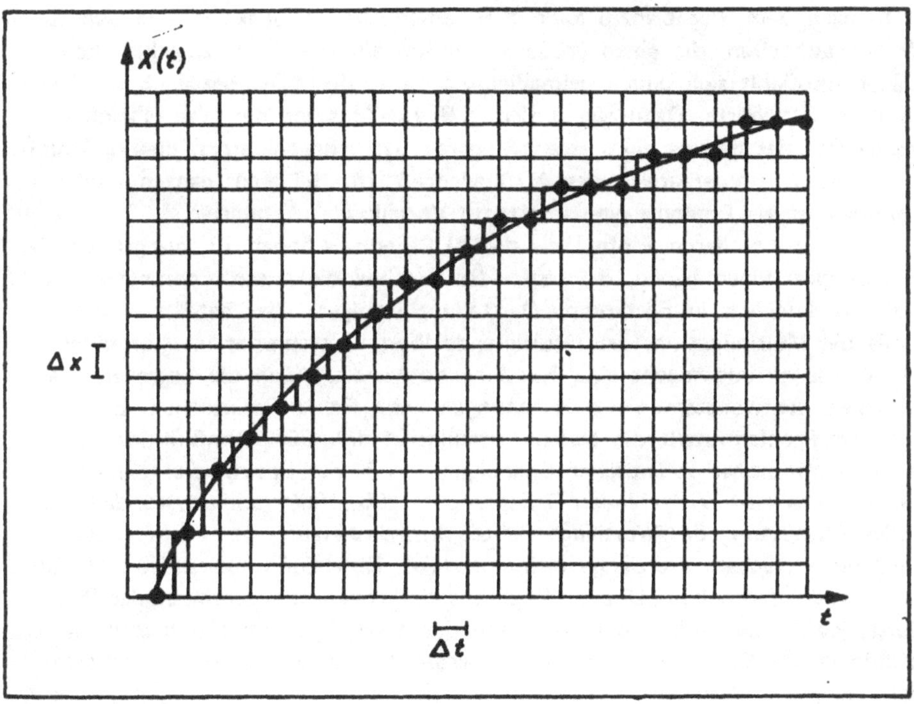

Abb. 55. Zerlegung des kontinuierlichen Signals x(t) in eine Folge diskreter Werte $x_\nu = \mu\Delta x$

$$S_{\epsilon\epsilon}(\mu\Delta f) = 2\sigma^2_{\epsilon\epsilon} \qquad \text{mit } \mu = 0, 1, 2, \ldots \tag{5.33}$$

angegeben.

Dieses weiße Rauschsignal tritt als zusätzliches Rauschsignal am Eingang des Analysators auf. Sein Einfluß auf die Wiedergabe des Signals x(t) besteht nur in einer Erhöhung des Untergrundrauschens, ist also erheblich unkritischer als der systematische Fehler, der durch falsche Wahl des Abtastintervalls Δt entstehen kann. Bei einem üblichen 11 bit-ADC ($M = 2^{11} = 2048$) hat das Verhältnis Effektivwert des Quantisierungsrauschens zum Gesamtamplitudenbereich einen Wert von

$$\frac{\sqrt{\frac{1}{12}}\,\Delta x}{2048\,\Delta x} \approx 1.4\;10^{-4}, \tag{5.34}$$

liegt also innerhalb der Genauigkeit des ADC und kann vernachlässigt werden.

Solche Betrachtungen setzen natürlich voraus, daß die Amplitudenintervalle Δx konstant sind, eine Voraussetzung, die aber nicht immer erfüllt ist. Ein

ADC nach dem Wägeprinzip kann z. B. erhebliche Schwankungen in den Δx-Werten aufweisen, die einen größeren Einfluß auf das Analyseergebnis haben. Daher empfiehlt sich eine regelmäßige Kontrolle des ADC bezüglich der Konstanz der Δx-Werte. Dazu eignet sich z. B. die Messung der Wahrscheinlichkeitsdichte des Signals eines streng linearen Sägezahngenerators, dessen Amplitude dem Aussteuerbereich des ADC angepaßt ist. Bei einer ganzen Zahl von Perioden ist als Ergebnis eine konstante Verteilung zu erwarten.

Erheblich größeren Einfluß als die ADC-Fehler können Rundungsfehler der Rechenoperationen haben, da wegen der Geschwindigkeitsanforderungen diese fast ausschließlich in Festkomma-Darstellung erfolgen. Dies betrifft in erster Linie die Multiplikation; der resultierende Wert überschreitet im Normalfall die Wortlänge und macht eine Rundung notwendig. Auch die begrenzte Genauigkeit der Konstanten der Rechnungen kann Fehler verursachen. Ein besonderes Problem stellt die Datenakkumulation dar. Für Kennfunktionsbestimmungen mit hoher statistischer Genauigkeit, z. B. der Spektraldichte nach (3.19), wird eine Vielzahl von Schätzungen (100–1000) addiert, so daß bei voller Ausnutzung der Wortlänge für die Einzelschätzung der Akkumulationswert die verfügbare Wortlänge weit übersteigt. Ein häufig verwendetes Verfahren besteht darin, bei „Überlauf", d. h. beim ersten Überschreiten der Wortlänge, jeweils den Inhalt des Akkumulators durch 2 zu dividieren und die nachfolgenden Schätzungen mit dem Faktor 0.5 zu wichten. Es ergibt sich dann folgender Ablauf:

bis 1. Überlauf: $\sum_{\nu=0}^{n_1-1} S_\nu(f)$

bis 2. Überlauf: $\sum_{\nu=n_1}^{n_2-1} \frac{S_\nu(f)}{2} + \frac{1}{2} \sum_{\nu=0}^{n_1-1} S_\nu(f)$

bis 3. Überlauf: $\sum_{\nu=n_2}^{n_3-1} \frac{S_\nu(f)}{4} + \frac{1}{2} \sum_{\nu=n_1}^{n_2-1} \frac{S_\nu(f)}{2} + \frac{1}{2} \sum_{\nu=0}^{n_1-1} S_\nu(f)$

usw.

Während bei der ersten Summationsgruppe die volle Wortlänge des Rechners ausgenutzt wird, ist bei der zweiten Gruppe nur noch die halbe Wortlänge wirksam, bei der dritten sogar nur noch ein Viertel. Dies bedeutet, daß die Genauigkeit der Akkumulationsgruppen mit zunehmender Anzahl von Überläufen abnimmt.

Am Beispiel von zwei harmonischen Signalen mit unterschiedlichen Frequenzen f_1 und f_2 und einem Amplitudenverhältnis von 10 : 1 wird dieser Fehler in Abbildung 56 demonstriert [59]. Das Verhältnis der Spektraldichten $S_{xx}(f_1)/S_{xx}(f_2)$, das 100 betragen muß, ist in Abhängigkeit von der Anzahl

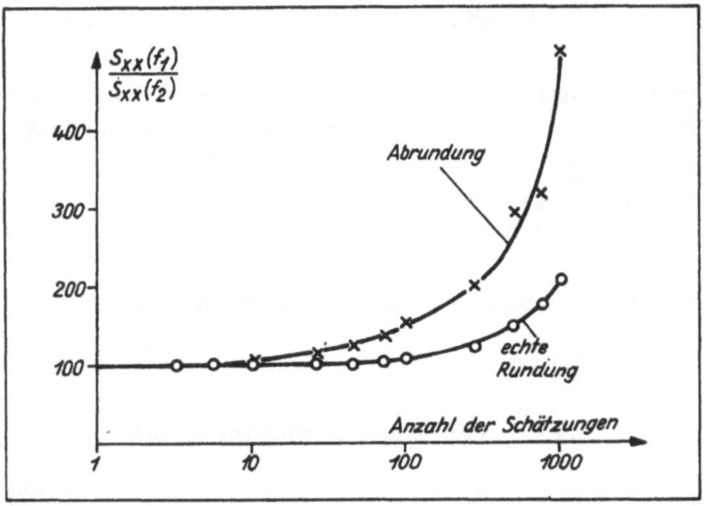

Abb. 56. Rundungsfehler bei der Akkumulation [59]

der akkumulierten Schätzungen aufgetragen. Bei höheren Akkumulationswerten ist deutlich eine systematische Abweichung von dem zu erwartenden Wert zu erkennen. Besonders drastisch ist die Abweichung der oberen Kurve, bei der keine echte Rundung erfolgte, sondern nur ein Abschneiden des letzten bit des Wortes. Dadurch verschwinden die Beiträge des Signals mit der kleineren Amplitude ab einem bestimmten Akkumulationsgrad. Es empfiehlt sich, derartige Tests mit einem diesbezüglich unbekannten Analysator durchzuführen, ehe Messungen mit hoher statistischer Genauigkeit versucht werden.

Das Problem der Akkumulation läßt sich auf vielfältige andere Weise lösen, z. B. durch Verwendung eines Doppelwortes, jedoch meist mit einem höheren Zeitaufwand.

5.3.3. Einige ausgewählte Algorithmen für die Kennfunktionsermittlung

5.3.3.1. Exponentiell abklingendes Gedächtnis

Die Problematik der Datenakkumulation war erwähnt worden. Die Möglichkeit, durch längere Meßdauern eine höhere statistische Genauigkeit zu erzielen, ist aber nur für hinreichend stationäre Prozesse gegeben. Im anderen Falle sind längere Meßdauern wenig sinnvoll; an Stelle der üblichen Akkumulation wird mit Vorteil das „exponentiell abklingende Gedächtnis" verwendet, das vorrangig für die Schätzung der Kennfunktion den aktuellen Signalzustand berücksichtigt, ältere Zustände tragen nur mit einem exponentiell abklingenden Gewichtsfaktor bei. Das Verfahren entspricht einer Tiefpaßfilterung:

$$\overline{\psi}(t) = \frac{1}{T} \int_{-\infty}^{t} \psi(t') \, e^{-(t-t')/T} \, dt'. \tag{5.35}$$

Da die Kennfunktionen $\psi(t)$ diskrete Einzelschätzungen darstellen, kann dieses Verfahren nur in diskreter Form angewendet werden. Entsprechend Gleichung (5.35) gilt

$$\overline{\psi}(t) = (1-a) \sum_{\nu=0}^{\infty} \hat{\psi}(t-\nu T_M) \, a^{\nu}, \tag{5.36}$$

wobei T_M der Zeitabstand aufeinanderfolgender Einzelschätzungen ist und

$$a = e^{-T_M/T}.$$

Gleichung (5.36) kann auch in Rekursivform geschrieben werden:

$$\overline{\psi}(t) = (1-a) \, \hat{\psi}(t) + a\overline{\psi}(t-T_M). \tag{5.37}$$

Die praktische Durchführung des Verfahrens wirft wieder die Problematik der Rundungsfehler auf. (1–a) ist für größere Zeitkonstanten $\ll 1$; daher wird, wenn es die Wortlänge des Rechners zuläßt, besser die Größe

$$\overline{\psi}_1(t) = \frac{1}{1-a} \, \overline{\psi}(t) = \hat{\psi}(t) + a\overline{\psi}_1(t-T_M) \tag{5.38}$$

verwendet. Durch Wahl von $a = 1 - 2^{-n}$ kann der Algorithmus beschleunigt werden, indem die Multiplikation mit a durch eine n-malige Rechtsverschiebung des binären Wortes im Rechner und durch eine Subtraktion ersetzt wird. Der Zusammenhang mit der Zeitkonstanten T des äquivalenten Tiefpasses (5.35) vereinfacht sich dann zu

$$T \approx 2^n \, T_M. \tag{5.39}$$

Die Wahl der Zeitkonstanten T hängt vom Grad der Instationarität des Signals ab. Sie stellt einen Kompromiß zwischen der statistischen Genauigkeit des Resultats und der getreuen Wiedergabe der instationären Änderungen dar. Da das Zeitverhalten der Instationarität meist nicht bekannt ist, erfordert die richtige Einstellung von T einige Erfahrung.

5.3.3.2. Korrelationsfunktion

Wegen der großen Vorteile der Spektraldichtebestimmung mittels schneller Fourier-Transformation (s. 5.3.3.3.) wird die Korrelationsfunktion häufig auf dem Umweg über die Spektraldichte berechnet, wenn sich für die Interpretation des Rauschsignales ein Vorteil in der zusätzlichen Darstellung im Zeitbereich andeutet. Die direkte Bestimmung der Korrelationsfunktion wird nur noch in wenigen Fällen angewendet, z. B. dann, wenn eine kontinuierliche Kennfunktionsermittlung notwendig ist.

Die Schätzung der Korrelationsfunktion $R_{xy}(\tau)$ nach Gleichung (5.6) wird bei einem digitalen Verfahren gemäß folgender Beziehung vorgenommen:

$$\hat{R}_{xy}(\mu\Delta t) = \frac{1}{N-M} \sum_{\nu=M}^{N} x[(\nu-\mu)\Delta t]y(\nu\Delta t) \qquad \text{für } \mu = -M, -M+1, \ldots +M \quad (5.40)$$

mit $M\Delta t$, der maximalen Korrelationszeit τ_m, und Δt, dem Zeitintervall zwischen zwei aufeinander folgenden Abtastungen.

Am einfachsten ist die off-line Berechnung von (5.40), d. h. die Abtastwerte $x(\nu\Delta t)$ und $y(\nu\Delta t)$ in einem Meßzyklus im Rechner zu speichern und in einem nachfolgenden Rechenzyklus $R_{xy}(\mu\Delta t)$ zu berechnen. Nachteilig sind insbesondere der Zeitaufwand, da die Pausen zwischen je zwei Abtastungen ungenutzt bleiben, und der hohe Speicherbedarf. Daher wird nach Möglichkeit die on-line Berechnung angewendet.

Zur vollständigen Berechnung nach Gleichung (5.40) ist in einem on-line Verfahren nach jeder Tastung von $x(\nu\Delta t)$, $y(\nu\Delta t)$ eine beträchtliche Anzahl von Operationen auszuführen, von denen insbesondere die 2M+1 Multiplikationen sehr zeitaufwendig sind. Aber auch die notwendigen Adressenrechnungen und Speicheroperationen sind nicht vernachlässigbar. Insgesamt beträgt der Zeitaufwand bei heute üblichen Rechnern für einen τ-Schritt etwa $t_R = 50\ \mu s$, d. h. die minimale Tastzeit $\Delta t_{min} = (2M+1) \cdot t_R$ für $R_{xy}(\tau)$ bzw. $= (M+1) \cdot t_R$ für $R_{xx}(\tau)$. Mit M = 100 ergeben sich minimale Tastzeiten von ≈ 10 bzw. ≈ 5 ms.

Eine Verkürzung der Tastzeiten ist dadurch möglich, daß nicht alle 2M+1 bzw. M+1 Operationen in der Pause zwischen zwei Abtastungen ausgeführt werden. In Abbildung 57 ist diese Möglichkeit am Beispiel der Berechnung der Autokorrelationsfunktion für M = 3 illustriert. Abbildung 57a stellt die Situation für die vollständige Berechnung dar, d. h. 4 τ-Schritt-Berechnungen sind zwischen je zwei Abtastungen durchzuführen. Abbildung 57b zeigt die Verringerung der Abtastzeit auf die Hälfte, indem abwechselnd nur die ersten 2 τ-Schritte oder die letzten zwei zwischen den einzelnen Abtastungen berechnet werden. Im Extremfall wird nur noch ein τ-Schritt berechnet (Abbildung 57c), wodurch sich als minimale Tastzeit – unabhängig davon, ob für $R_{xy}(\tau)$ oder $R_{xx}(\tau)$ – $\Delta t_{min} \approx 50\ \mu s$ ergibt.

Eine weitere Reduzierung der effektiven Tastzeit ist durch Wahl unterschiedlicher Tastzeiten Δt_1 und Δt_2 für x möglich. In Abbildung 57d ist das Prinzip dieser Methode gezeigt. Die Tastimpulse sind streng synchronisiert; sie stammen aus dem gleichen Impulsgenerator mit einer Grundfrequenz f_o. Durch

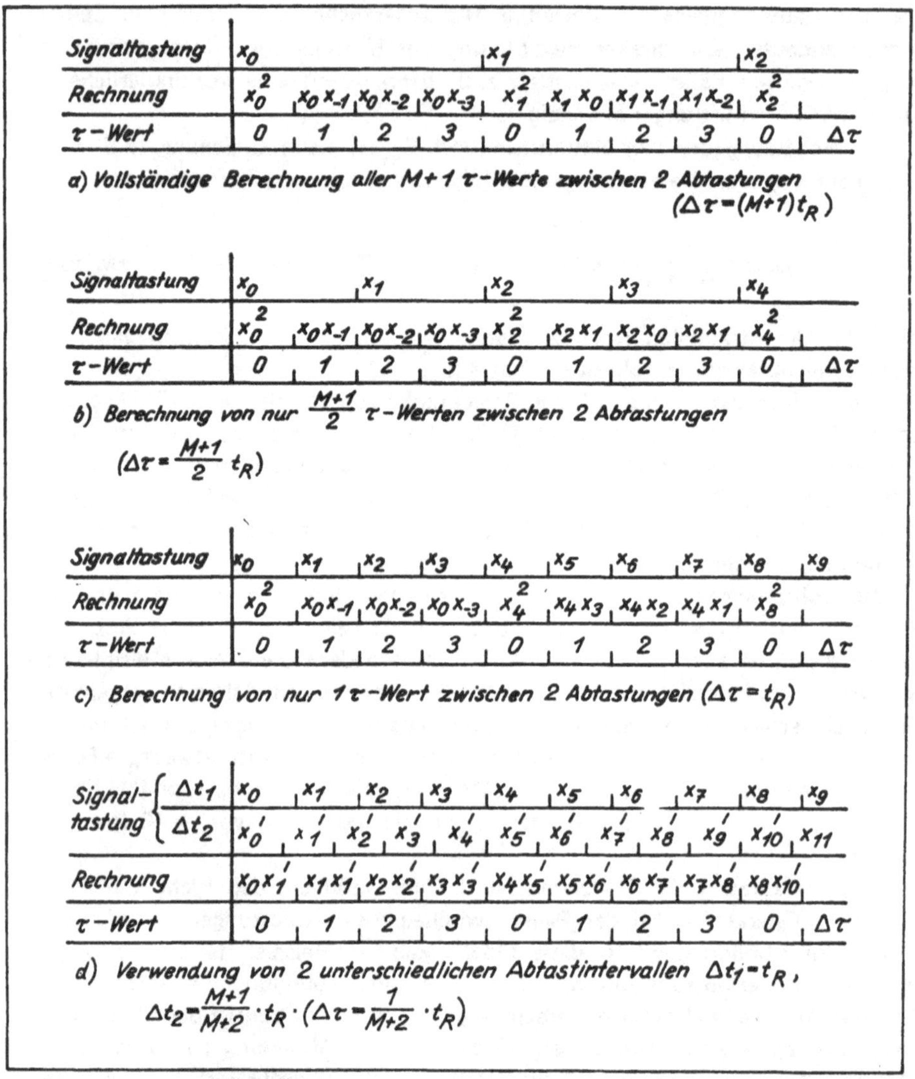

Abb. 57. Schematische Darstellung der Zeitabläufe bei den verschiedenen Verfahren zur Berechnung der Autokorrelationsfunktion (t_R Rechendauer für einen τ-Schritt, M = 3)

unterschiedliche Untersetzung von M+2 bzw. M+1 werden unterschiedliche Abtastfrequenzen $f_1 = f_o/(M+2)$ und $f_2 = f_o/(M+1)$ bzw. die Abtastzeiten $\Delta t_1 = (M+2)/f_o$ und $\Delta t_2 = (M+1)/f_o$ erzeugt. Durch Ausnutzung der Zeitdifferenz zwischen benachbarten Tastwerten kann eine effektive Abtastzeit von $\Delta t_{eff} = \Delta t_1 - \Delta t_2 = 1/f_o$

erreicht werden. Bei einer Rechenzeit pro τ-Schritt von t_R, die dem langsameren Tastintervall entspricht, d. h. bei $t_R = (M+2)/f_o$ wird $\Delta t_{eff} = t_R/(M+2)$. Die Realisierung dieser Methode ist nicht einfach. Die unterschiedlichen Tastzeiten erfordern einen echten zweikanaligen ADC mit unabhängigen Zwischenspeichern und eine Synchronisation des Rechenprogramms mit dem Impulsgenerator. Auf einem normalen Kleinrechner ist diese Methode kaum anwendbar, sie eignet sich aber gut für hardware-Korrelatoren.

Jede Verkürzung der Tastzeiten durch Auslassen von τ-Schritt-Berechnungen ist natürlich mit einer Verringerung der statistischen Genauigkeit verbunden. Die Beziehung (5.8) gilt nur für die vollständige Berechnung. Bei einer Verkürzung der Tastzeit um einen Faktor K verändert sich der Ausdruck (5.8):

$$\epsilon^2(\tau) \approx \frac{K}{2BT}\left[R^2_{xx}(0) + R^2_{xx}(\tau)\right] \tag{5.41}$$

5.3.3.3. Schnelle Fourier-Transformation

Noch Anfang der 60er Jahre wurde bei Vergleichen zwischen der Berechnung der Spektraldichte aus der Korrelationsfunktion und durch direkte Fourier-Transformation festgestellt [60], daß der Rechenaufwand praktisch gleich ist, daß es im wesentlichen eine Frage des persönlichen Geschmacks ist, welche Methode bevorzugt wird. Diese Situation hat sich nach der Veröffentlichung des Algorithmus der schnellen Fourier-Transformation [61] völlig verändert. Dieser speziell auf den Digitalrechner zugeschnittene FFT-(Fast Fourier Transform) Algorithmus gestattet eine beträchtliche Reduzierung des Rechenzeitaufwandes für die Fourier-Transformation, so daß heute die durch direkte Fourier-Transformation bestimmte Spektraldichte die am häufigsten verwendete Kennfunktion ist.

Die grundlegende mathematische Operation zur direkten Spektraldichtebestimmung auf einem Digitalrechner ist die Schätzung der spektralen Amplituden X(f) des Zeitsignals x(t) mit Hilfe der diskreten Fourier-Transformation (DFT), die schon bei der Behandlung des Abtasttheorems (5.3.2.1.) eingeführt wurde:

$$\hat{X}(k\Delta f) = \frac{1}{N}\sum_{\nu=0}^{N-1} x(\nu\Delta t)\; e^{-j2\pi k\nu/N} \qquad \text{für } k = 0, 1, \ldots N-1. \tag{5.42}$$

Die DFT nach Gleichung (5.42) benötigt für jeden Frequenzpunkt N komplexe Multiplikationen und Additionen; für alle N Frequenzpunkte einer Schätzung ergeben sich damit N^2 komplexe Multiplikationen und Additionen.

Die FFT nutzt die Periodizitätseigenschaften der Exponentialfunktion in (5.42) aus. Die grundlegende Operation ist die Zurückführung der DFT einer Folge von N Zahlen (N geradzahlig) auf die DFT von 2 Folgen von je N/2 Zahlen [9], die unmittelbar verständlich ist:

$$\sum_{\nu=0}^{N-1} x(\nu\Delta t)\ e^{-j2\pi k\nu/N} = \sum_{\nu=0}^{N/2-1} x(2\nu\Delta t)\ e^{-j4\pi k\nu/N} \tag{5.43}$$

$$+ e^{-j2\pi k/n} \sum_{\nu=0}^{N/2-1} x[(2\nu+1)\,\Delta t]\ e^{-j4\pi k\nu/N}.$$

Werden für diese beiden Summen folgende Abkürzungen eingeführt

$S(k)$ für die Gesamtsumme,

$S_1(k)$ für die Summe der geradzahligen Glieder,

$S_2(k)$ für die Summe der ungeradzahligen Glieder,

so läßt sich (5.43) vereinfachend schreiben:

$$S(k) = S_1(k) + e^{-j2\pi k/N}\ S_2(k). \tag{5.44}$$

Auf Grund der Periodizität der Exponentialfunktion gelten offensichtlich

$$S_1(k+N/2) = S_1(k)$$

$$S_2(k+N/2) = S_2(k)$$

$$e^{-j2\pi(k+N/2)/N} = -\ e^{-j2\pi k/N},$$

d. h. auch

$$S(k+N/2) = S_1(k) - e^{-j2\pi k/N}\ S_2(k). \tag{5.45}$$

Damit wird die Berechnung eines Frequenzpunktes von S durch eine komplexe Multiplikation und Addition ermöglicht. Für alle N Frequenzpunkte werden N Operationen dieser Art benötigt.

Völlig analog lassen sich nun auch die Teilsummen S_1 und S_2 durch Trennung in Teilfolgen mit geradzahligen und ungeradzahligen Gliedern weiter zerlegen, wenn auch N/2 geradzahlig ist:

$$S_1(k) \quad = S_{11}(k) + e^{-j4\pi k/N}\ S_{12}(k)$$

$$S_1(k+N/4) = S_{11}(k) - e^{-j4\pi k/N}\ S_{12}(k)$$

und entsprechend

$$S_2(k) \quad = S_{21}(k) + e^{-j4\pi k/N}\ S_{22}(k)$$

$$S_2(k+N/4) = S_{21}(k) - e^{-j4\pi k/N}\ S_{22}(k).$$

Die Berechnung eines Frequenzpunktes von $S_1(k)$ und $S_2(k)$ ist damit wieder auf je eine komplexe Multiplikation und Addition zurückgeführt; für alle N/2.

Frequenzpunkte sind für beide Summen 2 N/2 = N komplexe Multiplikationen und Additionen notwendig.

Entsprechend kann, wenn $N = 2^n$ gewählt wurde, dieses Verfahren immer weiter geführt werden, bis schließlich die einzelnen Zahlenfolgen nur noch aus zwei Zahlen bestehen. Dies passiert beim n-ten Schritt dieser Art. Jeder Schritt benötigt die gleiche Anzahl von N Operationen, so daß sich der Gesamtaufwand für dieses Verfahren zu $Nn = N \log_2 N$ komplexe Multiplikationen und Additionen ergibt.

Die praktische FFT verläuft natürlich in umgekehrter Reihenfolge. Sie beginnt mit den geeignet geordneten Zahlenpaaren, aus denen die ersten N/2 Teilsummen berechnet werden. Am Beispiel einer Zahlenfolge von 8 Gliedern sei dies demonstriert:

$k = 0$: $x_0 \quad x_4 \quad x_2 \quad x_6 \quad x_1 \quad x_5 \quad x_3 \quad x_7$

$0 \leqslant k \leqslant 1$: $S_{11}(k) \quad S_{12}(k) \quad S_{21}(k) \quad S_{22}(k)$

$0 \leqslant k \leqslant 3$: $S_1(k) \quad S_2(k)$

$0 \leqslant k \leqslant 7$: $S(k)$

Dabei bedeuten

$$S_{11}(0) = x_0 + x_4 \qquad S_{12}(0) = x_2 + x_6$$

$$S_{11}(1) = x_0 - x_4 \qquad S_{12}(1) = x_2 - x_6$$

entsprechend $S_{21}(k)$ und $S_{22}(k)$

$$S_1(0) = S_{11}(0) + S_{12}(0)$$

$$S_1(1) = S_{11}(1) + e^{-j\pi/2} S_{12}(1)$$

$$S_1(2) = S_{11}(0) - S_{12}(0)$$

$$S_1(3) = S_{11}(1) - e^{-j\pi/2} S_{12}(1)$$

entsprechend $S_2(k)$

$$S(0) = S_1(0) + S_2(0) \qquad S(4) = S_1(0) - S_2(0)$$

$$S(1) = S_1(1) + e^{-j\pi/4} S_2(1) \qquad S(5) = S_1(1) - e^{-j\pi/4} S_2(1)$$

$$S(2) = S_1(2) + e^{-j\pi/2} S_2(2) \qquad S(6) = S_1(2) - e^{-j\pi/2} S_2(2)$$

$$S(3) = S_1(3) + e^{-j3\pi/4} S_2(3) \qquad S(7) = S_1(3) - e^{-j3\pi/4} S_2(3)$$

Das Beispiel zeigt auch, daß durch geschickte Wahl des Rechenprogramms auch ein Teil der komplexen Multiplikationen umgangen werden kann. Diese Möglichkeiten bestehen aber auch bei der normalen DFT, so daß für einen Vergleich des Rechenaufwandes nur die schon genannten Werte von N^2 (DFT) und $N \log_2 N$ (FFT) Operationen verwendet werden können. Bei üblichen Feldlängen für die Fourier-Transformation von N = 1024 reduziert sich die Rechenzeit bei Anwendung der FFT um einen Faktor 100. Damit kann bei normalen Kleinrechnern eine Transformationszeit von ≈ 1 s für diese Feldlänge erreicht werden. Hardware-FFT-Prozessoren verkürzen diese Transformationszeit noch um weitere 2 Größenordnungen.

5.3.3.4. ZOOM-Verfahren (Frequenzlupe)

Das normale Verfahren der Spektraldichtebestimmung durch direkte Fourier-Transformation von endlichen Zeitabschnitten $0 \leqslant t \leqslant T$ des Signals nach Gleichung (3.19) liefert die Spektraldichtewerte mit einer Frequenzauflösung von $\Delta f = 1/T$. Mit der DFT bzw. FFT ergibt sich eine Abhängigkeit der Frequenzauflösung von der durch das Tasttheorem vorgegebenen Tastfrequenz $f_T = 1/\Delta t$ und von der Feldgröße $N = T/\Delta t$

$$\Delta f = \frac{f_T}{N}. \tag{5.46}$$

Da die Feldgrößen begrenzt sind, sie liegen im Normalfall bei 4k (4096) oder 8k (8192), existiert eine untere Grenze für Δf. Nicht selten interessiert aber eine noch feinere Frequenzauflösung, und zwar in einem relativ schmalen Frequenzbereich $f_1 < f < f_2$, wie z. B. die Feinstruktur einer Resonanz. Diese feinere Auflösung kann mit Hilfe des ZOOM-Verfahrens erzielt werden, indem der interessierende Frequenzbereich durch eine Frequenzverschiebung $f' = f - f_o$ in einen niedrigeren Frequenzbereich transformiert wird. Dort kann die Spektraldichtebestimmung mit der feineren Frequenzauflösung von

$$f_Z = \frac{2\,(f_2 - f_o)}{N} \tag{5.47}$$

ausgeführt werden. Je kleiner der ausgeblendete Frequenzbereich gewählt wird, umso höher ist die Frequenzauflösung.

Zur Erläuterung des ZOOM-Verfahrens wird das Signal x(t) als Fourier-Reihe in einem Zeitabschnitt T_o dargestellt, der wesentlich größer als die Meßdauer T für die Spektraldichtebestimmung ist, um eine sehr feine Frequenzauflösung der Darstellung zu erreichen. Der Übersichtlichkeit wegen wird die Beschreibung als cos-Reihe verwendet, die durch Einführung von $X_\nu = |X_\nu| e^{-j\Theta_\nu}$ unter Berücksichtigung von $X_{-\nu} = X_\nu^*$ unmittelbar aus Gleichung (3.2) folgt:

$$x(t) = \sum_{\nu=1}^{\infty} 2\,|X_\nu| \cos\left(\frac{2\pi}{T_o}\nu t - \Theta_\nu\right)$$

oder mit den Bezeichnungen $f_\nu = \frac{\nu}{T_o}$ und $\omega_\nu = 2\pi f_\nu$

$$x(t) = \sum_{\nu=1}^{\infty} 2\,|X_\nu| \cos(\omega_\nu t - \Theta_\nu). \tag{5.48}$$

Zunächst wird das Signal x(t) einer Hochpaßfilterung unterworfen, wodurch nach Möglichkeit alle Frequenzanteile unterhalb des interessierenden Frequenzbereiches, d. h. unterhalb von f_1, unterdrückt, aber oberhalb nicht beeinflußt werden sollen. Da der Hochpaß aber nur eine endliche Flankensteilheit haben kann, bedeutet dies, daß erst unterhalb einer Frequenz $f_o < f_1$ die Frequentanteile vernachlässigbar sind. Der Abstand zwischen f_o und f_1 ist von der Güte des Hochpasses abhängig. Das Ausgangssignal des Hochpasses $x_1(t)$ läßt sich nun darstellen als (Abbildung 58b)

$$x_1(t) = 2 \sum_{\nu=n_o}^{\infty} |X_\nu| \cos(\omega_\nu t - \Theta_\nu) \tag{5.49}$$

mit $f_o = n_o/T_o$. Dabei ist zu berücksichtigen, daß die Glieder der Summe zwischen n_o und n_1-1 durch den Hochpaß verfälscht sind.

Im nächsten Schritt wird $x_1(t)$ mit der harmonischen Funktion $\cos\omega_o t$ multipliziert:

$$x_2(t) = 2\,x_1(t) \cos\omega_o t$$

$$= 2 \sum_{\nu=n_o}^{\infty} |X_\nu| \quad \cos[(\omega_\nu - \omega_o)t - \Theta_\nu] + \cos[(\omega_\nu + \omega_o)t - \Theta_\nu]$$

Durch Einführung von $\mu = \nu - n_o$ wird

$$x_2(t) = \underbrace{2 \sum_{\mu=0}^{\infty} |X_{n_o+\mu}| \cos[\omega_\mu t - \Theta_{n_o+\mu}]}_{\text{unteres Band}} + \underbrace{2 \sum_{\mu=2n_o}^{\infty} |X_{\mu-n_o}| \cos[\omega_\mu t - \Theta_{\mu-n_o}]}_{\text{oberes Band}}. \tag{5.50}$$

Dabei erfolgt eine Aufspaltung in zwei Frequenzbänder (Abbildung 58c), ein Band unmittelbar oberhalb von f = 0 und das andere oberhalb von $f = 2f_o$. Das untere Band gibt den interessierenden Frequenzbereich von x(t) zwischen $f_1 - f_o$ und $f_2 - f_o$ unverfälscht wieder. Im oberen Band ist er zwischen $f_1 + f_o$ und $f_2 + f_o$ zu finden, kann aber durch höhere Frequenzanteile des unteren Bandes verfälscht sein.

Als nächster Schritt erfolgt eine Tiefpaßfilterung von $x_2(t)$, welche die Frequenzanteile oberhalb von $f_2 - f_o$ unterdrücken soll. Da die Komponenten unterhalb von $f_2 - f_o$ unbeeinflußt bleiben sollen, kann der Tiefpaß erst ober-

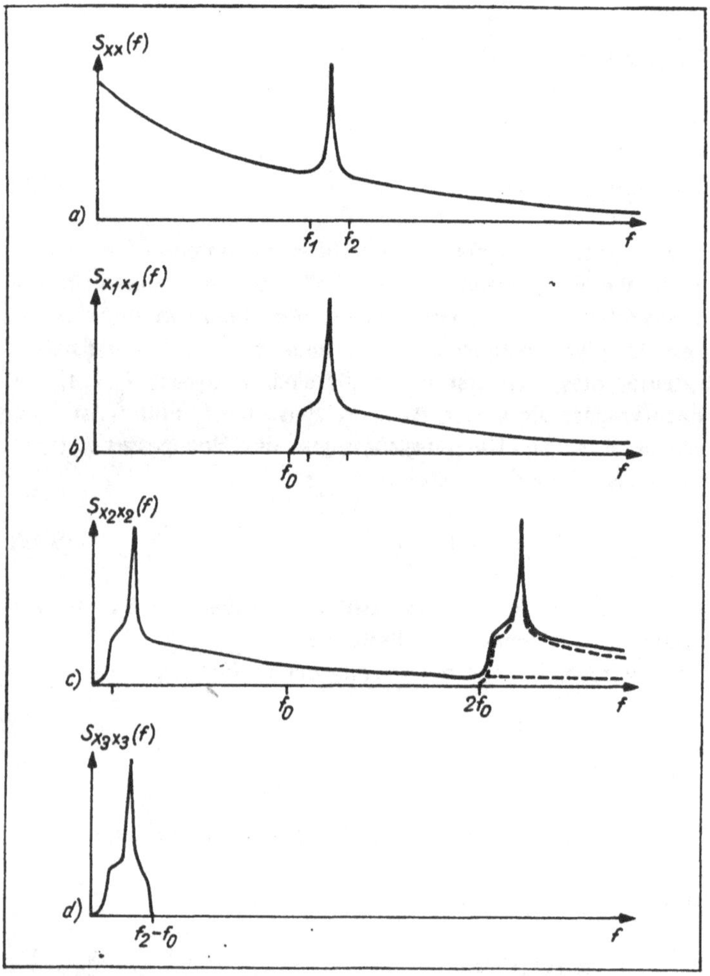

Abb. 58. Zur Erläuterung des ZOOM-Verfahrens

halb einer Frequenz $f_3 > f_2 - f_0$ das Signal hinreichend unterdrücken. Das Ausgangssignal $x_3(t)$ des Tiefpaßfilters (Abbildung 58d) ist dann

$$x_3(t) = 2 \sum_{\mu=0}^{n_3} |X_{n_0+\mu}| \cos[\omega_\mu t - \Theta_{n_0+\mu}], \tag{5.51}$$

das für die Spektraldichtebestimmung nun mit einer Frequenz $\geqslant 2f_3$ abgetastet werden kann. Dies bedeutet, daß entsprechend (5.47) die Autospektraldichte $S_{x_3x_3}(f)$ bei gleicher Feldgröße N eine entsprechend feinere Frequenzauflösung besitzt. Der Zusammenhang mit der Autospektraldichte $S_{xx}(f)$ des ursprünglichen Signals x(t) ist dann

$$S_{xx}(f) = S_{x_3x_3}(f - f_o) \qquad \text{für } f_1 \leqslant f \leqslant f_2. \tag{5.52}$$

Für die praktische Durchführung des ZOOM-Verfahrens kommen grundsätzlich analoge und digitale Verfahren in Frage. Die Vorteile des digitalen Verfahrens hinsichtlich Genauigkeit und bequemer, sicherer Handhabung sind so beträchtlich, daß analoge Verfahren heute kaum noch in Betracht kommen. Schwierigkeiten bereitet die digitale Hochpaßfilterung, so daß teilweise noch hybride Verfahren verwendet werden [z. B. 62].

Abbildung 59 zeigt ein Demonstrationsbeispiel [62], in dem zwei harmonische Signale von ≈ 215 Hz überlagert wurden, deren Frequenzabstand < 1 Hz war. In Abbildung 59a ist das Ergebnis des normalen Verfahrens bei einer Tastfrequenz von 1.2 kHz und einer Feldgröße von 4k zu sehen. Die Frequenzauflösung beträgt 0.29 Hz. Abbildung 59b enthält das Ergebnis des ZOOM-Verfahrens, bei dem eine Tastfrequenz von 30 Hz verwendet werden konnte, wodurch bei gleicher Feldgröße eine 40fache Verfeinerung der Frequenzauflösung auf 0.0073 Hz und damit eine deutliche Trennung der beiden Signale erreicht wurde. Zur Beurteilung der Frequenzauflösung ist die logarithmische Skala für $S_{xx}(f)$ zu beachten.

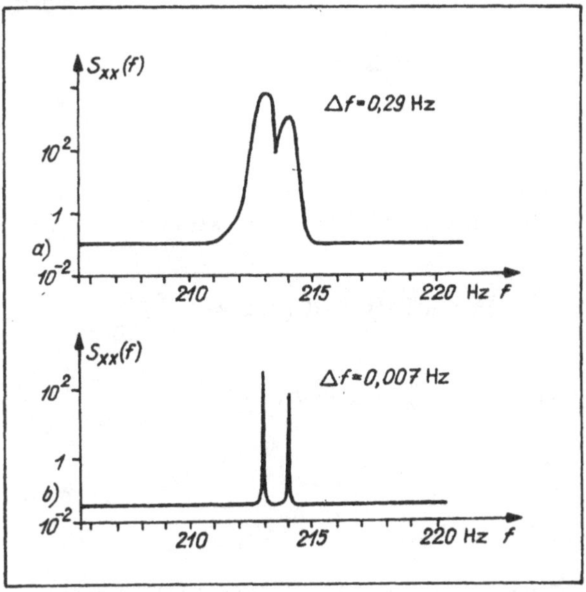

Abb. 59. Frequenzauflösung von zwei benachbarten harmonischen Signalen bei normaler Spektraldichte-Schätzung und bei Anwendung des ZOOM-Verfahrens [62]

5.3.3.5. Digitalfilter

Die digitale Filtertechnik ist heute weit entwickelt; hier kann nur ein Eindruck von der Funktionsweise und der Anwendbarkeit gegeben werden. Im Vergleich zur Analogfiltertechnik sind zwei entscheidende Vorteile hervorzuheben, die absolute Konstanz der Filterparameter, die z. B. eine exakte Korrektur der Filtercharakteristik gestattet, und die Unabhängigkeit vom natürlichen Zeitablauf; d. h., das Signal kann zwischengespeichert und dann können z. B. auch zukünftige Werte des Eingangssignals für die Berechnung des Ausgangssignals verwendet werden.

Das diskrete Ausgangssignal $y(\nu\Delta t)$ eines digitalen Filters kann allgemein als gewichtete Summe von Eingangswerten $x[(\nu - k)\Delta t]$ verstanden werden, sowohl des momentanen als auch vergangener und zukünftiger Werte, sowie von Ausgangssignalwerten $y[(\nu - l)\Delta t]$ zu vergangenen Zeitpunkten:

$$y(\nu\Delta t) = \sum_{k=n_1}^{n_2} h_k \, x[(\nu - k)\Delta t] + \sum_{l=1}^{m} h'_l \, y[(\nu - l)\Delta t]. \tag{5.53}$$

Der Frequenzgang dieser Filterprozedur ergibt sich mit Hilfe der Fourier-Transformation von (5.53). Zur vereinfachten Schreibweise werden sowohl Eingangs- als auch Ausgangssignale in (5.53) als kontinuierliche Signale behandelt:

$$y(t) = \sum_{k=n_1}^{n_2} h_k \, x(t - k\Delta t) + \sum_{l=1}^{m} h'_l \, y(t - l\Delta t). \tag{5.54}$$

Die spektrale Amplitudendichte $Y(f)$ von $y(t)$ ist dann

$$Y(f) = \int_{-\infty}^{\infty} y(t) \, e^{-j\omega t} \, dt$$

$$= \sum_{k=n_1}^{n_2} h_k \, e^{-j\omega k\Delta t} \int_{-\infty}^{\infty} x(t - k\Delta t) \, e^{-j\omega(t-k\Delta t)} \, d(t - k\Delta t)$$

$$+ \sum_{l=1}^{m} h'_l \, e^{-j\omega l\Delta t} \int_{-\infty}^{\infty} y(t - l\Delta t) \, e^{-j\omega(t-l\Delta t)} \, d(t - l\Delta t)$$

$$= X(f) \sum_{k=n_1}^{n_2} h_k \, e^{-j\omega k\Delta t} + Y(f) \sum_{l=1}^{m} h'_l \, e^{-j\omega l\Delta t}$$

oder

$$H(f) = \frac{Y(f)}{X(f)} = \frac{\sum_{k=n_1}^{n_2} h_k \, e^{-j\omega k\Delta t}}{1 - \sum_{l=1}^{m} h'_l \, e^{-j\omega l\Delta t}}. \tag{5.55}$$

Gleichung (5.55) stellt die Grundlage für die Berechnung der Wichtungsfaktoren h_k und h'_l sowie die Festlegung der Werte n_1, n_2 und m für eine gewünschte Filterform dar. Die Filterkonstruktion ist für den allgemeinen Fall nicht ganz einfach; zwei grundsätzliche Herangehensweisen sind möglich [63]. Die direkte Methode besteht darin, auf mathematischem Wege die Koeffizienten für die gewünschte Filterform nach (5.55) zu bestimmen. Auch iterative Verfahren werden dazu verwendet, die in einem trial-and-error-Verfahren die Koeffizienten ermitteln. Häufiger wird die indirekte Methode benutzt, die sich auf die gut ausgebaute Theorie der Analogfilter stützt. Im ersten Schritt wird das für die Aufgabe geeignete Analogfilter berechnet und dieses dann im zweiten Schritt durch ein Digitalfilter angenähert.

Gleichung (5.55) läßt unmittelbar auch die Periodizitätseigenschaft digitaler Filter erkennen. Auf Grund der Periodizität der Exponentialfunktion $e^{j(\omega k\Delta t \pm \nu 2\pi)} = e^{j\omega k\Delta t}$ ergibt sich die Periodizität im Frequenzbereich

$$H(f \pm \frac{\nu}{\Delta t}) = H(f) \qquad \text{für } \nu = 1, 2, 3, \ldots \tag{5.56}$$

Diese Periodizitätseigenschaft unterstreicht noch einmal die Notwendigkeit der Einhaltung des Tasttheorems, d. h. ein digitaler Tiefpaß kann nicht den analogen Tiefpaß ersetzen, der zur Unterdrückung der Frequenzkomponenten oberhalb der Nyquist-Frequenz verwendet wird. Die Anwendung digitaler Filter ist nur im Rahmen der weiteren Verarbeitung der korrekt digitalisierten Daten möglich, z. B. zur Frequenzbandbeschneidung im Falle des ZOOM-Verfahrens.

Eine besondere Form der Digitalfilter stellen die *nichtrekursiven Filter* dar, die ausschließlich die Eingangssignale $x(\nu\Delta t)$ nutzen. Ihr Frequenzgang reduziert sich daher auf das Zählerpolynom von (5.55)

$$H(f) = \sum_{k=n_1}^{n_2} h_k \, e^{-j\omega k\Delta t}. \tag{5.57}$$

Die Ermittlung der Wichtungsfaktoren gestaltet sich für diesen Filtertyp recht übersichtlich; sie ergeben sich unmittelbar durch inverse Fourier-Transformation von (5.57)

$$h_k = \int_{-\infty}^{\infty} H(f) \, e^{j\omega k\Delta t} \, df. \tag{5.58}$$

Aus (5.57) ist auch zu erkennen, daß bei symmetrischer Form, d. h. $h_{-k} = h_k$ und $-n_1 = n_2 = n$, sich Filter mit der Frequenzgang-Phase 0 ergeben:

$$H(f) = \sum_{k=-n}^{n} h_k \, e^{j\omega k\Delta t} = h_o + 2 \sum_{k=1}^{n} h_k \cos \omega k\Delta t. \tag{5.59}$$

Entsprechend ergeben sich bei antisymmetrischer Form, d. h. bei $h_{-k} = -h_k$ und $-n_1 = n_2 = n$, Filter mit der Phase $\pm \frac{\pi}{2}$.

Als Beispiel soll ein nichtrekursives Filter für einen idealen Tiefpaß konstruiert werden, d. h. die gewünschte Filterform ist

$$H(f) = 1 \qquad \text{für } |f| \leq f_o$$
$$\quad = 0 \qquad \text{für } |f| > f_o .$$

Nach Gleichung (5.58) ergibt sich dann

$$h_k = \int_{-f_o}^{f_o} e^{j\omega k\Delta t}\, df = \frac{\sin \omega_o k\Delta t}{k\pi\Delta t} .$$

Die h_k klingen relativ langsam mit 1/k ab, d. h. für eine gute Näherung des idealen Tiefpasses müssen sehr viele Wichtungsfaktoren verwendet werden. In Abbildung 60 ist der Frequenzgang dargestellt, der sich bei Beschränkung auf die Wichtungsfaktoren bis $k = 13$ ergibt. Er zeigt schon recht deutlich die gewünschte Filterform, aber auch das bekannte GIBBSsche Phänomen, d. h. das Überschwingen an der Filterkante, das sich auch bei beliebig vielen Wichtungsfaktoren nicht verliert. Dies deutet auf einen anderen Umstand hin, daß nämlich nicht jede erdenkliche Filterform realisierbar ist.

Ein weiteres Beispiel stellt ein viel verwendetes Filter dar, das durch ungewichtete Summation von n aufeinander folgenden Signaleingangswerten entsteht:

$$H(f) = \sum_{k=0}^{n-1} e^{-j\omega k\Delta t} = \frac{1 - e^{-j\omega n\Delta t}}{1 - e^{-j\omega\Delta t}} \tag{5.60}$$

$$= e^{-j\omega(n-1)\frac{\Delta t}{2}}\, \frac{\sin \omega n\Delta t/2}{\sin \omega\Delta t/2} .$$

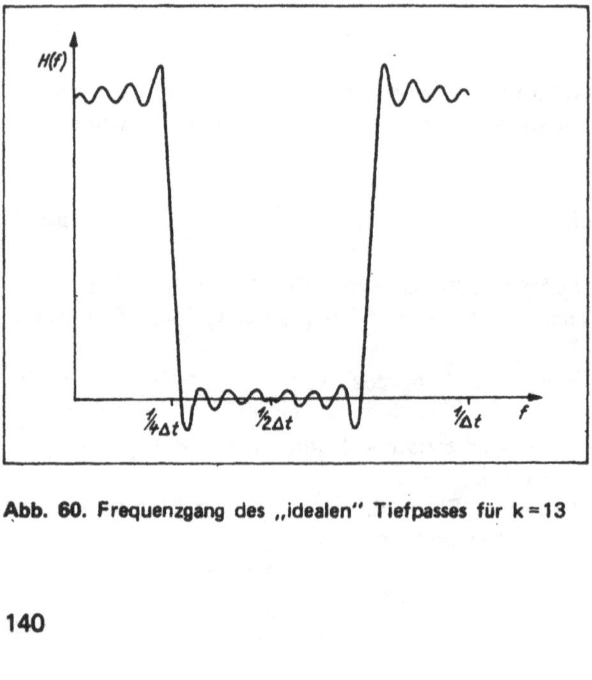

Abb. 60. Frequenzgang des „idealen" Tiefpasses für k = 13

Der Frequenzgang dieses Filters ist in Abbildung 61 für $n = 7$ wiedergegeben: Es ist ein Tiefpaßfilter mit einem Übertragungsbereich von $0 \leq f \leq 1/(n\Delta t)$ mit relativ hohen Seitenbändern, das nur für einfache Filteraufgaben geeignet ist. Die Phase ist im Übertragungsbereich linear, bei syymetrischem Aufbau, d. h. bei Summation von

$$k = -\frac{n-1}{2} \text{ bis } k = +\frac{n-1}{2},$$

würde die Phase 0 betragen.

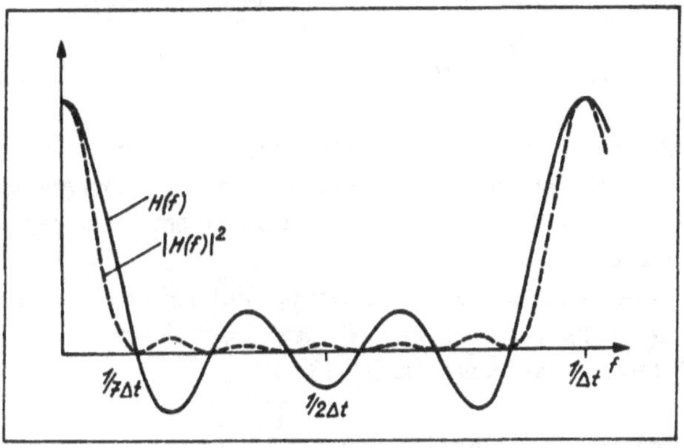

Abb. 61. Frequenzgang eines symmetrischen nichtrekursiven Filters ohne Wichtungsfaktoren für n = 7

Die digitalen Filter in ihrer allgemeinen Form, d. h. mit Rückkopplung der Ausgangssignale der Filter, werden als *rekursive Filter* bezeichnet. Gegenüber den nichtrekursiven Filtern haben sie die Vorteile des „unendlichen" Gedächtnisses (das nichtrekursive Filter ist naturgemäß auf den Zeitraum von $n_1 \Delta t \leq t \leq n_2 \Delta t$ beschränkt) und der höheren Effektivität, d. h., eine bestimmte Filteraufgabe kann im allgemeinen mit weniger Rechenaufwand verwirklicht werden. Nachteilig sind die im allgemeinen ungünstigeren Phaseneigenschaften und die Gefahr von Instabilitäten.

Ein Beispiel für ein rekursives Filter stellt die beschriebene Prozedur des exponentiell abklingenden Gedächtnisses dar (5.37):

$$y(\nu\Delta t) = (1-a) \cdot x(\nu\Delta t) + a \cdot y[(\nu-1)\Delta t],$$

deren Frequenzgang nach (5.55)

$$H(f) = \frac{1-a}{1-a \cdot e^{-j\omega\Delta t}}$$

beträgt. Mit $a = e^{-\Delta t/T}$ nach (5.36), $T \gg \Delta t$ und $\omega \Delta t \ll 1$ ergibt sich

$$H(f) \approx \frac{1}{1 + j\omega T},$$

d. h. der Frequenzgang eines einfachen Tiefpaßfilters. Übrigens wurde bei der Einführung dieses Filters im Abschnitt 5.3.3.1. die indirekte Methode verwendet, d. h. die Umsetzung des für analoge Signale bekannten Verfahrens in den digitalen Bereich.

Ein weiteres, schon bekanntes Beispiel, das auch die Effektivität rekursiver Verfahren zeigt, ist das n-gliedrige Summationsfilter (5.60), das auch durch

$$y(\nu\Delta t) = x(\nu\Delta t) - x[(\nu-n)\Delta t] + y[(\nu-1)\Delta t]$$

gebildet werden kann. Diese Beziehung ergibt sich unmittelbar aus dem Vergleich von (5.55) und (5.60). An Stelle der Summation über n Eingangssignale ist hier nur noch die Summation von 2 Eingangssignalen und einem Ausgangssignal, unabhängig von n, notwendig.

Beide Beispiele zeigen nur andeutungsweise die Leistungsfähigkeit rekursiver Filter, die insbesondere auf dem Gebiet steiler Filterflanken liegt. Wegen weiterer Einzelheiten sei auf die Literatur verwiesen [z. B. 63].

5.3.4. Geräte für die Auswertung von Rauschsignalen

Es gibt kein universelles, für alle Anwendungsfälle geeignetes Auswertesystem. Auch dürfte der Preis eines solchen Systems für die meisten Anwendungen zu hoch liegen. Bei der Auswahl einer Auswerteanlage für die Rauschdiagnostik ist die geplante Anwendung entscheidend. Einen Eindruck von den Auswahlkriterien vermitteln die grobe Systematisierung der Anwendungsfälle und der prinzipiell verfügbaren Meß- und Auswertetechnik in Tabelle 4 sowie einige typische Lösungsvarianten.

Der Anwendungsfall A1, die kontinuierliche Routineüberwachung eines Systems, gestattet die volle Ausnutzung der Möglichkeiten der Rauschdiagnostik, wenn die Modelle 1. und 2. Art mit hinreichender Genauigkeit bekannt sind. Dazu werden ein stationäres Meßsystem (B1) und ein stationäres Auswertesystem (C2/D2 und evtl. C1/D1) benötigt, das weitgehend automatisch arbeitet und eine Diagnose in Form der Entscheidung „normal" bzw. „anomal" stellt. Die spezielle Ausführung dieses stationären Auswertesystems (Abbildung 62) ist vom Umfang des Überwachungsprogramms abhängig. Im einfachsten Fall kann ein Monitor, der aus einem analogen Effektivwertmesser mit nachfolgendem Schwellwertschalter besteht, ausreichen, um z. B. eine Maschine bezüglich der Einhaltung der Toleranzgrenze der mechanischen Schwingungen (s. z. B. [20])

Tabelle 4
Klassifizierung der Anwendungen, Meß- und Auswertesysteme

Anwendung	Meßsystem	Auswertesystem: Analyse	Auswertesystem: Diagnose
A 1 Kontinuierliche Routineüberwachung eines Systems	B 1 Stationäres Meßsystem	C 1 Stationäres Auswertesystem für on-site-Analyse	D 1 Mustererkennungsalgorithmen auf einem stationären Auswertesystem C 1 oder C 4
A 2 Routinekontrolle der Funktionstüchtigkeit eines Systems in größeren Zeitabständen	B 2 Ambulantes Meßsystem	C 2 Monitor als Spezialfall von C 1/D 1 (automatischer Betrieb mit Diagnosestellung)	D 2
A 3 Experimentelle Untersuchung eines Systems (z. B. zur Modellfindung, Optimierung des Betriebszustandes oder Schadensaufklärung)		C 3 Ambulantes Auswertesystem für on-site-Analyse	D 3 Mustererkennungsalgorithmen auf einem ambulanten Auswertesystem C 3
		C 4 Analogmagnetbandspeicherung, stationäres Auswertesystem für off-site-Analyse	D 4 Erfahrener System-Fachmann mit Rauschdiagnostik-Kenntnissen

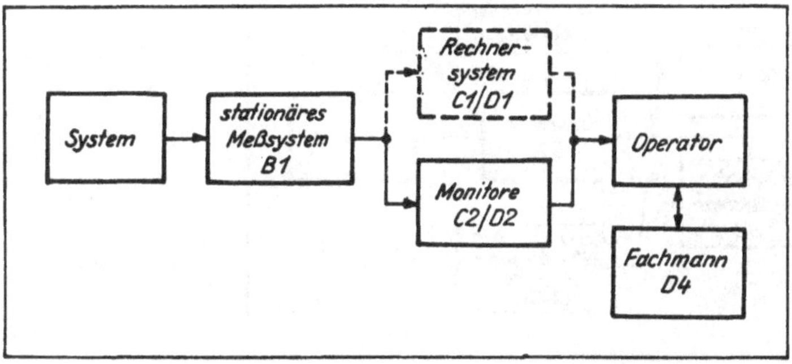

Abb. 62. Rauschdiagnosesystem für kontinuierliche Überwachung

zu überwachen. Im Falle einer komplexen Anlage, wie z. B. dem Block eines Kernkraftwerkes, mit mehr als 100 Meßstellen sind ein anspruchsvolles Kleinrechnersystem für regelmäßige umfassende Analysen für die Trendverfolgung und mehrere hardware-Monitore zur ununterbrochenen Überwachung ausgewählter wichtiger Prozesse notwendig. Die unmittelbare Information (normal/anomal) erhält der Operator der Anlage; im Falle der Diagnose „anomal" wird der Fachmann (D4) benachrichtigt, der die Verfeinerung der Diagnosestellung unter Verwendung von gespeicherten Informationen und von Resultaten zusätzlicher Untersuchungen mit dem Rechnersystem (C1/D1) vornimmt. Gerade in dieser Möglichkeit zusätzlicher Untersuchungen besteht eine wesentliche Bedeutung des Kleinrechnersystems in komplexen Anlagen.

Der Anwendungsfall A2, die routinemäßige Kontrolle eines Systems in größeren Zeitabständen, ermöglicht mehrere Varianten der Durchführung, die in Abbildung 63 dargestellt sind. Zunächst ist die Form des Meßsystems festzulegen. Das ambulante Meßsystem (B2) ist selbstverständlich nur dort anwendbar, wo die Umgebungsbedingungen den Zugang zu den Meßstellen während des Betriebes der Anlage gestatten. Aber auch dann kann es bei dieser Variante Schwierigkeiten mit der reproduzierbaren Anbringung der Aufnehmer geben. Der Vorteil des ambulanten Meßsystems liegt eigentlich nur in der Kostenfrage; sonst hat es fast nur Nachteile gegenüber dem stationären Meßsystem. Als Auswertesystem kommen im wesentlichen nur das ambulante für die Analyse vor Ort (C3/D3) und die Zwischenspeicherung auf Magnetband mit späterer off-site-Analyse auf einem stationären Auswertesystem (C4) in Frage. Natürlich kann bei Verwendung eines stationären Meßsystems auch ein stationäres on-site-Auswertesystem (C1/D1) in Betracht gezogen werden, jedoch ist dies in den meisten Fällen vom Kostenstandpunkt her nicht zu vertreten. In allen Varianten des Anwendungsfalles A2 hat der Fachmann, der mit der Gerätetechnik und dem System vertraut ist, einen großen Anteil. Ihm obliegt der

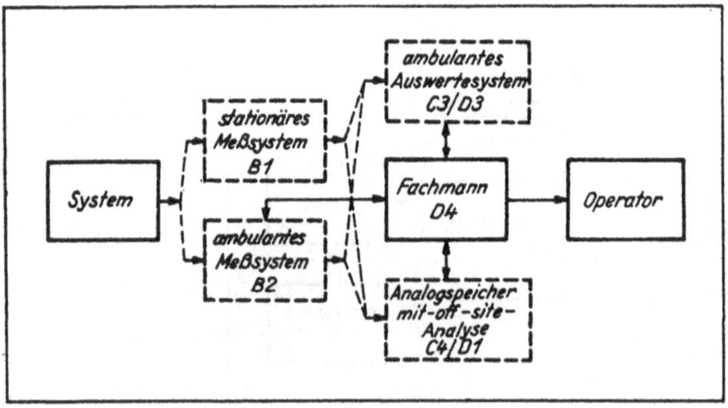

Abb. 63. Rauschdiagnosesystem für diskontinuierliche Überwachung

Transport der Gerätetechnik (in Industrieanlagen meist ein nicht zu unterschätzendes Problem!), die Installation vor Ort – im Falle des ambulanten Meßsystems auch noch der Meßtechnik –, die Ausführung der Messungen, ihre Auswertung und die Diagnosestellung. Die on-site-Analyse hat einige Vorteile: Einerseits kommt das Ergebnis früher, andererseits können Analyse und Messung besser aufeinander abgestimmt werden. Der Vorteil der Analogmagnetbandtechnik besteht im wesentlichen in den größeren Möglichkeiten der stationären Auswerteanlage.

Im Anwendungsfall A3, d. h. bei experimentellen Untersuchungen an einem System, erweitern sich die Anforderungen an den Fachmann. Während beim vorhergehenden Fall ein Routineprogramm abzuarbeiten ist, liegt hier das Meß- und Auswerteprogramm nur grob fest, das Ergebnis der vorangegangenen Messung bestimmt meist erst die Art und Weise der Messung. Als Meßsystem (Abbildung 64) kommt nur die ambulante Variante (B2) in Frage. Für die Auswertung ist die Kombination eines ambulanten Auswertesystems (C3) vor Ort, mit dessen Hilfe die Messungen unmittelbar kontrolliert werden, mit der Speicherung auf Analogmagnetband (C4) für die detaillierte Analyse am günstigsten. Häufig wird auch nur der letztgenannte Zweig verwendet.

5.3.4.1. Stationäres Auswertesystem

Die Anforderungen an on-site- und off-site-Auswertung entsprechen sich im wesentlichen, daher braucht bei den Auswerteanlagen auch nicht zwischen diesen Fällen unterschieden zu werden. Abbildung 65 zeigt das Blockschaltbild einer derartigen stationären Auswerteanlage. Sie setzt sich aus den 3 Funktionseinheiten *Eingabe, Rechner* und *Ausgabe* zusammen.

Die Aufgabe der *Eingabeeinheit* besteht in der Aufbereitung der anliegenden analogen Signale für die Weiterverarbeitung im Digitalrechner, d. h. in der

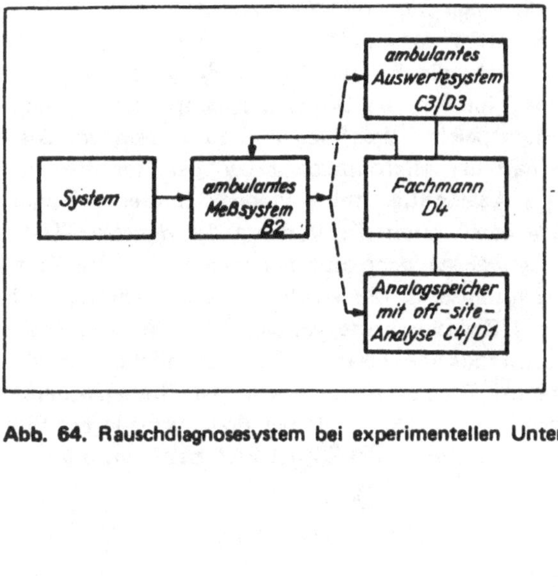

Abb. 64. Rauschdiagnosesystem bei experimentellen Untersuchungen

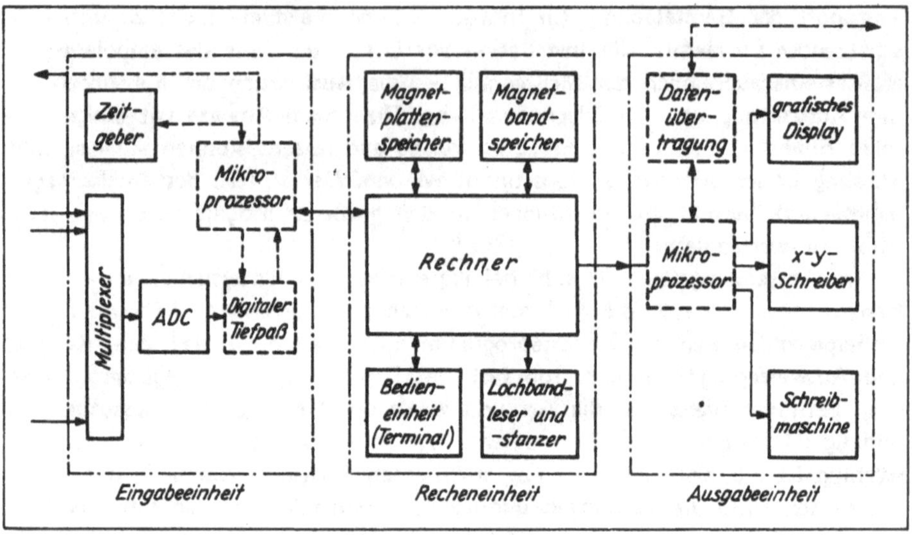

Abb. 65. Stationäres Auswertesystem

geeigneten Umwandlung von mehreren parallel anliegenden kontinuierlichen Signalen in ein diskretes, quantisiertes Signal. Dazu werden als Grundbausteine ein *Analog-Multiplexer* für 16 (oder 32) Signale, ein *Analog-Digital-Konverter* (maximale Auflösung 12 bit, Umsetzzeit $\leqslant 10\ \mu s$) und ein *Zeitgeber* benötigt. Die Steuerung des Multiplexers und des ADC werden im einfachsten Fall von der Recheneinheit vorgenommen, die den Takt vom Zeitgeber erhält, der per Hand eingestellt wird. Diese einfachste Variante hat einerseits den Nachteil, daß der Rechner zusätzlich mit den Steuerproblemen belastet wird, was sich auf die Analysezeiten nachteilig auswirkt, andererseits birgt die Handeinstellung der Zeit die Gefahr der Fehlbedienung. Die optimale Variante besteht darin, die Eingabeeinheit weitgehend autonom zu gestalten, einen *Mikroprozessor* für die Steuerung der Digitalisierung, d. h. die Einstellung des Zeitgebers, Einstellung der Analogfilter vor dem Multiplexer, die Datenzwischenspeicherung und die Datenübertragung in den Hauptspeicher des Rechners, zu verwenden. Die notwendige Programmvorgabe erhält der Mikroprozessor von der Recheneinheit. Da der Aufwand für hochwertige Analogfilter mit rechnergesteuerter Umschaltung relativ hoch ist, wird heute auch schon die Variante des *digitalen Tiefpaßfilters* benutzt (z. B. [64]). Es werden dann nur noch relativ wenige Tastfrequenzen und entsprechende Einstellungen des Analogtiefpasses benötigt (Abstand etwa 1 bis 2 Dekaden), die Zwischenwerte werden mit Hilfe des Digitalfilters verwirklicht, das eine Datenreduktion bewirkt. Der zusätzliche Vorteil besteht darin, daß ein hinreichender Frequenzabstand von der Grenzfrequenz des Analogfilters eingehalten werden kann und damit der Frequenzgang der Eingabeeinheit vollständig von dem genau bekannten Digitalfilter bestimmt wird.

Die *Ausgabeeinheit* kann die Resultate der Rechenoperationen in drei Formen vermitteln, auf einem Bildschirm (grafisches Display), einem X-Y-Schreiber und auf einer Schreibmaschine. Das *grafische Display* ist besonders wichtig, es gestattet die unmittelbare Kontrolle der Zwischenergebnisse und die Steuerung der Weiterverarbeitung. Die Leuchtpunkt-(Cursor-)Technik ermöglicht, über die Bedieneinheit des Rechners bestimmte Punkte oder auch Bereiche auf dem Display-Bild herauszusuchen, deren Parameter auszugeben usw. Der *X-Y-Schreiber* dient der übersichtlichen Resultatdarstellung und -archivierung. Am günstigsten sind Digitalplotter, die auf Grund ihrer hohen Einstellgenauigkeit und Geschwindigkeit auch eine Beschriftung der Kurvendarstellung erlauben. Die *Schreibmaschine* dient der Protokollierung. Der Umfang der Protokolle empfiehlt die Verwendung eines Schnelldruckers, z. B. eines Mosaik- oder Zeilendruckers. Da die Ausgabeoperationen, insbesondere die Darstellung auf Schreiber und Schreibmaschine, recht zeitaufwendig sind, ist auch für die Ausgabeeinheit ein *Mikroprozessor* günstig. Dieser erhält die Ergebnisse über den direkten Speicherkanal vom Hauptspeicher und führt dann, unabhängig von der Recheneinheit, die Ausgaben durch.

Die *Recheneinheit* ist die Zentrale des Auswertesystems. Sie steuert direkt oder indirekt die Ein- und Ausgabeprozesse, berechnet die gewünschten Kennfunktionen, speichert die Resultate und führt weitergehende Berechnungen für die Diagnosestellung aus. Diese Aufgaben kann ein Kleinrechner übernehmen, der mit einem hinreichend großen Hauptspeicher ($\geqslant$ 20 kWorte) und einer schnellen Arithmetikeinheit ausgerüstet ist und über periphere Geräte, wie einen Magnetplattenspeicher für Programme und Zwischenresultate, einen Magnetbandspeicher für die Resultate und einer Lochbandeinheit für die Programmierung, verfügt.

Ein wesentliches Element ist das *Software-Paket für die Rauschdiagnostik.* Es besteht aus

a) dem *Steuersystem,* das die Prozesse der Dateneingabe und -ausgabe, den Datentransport zu den peripheren Speichern und den Ablauf der Rechenalgorithmen für die Kennfunktionen steuert und überwacht,
b) dem *Analysesystem,* das die Algorithmen zur Ermittlung der Kennfunktionen (s. 3.2. und 3.3.) enthält. Es umfaßt auch die physikalische Dimensionierung aller Größen und gestattet normierte Darstellungen auf dem grafischen Display und dem X-Y-Schreiber. Auf der Schreibmaschine können dimensionierte Ergebnisse in Protokollform ausgegeben werden. Das Analysesystem ist modular aufgebaut, um Ergänzungen durch spezielle Kennfunktionen oder Kombinationen vorhandener Kennfunktionen zu ermöglichen.
c) dem *Diagnosesystem,* das die Algorithmen zur Trendanalyse und Mustererkennung enthält. Es organisiert auch die geeignete Archivierung der Analyse- und Diagnoseresultate auf dem Magnetbandspeicher. Da die Muster-

erkennungsalgorithmen teilweise recht aufwendig sind und häufig auch der Wunsch nach weiteren Untersuchungen besteht, die mit einem Kleinrechnersystem nicht gelöst werden können, sollte von diesem Programmteil ein Datentransfer zu einem Großrechner organisiert werden können.

5.3.4.2. Ambulantes Auswertesystem

Der wichtigste Unterschied zu den Anforderungen an das stationäre Auswertesystem besteht in der Tragbarkeit des ambulanten Auswertesystems. Dies bedeutet Einschränkungen in der Gerätetechnik, die durch Verzicht auf Universalität des Auswertesystems erkauft werden müssen. Ambulante Auswertesysteme sind meist auf eine, manchmal auch auf einige Kennfunktionen spezialisiert. Die Diagnosemöglichkeiten sind erheblich eingeschränkt, komplizierte Mustererkennungsalgorithmen nicht anwendbar.

Der Aufbau eines ambulanten Auswertesystems (oder Spezialanalysators) entspricht grundsätzlich dem des stationären Systems (Abbildung 66). Die *Eingabeeinheit* ist auf die einfachste Variante reduziert, der Analogmultiplexer hat meist nur zwei Kanäle. Auch einkanalige Auswertesysteme finden Anwendung, jedoch sind sie in ihren Möglichkeiten sehr eingeschränkt, da gerade Verbundkennfunktionen, die damit nicht ermittelt werden können, für die Diagnosestellung vor Ort entscheidend sind. Die *Recheneinheit* besteht aus einem Mikroprozessor mit ROM- (Programm und Konstanten) und RAM-Speicher (Rech-

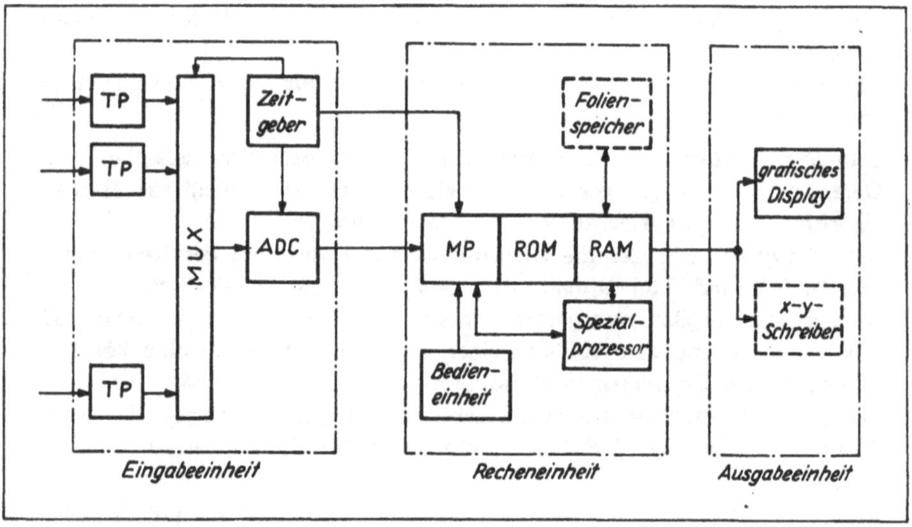

Abb. 66. Ambulantes Auswertesystem

nungen und Resultatspeicherung). Da die Rechengeschwindigkeit meist zur online-Berechnung der Kennfunktionen nicht ausreicht, wird häufig zusätzlich ein festverdrahteter Spezialprozessor verwendet, der besonders zeitaufwendige Rechenoperationen übernimmt. Derartige Spezialprozessoren werden z. B. zur FFT und Anwendung des exponentiell abklingenden Gedächtnisses verwendet. Die Bedieneinheit besteht meist aus einigen Schaltern zur Einstellung der gewünschten Parameter und einigen Drucktasten zur Funktionssteuerung. Wenn ein externer Speicher verwendet wird, dann ist es meist ein Folienspeicher, der das günstigste Verhältnis zwischen Speicherkapazität und Gewicht bzw. Volumen hat. Die *Ausgabeeinheit* besteht meist nur aus einem grafischen Display; parallel dazu ist auch die Ausgabe auf einem X-Y-Schreiber möglich.

5.3.4.3. Monitor

Ein Monitor dient der kontinuierlichen Überwachung eines ausgewählten Prozesses, der in seinen grundsätzlichen Eigenschaften (Modelle 1. und 2. Art) hinreichend gut bekannt sein muß. Er hat sowohl die Aufgaben der Signalanalyse als auch der Diagnose, die automatisch durchgeführt werden müssen. Es kann zwischen zwei Diagnoseaufgaben unterschieden werden,

a) der Diagnose des momentanen Zustandes des zu überwachenden Prozesses bezüglich normalen bzw. anomalen Verhaltens und
b) der Verfolgung der integralen Belastung der Anlage durch den betreffenden Prozeß, um Aussagen hinsichtlich der Notwendigkeit von Instandsetzungsmaßnahmen („zustandsabhängige Instandhaltung") während einer der nächsten Stillstände der Anlage zu erhalten.

Nach Möglichkeit sollte der Monitor beide Aufgaben parallel wahrnehmen.

Da ein Monitor speziell auf den zu überwachenden Prozeß zugeschnitten ist, existiert auch keine allgemein gültige gerätetechnische Lösung. Bei komplizierten Prozessen entspricht der Monitor in seinen Bausteinen weitgehend dem ambulanten Auswertesystem, wobei einige Besonderheiten zu berücksichtigen sind:

a) Die Beschränkung auf einen gut bekannten Signaltyp ermöglicht eine spezifisch angepaßte Kennwert- bzw. Kennfunktionsermittlung. Dadurch vereinfachen sich meist die Anforderungen an das Auswertesystem und verbessern sich die Bedingungen für eine Automatisierung des Auswerteprozesses.
b) Die Notwendigkeit der automatisierten Diagnosestellung erfordert in den meisten Fällen ein relativ anspruchsvolles System der Mustererkennung. Dies bedeutet, daß sich das Schwergewicht von der Kennfunktionsermittlung zur Diagnosestellung verschiebt. Häufig können zur Entlastung des Rechnersystems Teile der Kennfunktionsermittlung, manchmal auch die ge-

samte Kennfunktionsermittlung, in festverdrahteten hybriden oder auch rein analogen Einheiten vorgenommen werden.

c) Die Forderung nach Langzeitaussagen bedingt die Notwendigkeit einer sicheren Langzeitspeicherung von Resultaten. Diese muß nicht unbedingt im Monitor erfolgen. Zum Beispiel können die Resultate durch Kopplung des Monitors mit einem stationären Auswertesystem in regelmäßigen Zeitabständen von diesem übernommen und abgespeichert werden. Der Monitor hat dann nur noch die Forderung nach einer Resultatzwischenspeicherung von begrenzter Dauer und begrenztem Umfang zu erfüllen. In diesem Zusammenhang spielt auch die Sicherung der gespeicherten Resultate gegen eventuelle Ausfälle der Spannungsversorgung des Monitors eine nicht unwesentliche Rolle.

d) Bei dem meist doch recht hohen gerätetechnischen Aufwand für einen Monitor ist anzustreben, ihn für die Überwachung mehrerer gleichartiger Prozesse einzusetzen. Dann ist allerdings die Forderung nach kontinuierlicher Überwachung nicht mehr streng erfüllt, da jeder einzelne Prozeß immer nur für eine begrenzte Zeit mit dem Monitor verbunden ist. In den meisten Fällen kann diese diskontinuierliche Arbeitsweise in Kauf genommen werden; nur dann, wenn plötzlich auftretende Prozeßveränderungen in möglichst kurzer Zeit ermittelt werden müssen, wie im Beispiel 6.4, kommt diese Variante nicht in Frage.

e) Aus der Forderung nach automatisiertem Betrieb folgt auch die Notwendigkeit der Selbstüberwachung des Monitors. Dies betrifft die regelmäßige Kontrolle der gerätetechnischen Funktion mit Hilfe eines Testsignalgenerators sowie die Kontrolle der Sinnfälligkeit der Eingangssignale durch Ermittlung bestimmter charakteristischer Kennwerte bzw. Kennfunktionen, z. B. der Wahrscheinlichkeitsdichten.

6. Anwendungsbeispiele

In den vorangehenden Kapiteln wurden schon etliche Anwendungsbeispiele beschrieben, die durchaus einen ausreichenden Überblick über die Möglichkeiten der Rauschdiagnostik vermitteln. Im folgenden wird auf einige ausgewählte Anwendungen etwas ausführlicher eingegangen, um einen Eindruck von den Problemen der praktischen Rauschdiagnostik und dem heutigen Leistungsvermögen zu vermitteln. Es überwiegen die Beispiele aus der Kernenergie. Dies liegt nicht nur daran, daß die Ausnutzung der Methode auf diesem Gebiet besonders weit forgeschritten ist, sondern auch daran, daß der Autor hier tätig ist.

6.1. Bestimmung der Strömungsgeschwindigkeit

Die herkömmliche Methode zur Bestimmung der Geschwindigkeit v eines sich gleichförmig bewegenden Körpers besteht in der Messung der Zeit Δt, die er benötigt, um eine bekannte Strecke $a = \overline{AB}$ zu durchqueren, und in der Bildung des Quotienten $v = a/\Delta t$ (Abbildung 67a). Diese Methode kann in etwas abgewandelter Form auch bei strömenden Medien angewendet werden, wenn diese Inhomogenitäten enthalten, die ohne Schlupf mit der Strömung transportiert werden. Derartige Inhomogenitäten sind Schwankungen in der Dichte, Temperatur oder auch der Strahlungsemission des strömenden Mediums. Im Unterschied zur klassischen Methode, bei der die Durchgangszeit eines einzelnen Objekts gemessen wird, handelt es sich bei einer Strömung meist um eine Vielzahl kleiner Inhomogenitäten, die nicht einzeln markiert werden können (Abbildung 67b). Die Schwankungen der physikalischen Parameter, die durch diese Inhomogenitäten entstehen, werden als Muster verwendet, die mit der Strömung wandern und deren Transportzeit es zu bestimmen gilt. Eine notwendige Bedingung ist, daß merkliche Anteile dieses Schwankungsmusters auf dem Weg von A nach B unverändert erhalten bleiben.

Zur Erläuterung des Meßverfahrens wird angenommen, daß das Schwankungsmuster unverändert bleibt, d. h. wenn x(t) die Signalschwankungen eines Detektors bei A beschreibt, so können die Signalschwankungen y(t) eines zweiten Detektors bei B stromabwärts durch $y(t) = x(t - \Delta t)$ dargestellt werden, wobei Δt die Transportzeit ist. Die Kreuzkorrelationsfunktion dieser beiden Signale beträgt dann

$$R_{xy}(\tau) = \lim_{T \to \infty} \frac{1}{T} \int_0^{\infty} x(t)\, y(t + \tau)\, dt$$

$$= R_{xx}(\tau - \Delta t). \tag{6.1}$$

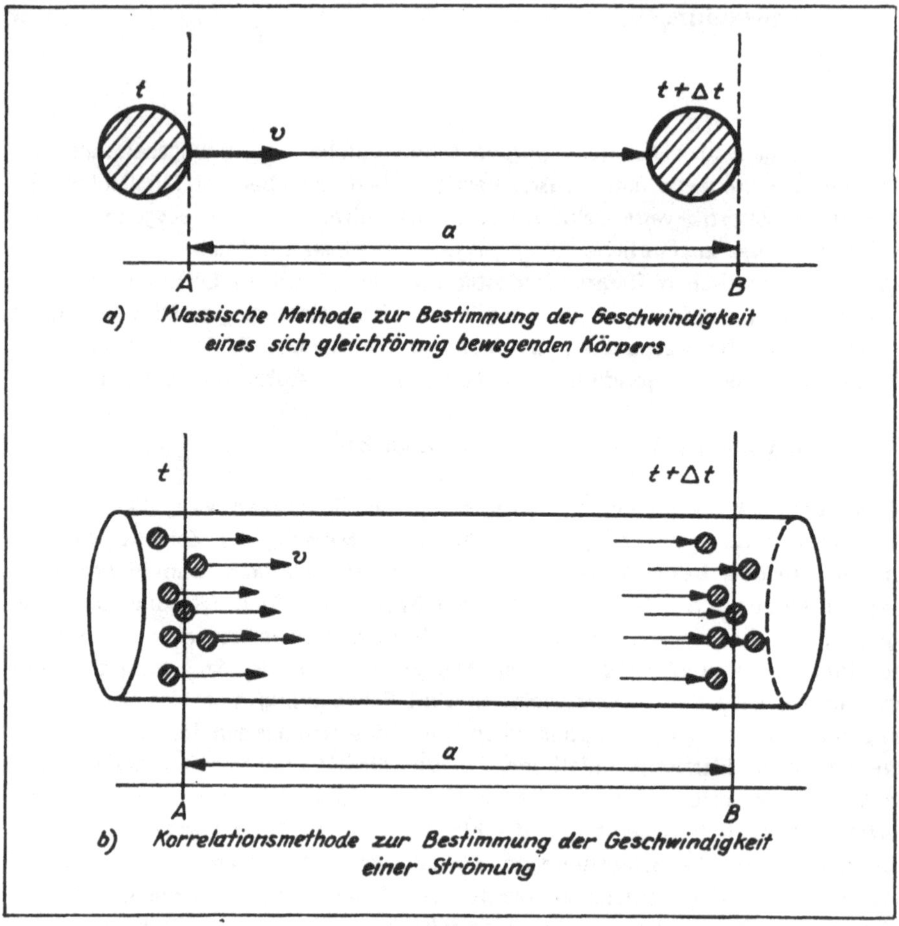

Abb. 67. Erläuterung des Korrelationsverfahrens zur Messung der Strömungsgeschwindigkeit

Da die Autokorrelationsfunktion für praktisch auftretende Rauschsignale immer ein Maximum bei $\tau = 0$ hat, tritt in der Kreuzkorrelationsfunktion dieses Maximum bei $\tau = \Delta t$ auf (s. Abb. 22) und kann zur direkten Bestimmung von Δt verwendet werden. Diese Aufgabe – die Bestimmung der Lage des Maximums in der Kreuzkorrelationsfunktion – kann meßtechnisch mit relativ einfachen Mitteln gelöst werden. Eine bekannte Lösung [13, 65] stellt die Anwendung der Polaritätskorrelation dar (Abbildung 68). An Stelle der Signale x(t) und y(t) werden dabei nur die Vorzeichen der zentrierten Signale sgn $[x(t) - \bar{x}]$ und sgn $[y(t) - \bar{y}]$ verwendet, wodurch sich erhebliche Vereinfachungen in den rechentechnischen Aufwendungen ergeben. Zum Beispiel ist

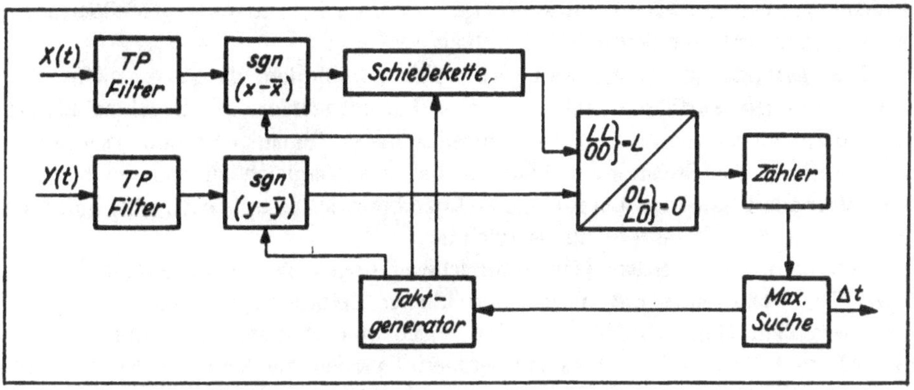

Abb. 68. Polaritätskorrelator mit automatischer Maximumsuche [65]

statt der Multiplikation nur ein Vorzeichenvergleich notwendig und statt der Zeitverzögerung nur eine Rechtsverschiebung in einer 1-bit-Schiebekette. Für die Ermittlung der Maximumlage kann eine Regelschaltung verwendet werden, die z. B. die Tastfrequenz f_T der AD-Konvertierung und der Schiebekette so einstellt, daß der Quotient N/f_T (N ist die Anzahl der Elemente der Schiebekette) gleich der gesuchten Maximumlage $\tau = \Delta t$ ist.

Natürlich kann die Transportzeit auch im Spektralbereich bestimmt werden. Für die Kreuzspektraldichte der beiden Signale ergibt sich entsprechend (6.1)

$$\begin{aligned} S_{xy}(f) &= \int_{-\infty}^{\infty} R_{xx}(\tau - \Delta t)\; e^{-j\omega\tau}\, d\tau \\ &= e^{-j\omega\Delta t} \int_{-\infty}^{\infty} R_{xx}(\tau')\; e^{-j\omega\tau'}\, d\tau' \qquad \text{mit } \tau' = \tau - \Delta t \\ &= e^{-j\omega\Delta t}\, S_{xx}(f). \end{aligned} \tag{6.2}$$

Die Information über die Transportzeit Δt ist in der Phasenfunktion

$$\Theta_{xy}(f) = \omega\Delta t \tag{6.3}$$

enthalten (s. Abb. 24). Sie kann durch Anpassung einer Geraden an die Phasenfunktion ermittelt werden, deren Steigerung

$$\frac{d\Theta_{xy}(f)}{df} = 2\pi\Delta t$$

die Transportzeit liefert. Zwar stellt die Messung einer Kreuzspektraldichte heute kein wesentliches Problem dar, jedoch zwingt die Geradenanpassung zu einigem rechentechnischen Aufwand, der im Vergleich zu dem geschilderten Korrelationsverfahren deutlich höher liegt.

Die Methode hat relativ weite Verbreitung gefunden, da sie gegenüber den herkömmlichen Verfahren, wie z. B. dem Turbinenzähler, der Druckmeßblende oder dem Schwimmermesser, den Vorteil höherer Genauigkeit und geringerer Beeinflussung der Strömungsverhältnisse hat. Im Vergleich zu anderen modernen Methoden, wie der Laser-Doppler-Anemometrie, sind Vorteile bezüglich der Einfachheit des Verfahrens zu verzeichnen.

Am häufigsten werden Temperaturschwankungen als Muster ausgenutzt. Zwei Thermoelemente mit hinreichend kleiner Zeitkonstante ($\leqslant 0.1$ s) ragen in einem dem Geschwindigkeitsbereich angepaßten Abstand von ungefähr 10 bis 20 cm in die Strömung hinein und ermöglichen die Messung der Temperaturschwankungen an diesen beiden Orten. Probleme stellen meist die sich widersprechenden Forderungen nach kleiner Zeitkonstante und hinreichender Robustheit der Thermoelemente dar. In [13] wird über ein Gerät berichtet, das in einem Geschwindigkeitsbereich von 0.1 bis 10 m/s eine Genauigkeit von 5 % erreicht. Bei einem Vergleich mit einem Turbinenzähler [66] in einem Natriumkreislauf ergab sich eine Übereinstimmung von < 3 %.

Eine andere Möglichkeit stellt die Ausnutzung der Schwankungen der Strahlungsemission eines radioaktiv markierten Mediums dar. An Kernreaktoren bürgert sich immer mehr die Messung der Kühlmittelgeschwindigkeit in den Rohrleitungen außerhalb des Reaktorkessels unter Verwendung der γ-Strahlung des Stickstoff-Isotops N^{16} ein. Dieses entsteht beim Durchströmen der aktiven Zone des Reaktors durch Neutronenabsorption im Wasser [$^{16}O(n, p)^{16}N$-Reaktion] und hat eine Halbwertzeit von 7.13 s. Die Detektoren bestehen in diesem Fall aus Ionisationskammern, die außerhalb der Rohrleitungen, teilweise sogar auch noch außerhalb der Wärmeisolierung [67] angebracht werden. Bleikollimatoren sorgen dafür, daß nur γ-Strahlung aus einem relativ schmalen Strömungsbereich austritt. Sorgfältige Untersuchungen ergaben [68], daß mit diesem Verfahren Genauigkeiten < 2 % erreichbar sind.

Von besonderem Nutzen ist das Korrelationsverfahren unter extremen Umweltbedingungen, wie hoher Temperatur, hohem Druck oder hohem radioaktiven Strahlungspegel, bei denen der Einbau anderer Meßeinrichtungen versagt. Häufig können sogar vorhandene Meßfühler für die Messung verwendet werden. Zum Beispiel stellt in einem Siedewasserreaktor die Messung der Kreuzkorrelationsfunktion zwischen incore-Neutronendetektoren, die sich senkrecht übereinander in den Kühlkanälen befinden, die einzige Möglichkeit dar, Informationen über den Dampfblasentransport in der aktiven Zone zu erhalten [14, 69]. Die Inhomogenitäten sind in diesem Fall die Dampfblasen, deren statistisch schwankende Anzahl und Größe eine Dichteschwankung des Kühlmittels hervorruft. Da die Neutronenbremsung in starkem Maße von der Wasserdichte abhängt, entsteht gleichzeitig eine Schwankung des lokalen Neutronenflusses in unmittelbarer Umgebung des Kühlkanals, die mit Hilfe der incore-Neutronendetektoren gemessen werden kann. Weil die Dampfblasen kein unveränderliches Muster darstellen – es bilden sich ständig neue, alte kondensieren – ist die Wahl des optimalen Detektorabstandes entscheidend.

Die Einfachheit der Methode kann zu gedankenloser Anwendung verführen. Daher sollen im folgenden die wichtigsten Probleme dieses Verfahrens angedeutet werden.

a) Das *Spektrum der Signalschwankungen* hat einen Einfluß auf die Genauigkeit, mit der die Transportzeit bestimmt werden kann.

   Ideale Bedingungen liefert ein weißer Rauschprozeß, da dann (6.1) zu einer δ-Funktion bei $\tau = \Delta t$ entartet:

$$R_{xy}(\tau) = \sigma_x^2 \, \delta(\tau - \Delta t) \tag{6.4}$$

   Eine brauchbare Näherung für die meisten vorkommenden Rauschsignale ist das tiefpaßgefilterte weiße Rauschen:

$$S_{xy}(f) = \frac{\sigma_x^2}{B} \, e^{-j\omega\Delta t} \quad \text{für } 0 \leqslant f \leqslant B$$
$$= 0 \quad \text{für } f > B \tag{6.5}$$

   Die Kreuzkorrelationsfunktion wird durch inverse Fourier-Transformation von (6.5) erhalten

$$R_{xy}(\tau) = \int_{-B}^{B} \frac{S_{xy}(f)}{2} \, e^{j\omega(\tau - \Delta t)} \, df$$

$$= \sigma_x^2 \, \frac{\sin 2\pi B(\tau - \Delta t)}{2\pi B(\tau - \Delta t)} \, . \tag{6.6}$$

In Abbildung 69 ist diese Funktion für verschiedene Bandbreiten dargestellt. Es ist deutlich zu sehen, daß mit kleinerer Bandbreite das Maximum immer mehr verflacht, was sich unter Berücksichtigung des unvermeidlichen statistischen Meßfehlers auf die Genauigkeit der Maximumbestimmung ungünstig auswirkt. Um Messungen mit einer 2 %-Genauigkeit durchführen zu können, wird eine Bandbreite von $B > 5/\Delta t$ benötigt.

Im Falle von Schmalbandrauschsignalen oder von harmonischen Signalen, bei denen die Korrelationsfunktion ebenfalls eine mehr oder weniger periodische Funktion ist, können sich bei automatisch arbeitenden Analysatoren Fehler dadurch ergeben, daß ein falsches Maximum ermittelt wird.

Bei den beiden letztgenannten Signaltypen, den tief- und bandpaßgefilterten Signalen, bietet der Spektralbereich Vorteile. Besonders originell ist das

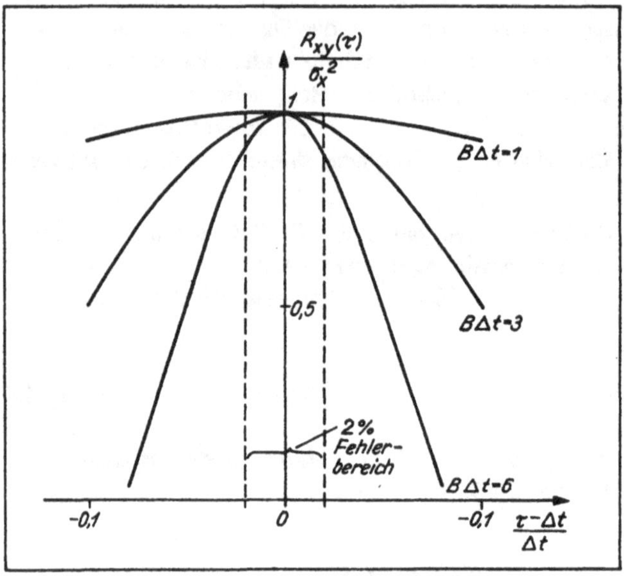

Abb. 69. Einfluß der Bandbreite B des Rauschsignals auf die Genauigkeit der Bestimmung der Transportzeit Δt

„Rehocence"-Verfahren [70], bei dem die Geradenanpassung an die Phasenfunktion durch inverse Fourier-Transformation der komplexen Kohärenzfunktion umgangen wird. Die komplexe Kohärenzfunktion $\Gamma_{xy}(f)$ für den für (6.1) und (6.2) zugrunde gelegten einfachsten Fall des unveränderlichen Musters lautet:

$$\Gamma_{xy}(f) = \frac{S_{xy}(f)}{\sqrt{S_{xx}(f)\, S_{yy}(f)}} = e^{-j\omega\Delta t}$$

Durch inverse Fourier-Transformation entsteht die sogenannte Rehocence-Funktion

$$\gamma_{xy}(\tau) = \delta(\tau - \Delta t),$$

die eine exakte Bestimmung von Δt gestattet. Natürlich kann dieses Verfahren keine Wunderdinge vollbringen. In [71] ist es etwas näher untersucht worden, wobei sich herausstellte, daß in den Fällen, in denen es dem normalen Korrelationsverfahren überlegen ist, durch eine geeignete Hochpaßfilterung (s. umseitig) ein ähnlicher Effekt erzielt werden kann.

b) Der unvermeidliche *Untergrund von unkorrelierten Signalanteilen* bereitet keine grundsätzlichen Schwierigkeiten, da er durch das Kreuzkorrelationsverfahren eliminiert wird. Natürlich beeinflußt er die für eine bestimmte statistische Genauigkeit notwendige Meßdauer.

c) Ein *Untergrund von korrelierten Signalanteilen,* d. h. sogenannten globalen Signalanteilen, die in beiden Signalen ohne Zeitverzögerung auftreten, kann dagegen beträchtliche Schwierigkeiten bereiten.

Mit l(t) als lokalem Signalanteil, der die interessierende Information über den Transporteffekt trägt, und g(t) als globalem Signalanteil gilt

$$\begin{aligned} x(t) &= l(t) + g(t) \\ y(t) &= l(t-\Delta t) + g(t). \end{aligned} \tag{6.7}$$

Sind beide Komponenten unkorreliert, so wird

$$R_{xy}(\tau) = R_{ll}(\tau - \Delta t) + R_{gg}(\tau), \tag{6.8}$$

d. h., wenn beide Komponenten hinreichende Bandbreite ($B > 5/\Delta t$) haben, ergeben sich zwei Maxima bei $\tau = 0$ und $\tau = \Delta t$, die leicht voneinander zu trennen sind.

Übrigens erweist sich der gleiche Fall im Frequenzbereich als problematischer. Von der ausführlichen Untersuchung in [69] seien hier nur die wichtigsten Ergebnisse gebracht. Aus (6.8) folgt die Kreuzspektraldichte

$$S_{xy}(f) = S_{gg}(f) + S_{ll}(f)\, e^{-j\omega\Delta t} \tag{6.9}$$

und damit für die Phasenfunktion

$$\Theta_{xy}(f) = \text{arc tg}\left[\frac{\sin\omega\Delta t}{S_{gg}(f)/S_{ll}(f) + \cos\omega\Delta t}\right]. \tag{6.10}$$

Dies bedeutet, daß in den Frequenzbereichen, in denen $S_{gg}(f)$ nicht gegenüber $S_{ll}(f)$ vernachlässigbar ist, die normale Phasenbeziehung (6.3) nicht anwendbar ist. Für eine eingehendere Diskussion des Phasenverhaltens eignet sich die grafische Darstellung von Gleichung (6.9) in der komplexen Zahlenebene (Abbildung 70a und b) besser. Der Einfachheit halber sind $S_{gg}(f)$ und $S_{ll}(f)$ frequenzunabhängig angenommen worden. S_{gg} bestimmt dann die Lage des Mittelpunktes des Kreises, den der zweite Summand $S_{ll}\, e^{-j\omega\Delta t}$ beschreibt. Es können zwei Fälle unterschieden werden:

1. Ist $S_{ll} < S_{gg}$ (Abbildung 70a), so kann der Phasenwinkel $\Theta_{xy}(f)$ nur zwischen $\pm$ arc sin S_{ll}/S_{gg} schwanken. Die Geradenanpassung ergibt $\Theta_{xy}(f) = 0$

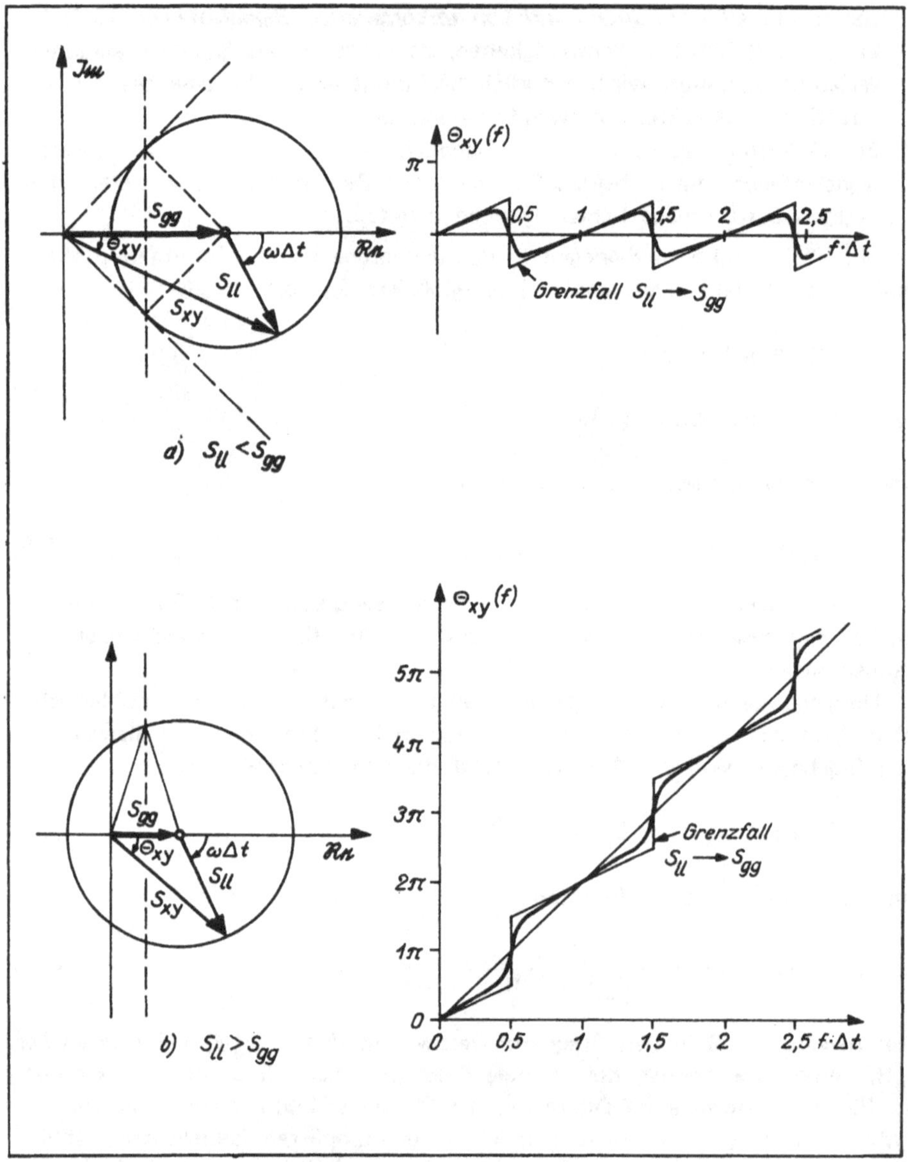

Abb. 70. Frequenzabhängigkeit der Phase der Kreuzspektraldichte bei globalem Signalanteil (nach [69])

bei hinreichend großem Frequenzbereich. Um diese Gerade oszilliert der Phasenwinkel mit den Nulldurchgängen bei $f = 0, 1/2\Delta t, 1/\Delta t, 3/2\Delta t, \ldots$

2. Ist $S_{ll} > S_{gg}$ (Abbildung 70b), so umschließt der Kreis auch den Koordinatenursprung, d. h. $\Theta_{xy}(f)$ wächst unbegrenzt mit f. Die Geradenanpassung liefert $\Theta_{xy}(f) = \omega\Delta t$. Wegen der Abweichung des Kreismittelpunktes vom Koordinatenursprung oszilliert $\Theta_{xy}(f)$ um diese Ausgleichsgerade, im linken Kreisabschnitt mit $|S_{xy}| < S_{ll}$ ist $d\Theta < \Delta t d\omega$, im rechten Abschnitt mit $|S_{xy}| > S_{ll}$ ist dafür $d\Theta > \Delta t d\omega$. Die Schnittpunkte mit der Ausgleichsgeraden liegen bei den gleichen Frequenzwerten wie im Fall 1).

Der Betrag der Kreuzspektraldichte zeigt ebenfalls diese periodische Frequenzabhängigkeit. Aus Gleichung (6.9) folgt

$$|S_{xy}(f)|^2 = S_{gg}^2 + S_{ll}^2 + 2S_{gg}S_{ll}\cos\omega\Delta t. \qquad (6.11)$$

Die Maxima des Betrages liegen demnach bei $f = 0, 1/\Delta t, 2/\Delta t, \ldots$ und die Minima bei $f = 1/2\Delta t, 3/2\Delta t, 5/2\Delta t, \ldots$

Diese Betrachtungen zeigen, daß es einerseits gefährlich ist, nur einen niederfrequenten Frequenzbereich mit $f_{max} < 1/2\Delta t$ für die Ermittlung der Transportzeit heranzuziehen; Δt kann dabei bis zu einem Faktor von 0.5 zu klein ermittelt werden. Andererseits zeigt sich, daß trotz der Beeinflussung durch den globalen Signalanteil, selbst im Falle 1), eine Bestimmung von Δt an Hand der Senken in $|S_{xy}(f)|$ bzw. der Nulldurchgänge von $\Theta_{xy}(f)$ möglich ist. Daß es sich bei diesen Betrachtungen keineswegs um rein theoretische Erwägungen handelt, zeigen die Abbildungen 71 und 72 mit dem gemessenen Frequenzgang zwischen zwei incore-Neutronensignalen x(t) und y(t) im Siedewasser Lingen [69]. Abbildung 71 gibt den Betrag des Frequenzganges, der nach Gleichung (4.14) durch $H_{xy}(f) = S_{xy}(f)/S_{xx}(f)$ bestimmt ist, wieder und Abbildung 72 die entsprechende Phase, die unmittelbar der Phase der Kreuzspektraldichte entspricht (das negative Vorzeichen ist auf die unterschiedliche Definition der Phasenfunktion in [69] zurückzuführen). Deutlich sind die diskutierten Minima, Maxima und Nulldurchgänge zu erkennen.

Eine andere Situation ergibt sich, wenn die globale Signalkomponente nur eine geringe Bandbreite besitzt [71]. Es gilt dann mit den Bezeichnungen in Abbildung 73 (Nebenabbildung):

$$R_{xy}(\tau) = a_l B_l \frac{\sin 2\pi B_l(\tau-\Delta t)}{2\pi B_l(\tau-\Delta t)} + a_g B_g \frac{\sin 2\pi B_g \tau}{2\pi B_g \tau}$$

Wenn B_g nicht $\gg 1/2\Delta t$ ist, d. h. wenn das gesuchte Maximum im Bereich der Hauptkomponenten des globalen Anteils liegt, entstehen Schwierigkeiten. In Abbildung 73 ist für $B_g = 1/4\Delta t$ ein derartiger Fall dargestellt, der deutlich die Probleme der Maximumsuche erkennen läßt, insbesondere wenn noch der

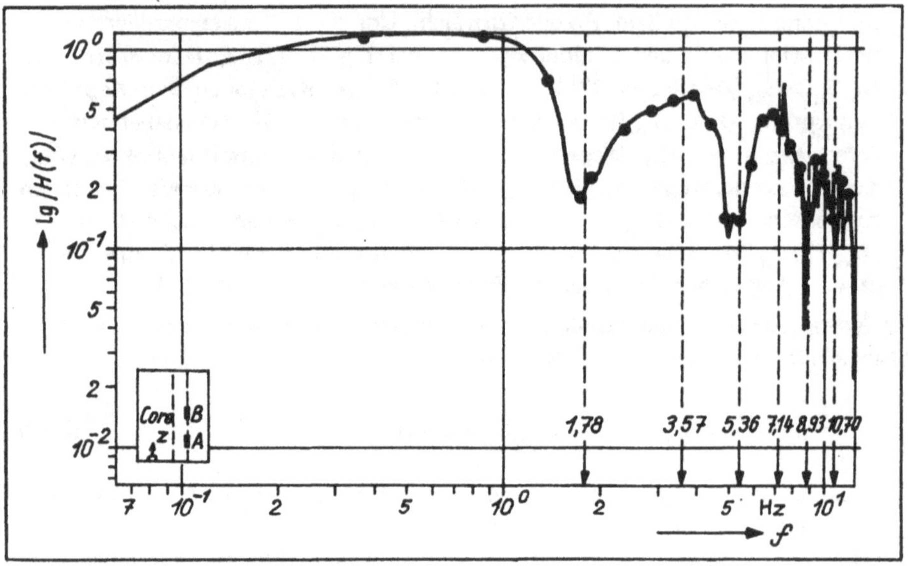

Abb. 71. Betrag des Frequenzganges zwischen den incore-Neutronensignalen an den Orten A und B [69]

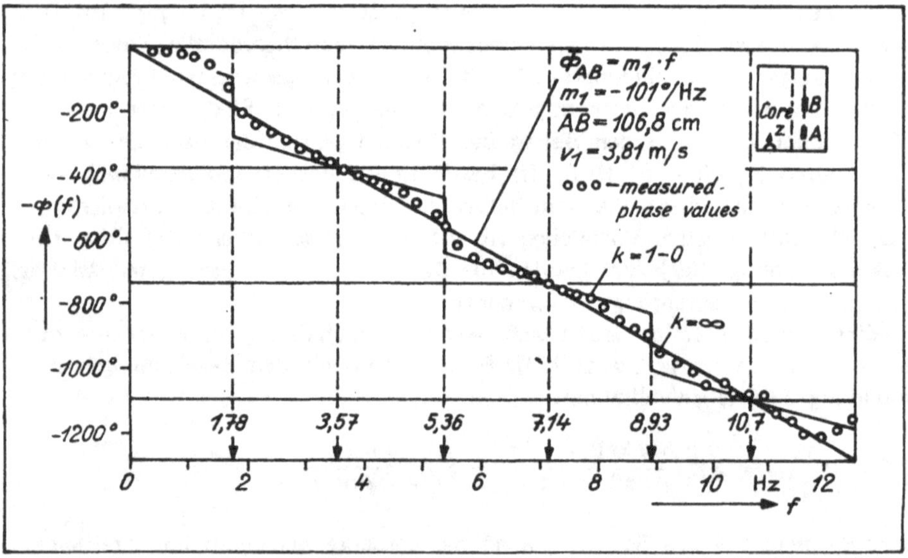

Abb. 72. Phase des Frequenzganges zwischen den incore-Neutronensignalen an den Orten A und B [69]

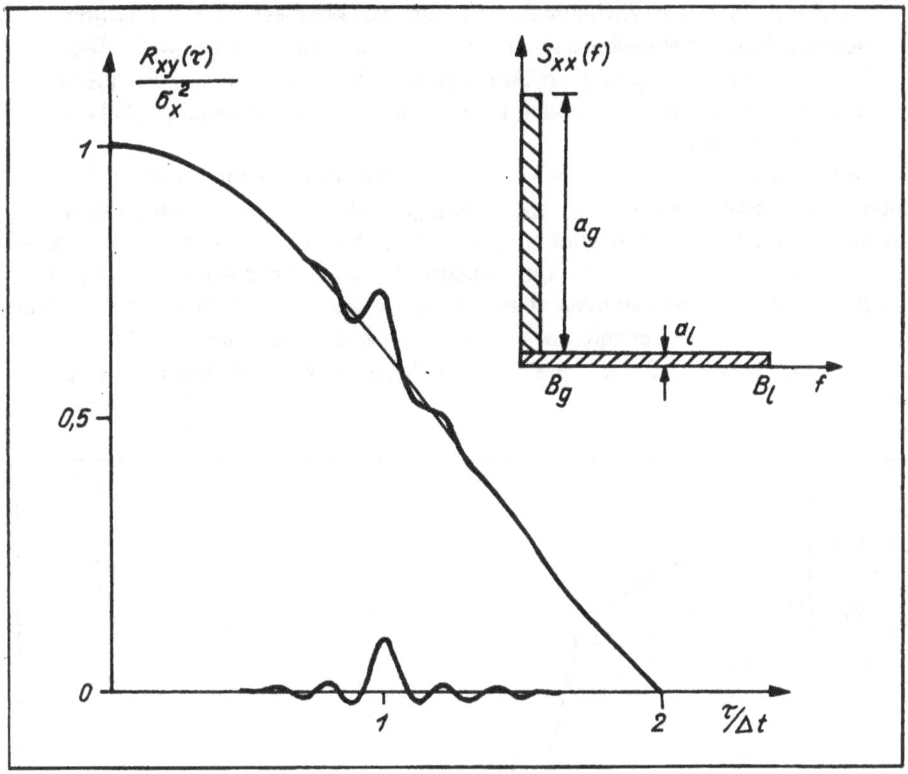

Abb. 73. Einfluß eines schmalbandigen globalen Signalanteils [71] ($B_g = 1/24\ B_l$, $a_g = 240\ a_l$, $B_l \Delta t = 6$)

unvermeidliche statistische Fehler der Schätzung der Kreuzkorrelationsfunktion in Betracht gezogen wird. Die Lösung des Problems ist relativ einfach: Durch Hochpaßfilterung von x(t) und y(t) wird die globale Komponente unterdrückt, wobei aber auf gleiche Filterkennwerte geachtet werden muß.

d) Ein noch ungelöstes Problem stellt eine *Korrelation zwischen lokaler und globaler Komponente* dar [72].

e) Ein seltenes Problem ist die *Veränderung des Signalmusters* auf dem Weg zwischen A und B. Solange es sich, wie z. B. beim vorher genannten Beispiel des Siedewasserreaktors, nur darum handelt, daß Teile des Musters verschwinden und neue entstehen, aber ein wesentlicher Teil unverändert B erreicht, fällt dies unter die Kategorie unkorrelierte Signalanteile. Ein völlig anderer Typ der Änderung des Musters wird in [65] beschrieben. Bei Untersuchungen an einem Natriumkreislauf wurde beobachtet, daß die Temperaturschwankungen des flüssigen Natriums auf dem Weg von A zu B im niederfrequenten Signalbereich einer zusätzlichen Zeitverzögerung unterworfen sind, die durch Zwischenspeicherung der Wärmeenergie auf Grund wechselseitiger Wärmeübertragung Natrium-Rohrwand erklärt wird. Die Ergebnisse der Δt-Messung in Abhängigkeit vom verwendeten Frequenzbereich (Abbildung 74) weisen Fehler über 100 % bei falscher Wahl des Frequenzbereiches aus.

Sicher handelt es sich bei diesem Effekt um einen recht seltenen Fall. Er unterstreicht aber noch einmal die Notwendigkeit, vor der Verwendung der Korrelationsmethode zur Bestimmung der Transportzeit einige orientierende Versuche anzustellen. Diese sollten Messungen bei unterschiedlicher Frequenzbandbeschneidung und parallele Auswertung im Zeit- und Frequenzbereich umfassen. Wenn die Möglichkeit besteht, sind Veränderungen des Detektorabstandes und der parallele Einsatz anderer unabhängiger Meßmethoden zu empfehlen.

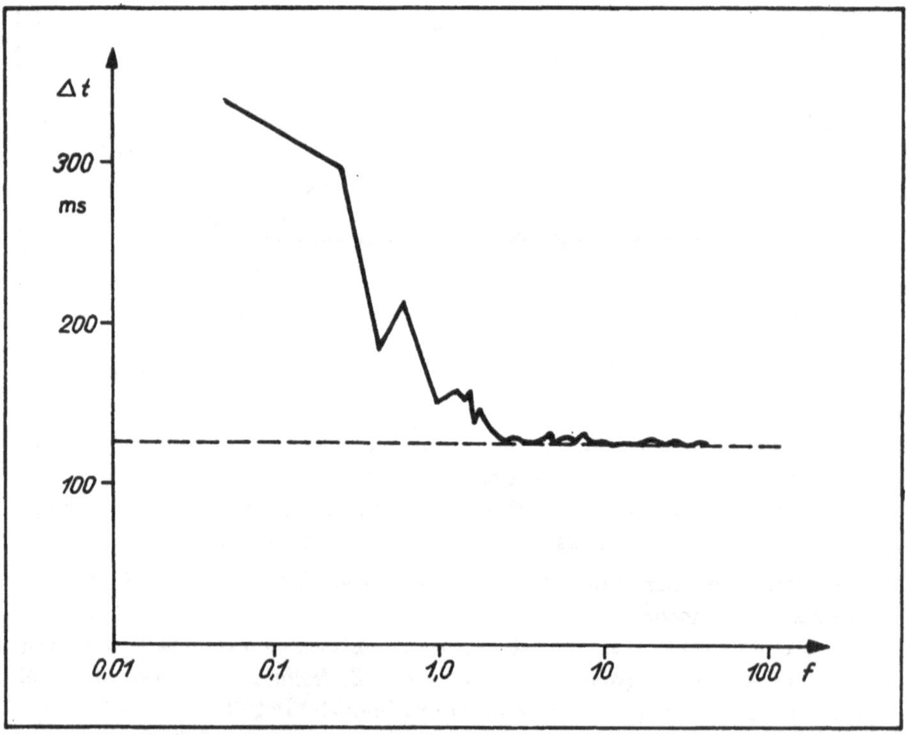

Abb. 74. Frequenzabhängigkeit der Transportzeit [65]

6.2. Ermittlung von Regelelementschwingungen in einem Kernreaktor

Dieses Beispiel veranschaulicht die Separierung verschiedener Rauschquellen und die Verwendung von Modellexperimenten zur Stützung der Interpretation der Ergebnisse der Rauschanalyse.

Ein Druckwasserreaktor stellt zusammen mit den Kühlmittelschleifen und Dampferzeugern ein hermetisch abgeschlossenes System dar (Abbildung 75), in dem hohe Drücke (> 10 MPa), hohe Temperaturen (> 250 °C) und ein hoher radioaktiver Strahlungspegel bestehen. Die Steuerung des erwünschten Prozesses der Kettenreaktion von Kernspaltungen erfolgt mit Hilfe von Regelelementen, die in ihrem oberen Teil aus einem Neutronenabsorber und in ihrem unteren aus Kernspaltmaterial bestehen. Durch Veränderung der Eintauchtiefe eines Regelelementes in der aktiven Zone wird die Materialzusammensetzung geändert und damit die Kettenreaktion gesteuert. Die Regelelemente müssen sicher und schnell bewegt werden können, gleichzeitig müssen sie, wie alle anderen Teile der aktiven Zone, gekühlt werden, d. h. sie befinden sich in einer Kühlmittelströmung mit einer relativ hohen Geschwindigkeit von ≈ 5 m/s. Die Forderungen nach Beweglichkeit und intensiver Kühlung führen dazu, daß die Regelelemente dem unerwünschten Prozeß strömungsinduzierter mechanischer Schwingungen unterworfen sind. Im Normalfall bereitet dieser keine Schwierigkeiten; beim Zusammentreffen ungünstiger Bedingungen (mechanische Toleranz, Strömungsverhältnisse) können die Schwingungen aber Ausmaße annehmen, die eine rechtzeitige Auswechselung des Elementes bei der nächsten Reaktorumladung erforderlich machen. Daher ist es wünschenswert, die mechanischen Schwingungen aller Regelelemente zu überwachen. Auf direkte Weise ist dies auf Grund der geschilderten Bedingungen im Druckwasserreaktor nicht möglich; die Analyse der Neutronenflußschwankungen ist jedoch geeignet, diese Schwingungen abzubilden.

In Abbildung 76 sind die Autospektraldichten der Signale einiger Neutronendetektoren innerhalb (E1, E2, E3) und außerhalb (I1, I2, I3) der aktiven Zone eines Druckwasserreaktors vom Typ WWER-440 dargestellt [45]. Der Prozeß der Regelelementbewegung macht sich im Frequenzbereich von 1 bis 3 Hz durch eine ausgeprägte Resonanzstruktur bemerkbar. Benachbarte Detektoren, wie z. B. E1 und I1, haben eine ähnliche Form der Spektren, weit entfernte, wie z. B. I1 und I3, sehr unterschiedliche. Dies deutet daraufhin, daß einerseits die Abbildung des Schwingungsprozesses im Neutronenfeld ortsabhängig ist und andererseits, daß mehrere unterschiedliche Schwingungsprozesse an verschiedenen Positionen der aktiven Zone wirksam sind. So ist z. B. in der Nachbarschaft von I1/E1 ein dominierender Prozeß bei 2.4 Hz zu vermuten, der in der Autospektraldichte von I3 kaum zu finden ist. Dagegen ist die ausgeprägte Resonanz in der Autospektraldichte von I3 bei 2.1 Hz in I1 nur andeutungsweise zu finden. Dies wird auch durch die Kohärenzfunktionen in Abbildung 77 bestätigt.

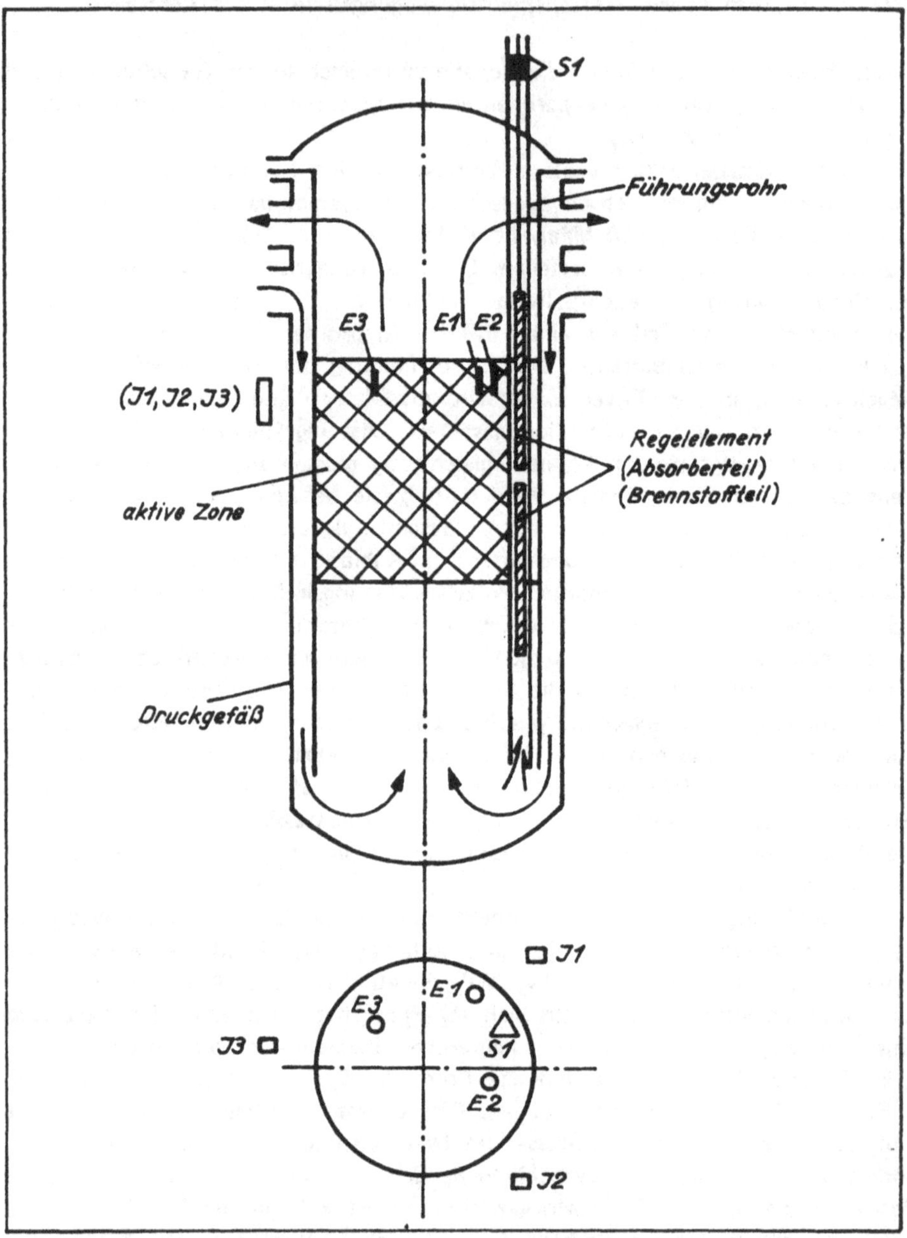

Abb. 75. Schematische Darstellung des Reaktordruckgefäßes und der Meßwertaufnehmer [45]

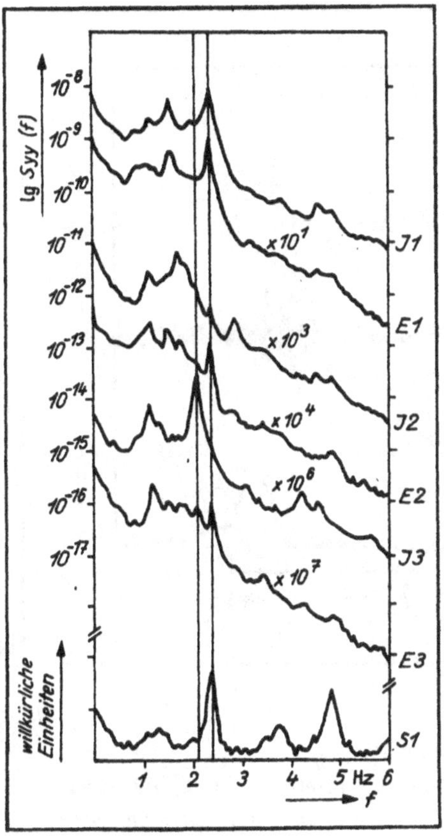

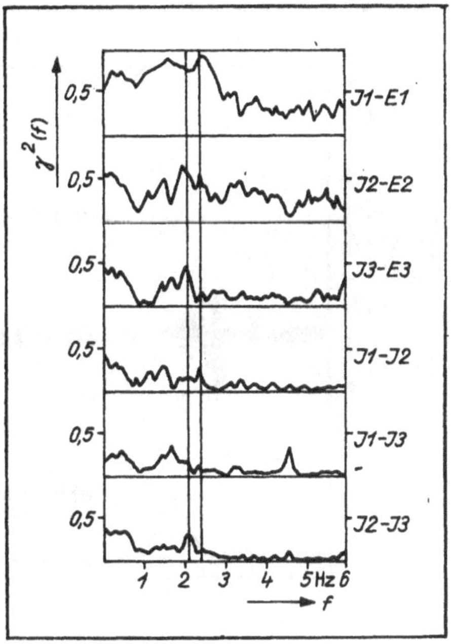

Abb. 77. Kohärenzfunktionen ausgewählter Neutronensignalpaare [45]

Abb. 76. Autospektraldichten von 6 Neutronensignalen und 1 Körperschallsignal [45]

Über diese qualitativen Feststellungen hinaus lassen sich aber aus dem Neutronenfeld allein keine brauchbaren Aussagen bezüglich der Schwingungsprozesse der insgesamt 37 Regelelemente dieses Reaktortyps machen.

Werden jedoch als zusätzliche Signale die Körperschallsignale an den Führungsrohren der Regelelemente verwendet, die aus dem hermetisch abgeschlossenen System herausragen (Abb. 75) und als Wellenleiter für Schallereignisse aus dem Reaktorinnern dienen können, ergeben sich bessere Bedingungen. Abbildung 78 zeigt ein derartiges Körperschallsignal, das durch Demodulation (Gleichrichtung und Tiefpaßfilterung) aus dem Signal eines Beschleunigungsaufnehmers gewonnen wird. Wie die Untersuchungen [45] zeigten, rühren die impulsförmigen Ereignisse von den Anschlägen des Regelelementes her, das zu dem betreffenden Führungsrohr gehört. Die Körperschallsignale an ver-

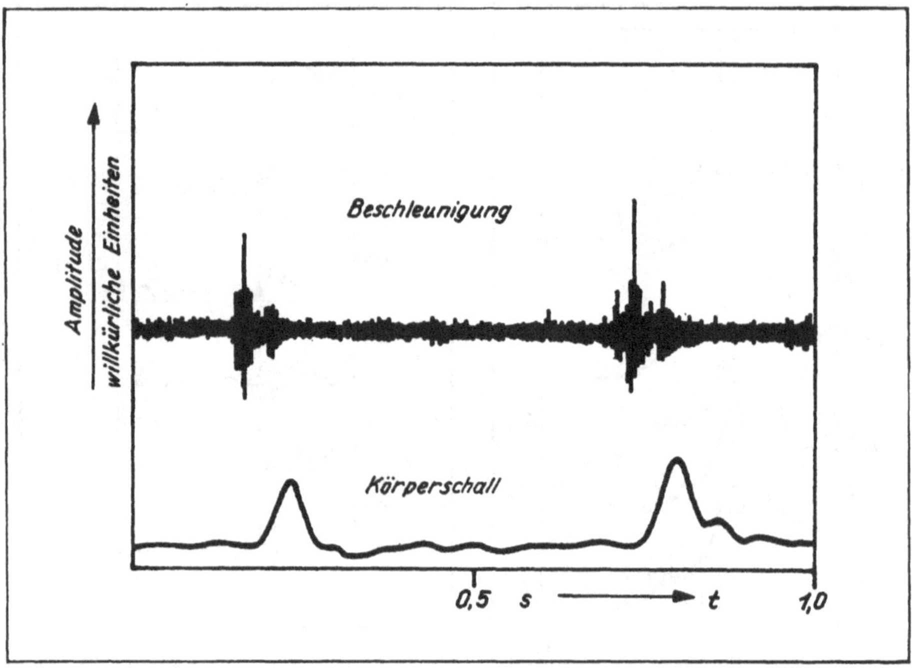

Abb. 78. Typisches Körperschallsignal [45]

schiedenen Führungsrohren sind untereinander im interessierenden Frequenzbereich unkorreliert, so daß auch die mechanischen Schwingungen der verschiedenen Regelelemente als untereinander unkorreliert angenommen werden können. Damit sind die Voraussetzungen für die Anwendung des in 4.2.2. behandelten Separationsverfahrens der Ermittlung partieller Spektraldichten gegeben: Die verschiedenen Rauschquellen sind unkorreliert und eine dominiert im Körperschallsignal. In Abbildung 76 ist die Autospektraldichte des Körperschallsignals an einem Führungsrohr in der Nähe der Neutronendetektoren E1/I1 (Abb. 75) dargestellt, welche die gleiche dominierende Resonanz bei 2.4 Hz enthält. Offensichtlich sind die mechanischen Schwingungen dieses Regelelementes die Rauschquelle der 2.4 Hz-Resonanz. Unter Verwendung dieses Körperschallsignals wurden die partiellen Spektraldichten in Abbildung 79 und Tabelle 4 nach Gleichung (4.62) berechnet. Sie stellen den Anteil in der Autospektraldichte dar, der mit dem Körperschallsignal S1 korreliert ist. Ist das Körperschallsignal vollständig mit dem Bewegungsprozeß korreliert, so stellen die partiellen Spektraldichten die Autospektraldichten der betreffenden Detektorsignale dar, die sich ergeben würden, wenn einzig das zu S1 gehörige Regelelement schwingen würde. Tatsächlich reduzieren sich die partiellen Spektral-

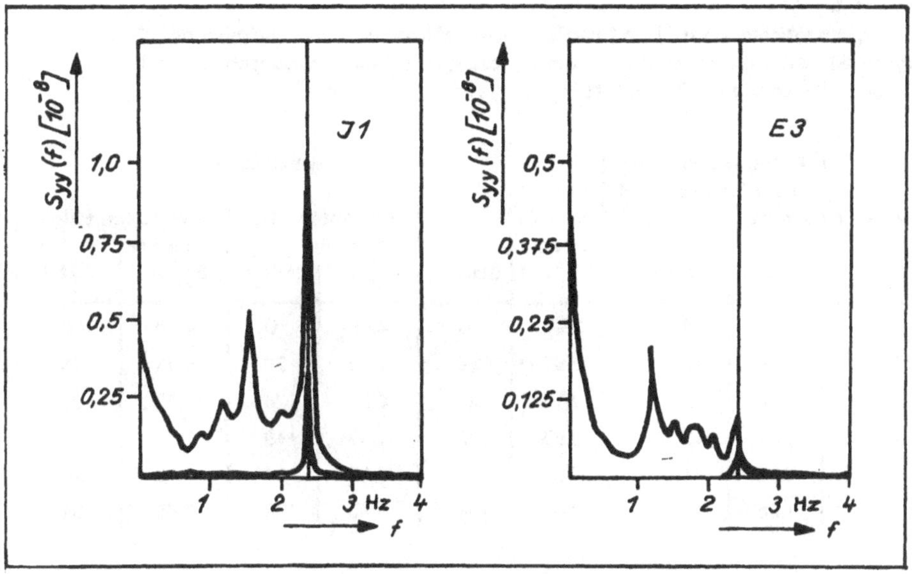

Abb. 79. Vergleich von Autospektraldichten mit partiellen Spektraldichten (nach [45])

dichten im wesentlichen auf die 2.4 Hz-Resonanz, allerdings liegen die Werte systematisch unter denen der Autospektraldichten. Das ist offensichtlich darauf zurückzuführen, daß das Körperschallsignal den Bewegungsprozeß nicht vollständig beschreibt, d. h., daß z. B. nicht alle Perioden des Bewegungsprozesses mit Schallereignissen verbunden sind. Eine ereignisselektive Signalerfassung entsprechend 3.2.2.3. bzw. 3.2.2.4., die nur diejenigen Signalabschnitte für die Analyse bereitstellt, in denen der Effektivwert des Körperschallsignals eine bestimmte Schwelle überschreitet, liefert Ergebnisse (Tab. 5), die deutlich höher liegen als die normalen partiellen Spektraldichten, aber immer noch unterhalb der Autospektraldichten. Dies kann nur so erklärt werden, daß selbst in den Zeitabschnitten hoher Schallintensität nicht der gesamte Schwingungsprozeß vom Schallsignal beschrieben wird. Die Phasendifferenzen zwischen den partiellen Signalanteilen (Tab. 5), die nach Gleichung (4.65) berechnet wurden, zeigen eine recht gute Übereinstimmung zwischen normalen und ereignisselektiv ermittelten partiellen Spektraldichten, was andeutet, daß wesentliche, charakteristische Teile des mechanischen Schwingungsprozesses auf diese Weise erfaßt werden.

In Tabelle 5 ist noch eine dritte Variante der Ermittlung partieller Spektraldichten enthalten, deren Ergebnisse weitgehend mit denen der ereignisselektiven Analyse übereinstimmen. Hier wurde von der Vorstellung ausgegangen, daß es sich bei dem Bewegungsprozeß um einen teilweise determinierten Pro-

Tabelle 5
Autospektraldichten [$\times 10^8$] und partielle Spektraldichten [$\times 10^8$] bezüglich des Körperschallsignals S1 sowie die Phasendifferenzen [°] bezogen auf das Neutronensignal I1 bei der Resonanzfrequenz f_o = 2.4 Hz [45]

Detektor	Autospektraldichte; Phase Kreuzspektraldichte		partielle Spektraldichte					
			normale Erfassung		ereignisselektive Erfassung		über Zeitmittelfunktion	
	$S_{xx}(f_o)$	$\Delta\Theta(f_o)$	$S_{xx}^{(m)}(f_o)$	$\Delta\Theta(f_o)$	$S_{xx}^{(m)}(f_o)$	$\Delta\Theta(f_o)$	$S_{xx}^{(m)}(f_o)$	$\Delta\Theta(f_o)$
I1	10.63	0	2.99	0	4.65	0	4.18	0
E1	11.55	+2	3.61	-25	5.32	-20	5.41	-15
I2	0.68	+3	0.16	+27	0.33	+24	0.33	+20
E2	1.51	+2	0.55	+49	1.42	+49	1.33	+50
I3	0.85	-4	0.04	-13	0.19	-14	0.19	-25
E3	1.25	+5	0.47	+64	0.89	+59	0.85	+54

zeß handelt, d. h. um einen Prozeß, der nach einem bestimmten Ereignis – im vorliegenden Fall dem Anschlag an das Führungsrohr, der das Schallsignal (Abb. 78) verursacht – immer etwa in der gleichen determinierten Weise abläuft. Ein derartiger Prozeß liefert ein Signal, das sich mit Hilfe der Zeitmittelfunktion (3.43) beschreiben läßt. Durch Verwendung des Amplitudenmaximums im Signal S1 oberhalb einer vorgegebenen Schwelle, die in einer unabhängigen Versuchsserie bestimmt wurde [45], konnten die Zeitmittelfunktionen der verschiedenen Neutronendetektorsignale ermittelt und daraus die partiellen Spektraldichten entsprechend (3.44) berechnet werden.

Die Übereinstimmung mit den direkt ermittelten partiellen Spektraldichten spricht für die Richtigkeit der Modellannahme, die aber noch durch experimentelle Untersuchungen an einem verkleinerten Strömungsmodell erhärtet wurde [73]. Eine typische strömungsinduzierte Schwingung des Modell-Elementes mit ähnlichem Verhalten bezüglich der Folge der Anschlaggeräusche zeigt Abbildung 80. Das umgrenzende Sechseck charakterisiert den freien Spalt des Führungskanals, in dem sich der Mittelpunkt des Elementes in Höhe der Meßebene von zwei Wegaufnehmern bewegt. Die Bewegung ist offensichtlich stark determiniert, Anschlaggeräusche treten hauptsächlich im Gebiet bei A auf, mit erheblich geringerer Häufigkeit aber auch bei B, was wahrscheinlich zu einer Störung des quasideterminierten Verhaltens führt und die Ursache für die Diskrepanz zwischen Autospektraldichte und partieller Spektraldichte sein kann. Interessant ist die Form der Trajektorie im Bereich des Anschlages A. Da der Anschlag nicht in der Meßebene erfolgt – sonst müßte die Trajektorie das umgrenzende Sechseck berühren – ist diese Schleife offensichtlich ein Indiz

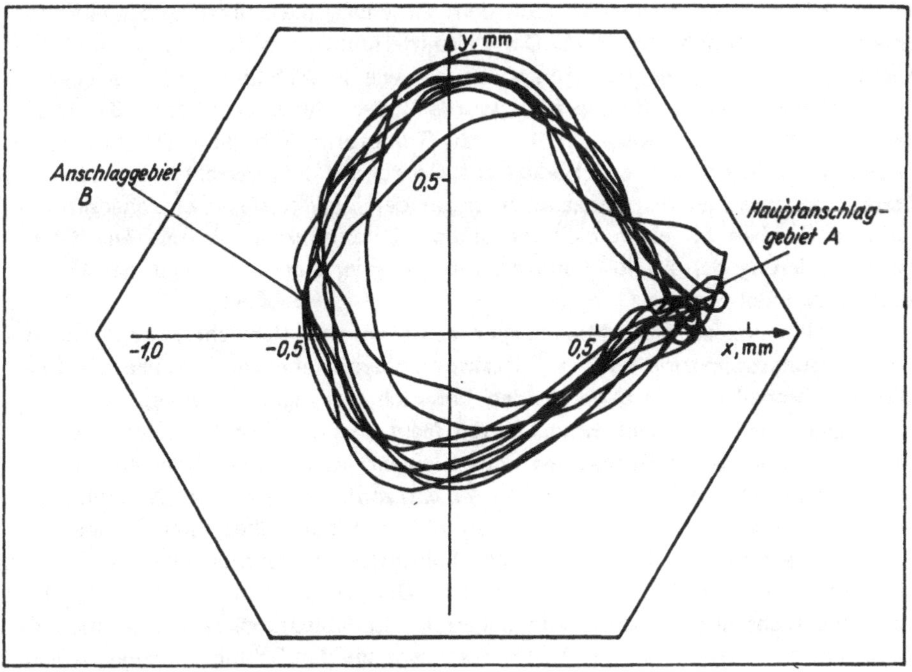

Abb. 80. Typische Trajektorie der Modellelementbewegung [73]

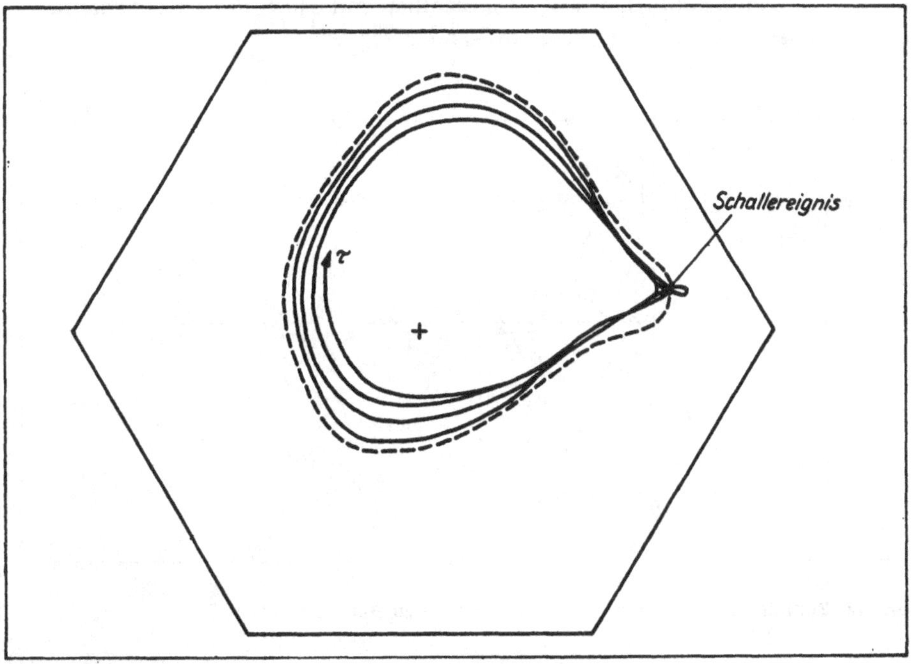

Abb. 81. Zeitmittelfunktion der in Abb. 80 dargestellten Bewegung [73]

für das Kippeln des Elementes nach dem Anschlag, das kurzzeitig zu einer Umkehr der Drehrichtung führt. Die Zeitmittelfunktionsbildung für x- und y-Auslenkung des gleichen Bewegungsprozesses wie in Abbildung 80, die über viele Anschlagereignisse durchgeführt wurde, liefert die in Abbildung 81 dargestellte Trajektorie. Sie entspricht in ihrer Grundform Abbildung 80, mit wachsendem τ verringert sich der Radius auf Grund der sich verschlechternden Korrelation zwischen den Einzelschätzungen der Trajektorie – ein charakteristisches Zeichen für einen nicht vollständig determinierten Prozeß. Der Grad der Reduzierung des Radius kann als Maß für die Determiniertheit des Prozesses verwendet werden.

In Anlehnung an diese Modellexperimente wurden Versuche unternommen, die Bewegungstrajektorie auch am Reaktor zu ermitteln. Dazu wurde die (begründete) Modellvorstellung verwendet, daß sich das Signal in einem dem schwingenden Regelelement benachbarten Neutronendetektor in erster Näherung linear mit dessen Entfernung vom Element ändert. Mit Hilfe von zwei Neutronendetektoren im Abstand von 47 cm vom Regelelement (Abbildung 82b) wurde auf diese Weise durch Zeitmittelfunktionsbildung über zwei Stunden, unter Verwendung des Schallsignals am Führungsrohr des Elementes als Trigger, die Trajektorie in Abbildung 82a ermittelt. Der Vergleich mit Abbildung 81 zeigt eine recht überzeugende Ähnlichkeit im Zeitablauf, insbesondere auch das Verhalten der Trajektorie am Anschlagort, was zu der Schlußfolgerung berechtigt, daß die Modellvorstellungen bezüglich des Bewegungsprozesses real sind und daß dessen wesentlicher Teil offensichtlich mit Hilfe der beschriebenen Separationsverfahren ermittelt werden kann.

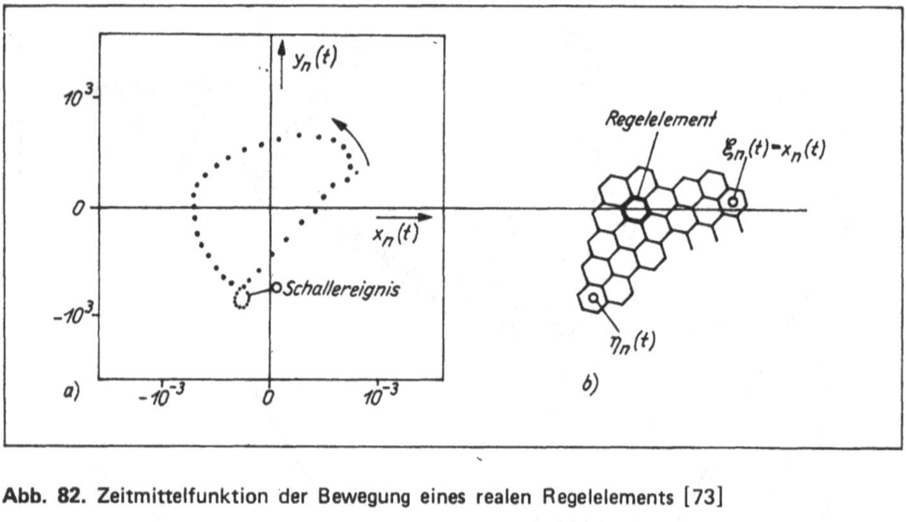

Abb. 82. Zeitmittelfunktion der Bewegung eines realen Regelelements [73]

Trotz erfreulicher Erfolge muß festgestellt werden, daß eine vollständige Beschreibung des Bewegungsprozesses nicht möglich ist, daß es nur gelingt, bestimmte mittlere Parameter, wie Anschlagrichtung und Bewegungstyp (Grad der Determiniertheit), für das einzelne Regelelement zu ermitteln. Diese sind aber durchaus geeignet, einerseits Aussagen über die notwendige Beweglichkeit und Unversehrtheit des Elementes zu machen und andererseits Schlüsse auf die Belastung zu ziehen, die das Element und seine unmittelbare Umgebung durch den Schwingungsprozeß erfahren. Durch regelmäßige Ermittlung dieser Belastung können die integralen Belastungen während der Reaktorkampagne für alle Regelelemente ermittelt und als Grundlage für eine Entscheidung bezüglich notwendiger Inspektionen bzw. vorbeugender Instandsetzungen während der nächsten Reaktorumladung genommen werden.

6.3. Separation des fetalen Elektrokardiogramms aus dem fetomaternellen

Das Elektrokardiogramm des Kindes vor und während der Geburt (fetales EKG) gestattet die Kontrolle der Vitalfunktion des Kindes. Es kann schon Monate vor der Geburt Informationen über die Kindesentwicklung liefern und während der Geburt zur Überwachung dienen. Sogenannte „Risikogeburten" können durch rechtzeitige prophylaktische Maßnahmen sicherer verlaufen. Zur Ermittlung des fetalen EKG kommt vor der Geburt nur die indirekte Ableitung in Frage, d. h. die Signalabnahme am Mutterleib. Dabei sind erhebliche Störungen des interessierenden fetalen Signals durch die maternellen Herzaktionen, Muskelbewegungen und die Atmung in Kauf zu nehmen. Die signalanalytische Aufgabe besteht in der Separation des interessierenden fetalen EKG-Signals f(t) aus dem Gesamtsignal des fetomaternellen EKG y(t). Mit guter Näherung läßt sich y(t) als Summe von drei Signalanteilen darstellen [74]:

$$y(t) = f(t) + m(t) + r(t), \tag{6.12}$$

wobei m(t) das maternelle EKG-Signal und r(t) die restlichen Störsignale darstellen. Die drei Signalanteile sind untereinander unkorreliert. Die Größenordnungen der Signalanteile verhalten sich wie [75]

$$f(t) : r(t) : m(t) = 1 : 10 : 100, \tag{6.13}$$

d. h. das Hauptproblem stellt die Eliminierung des maternellen EKG-Signals dar. Abbildung 83 zeigt einige typische EKG-Signale von Erwachsenen bei der üblichen Standardableitung, in denen als gemeinsames Merkmal der impulsförmige Anteil, der sogenannte QRS-Komplex, auffällt, der sich gut zur Ermittlung der Periode der Herzaktion eignet. In Abbildung 84 sind im Vergleich dazu einige typische Signalformen des fetomaternellen EKG zu sehen, bei

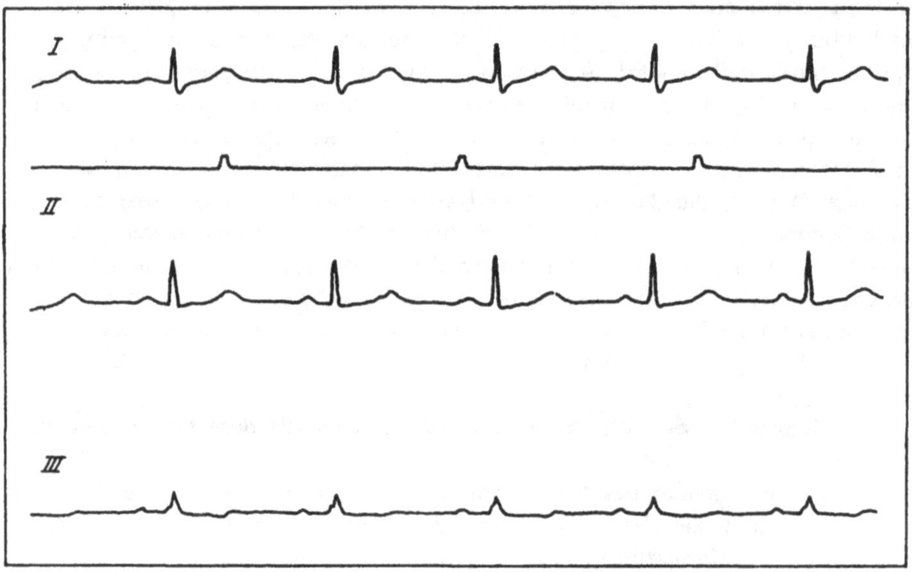

Abb. 83. Das normale EKG bei den Standardableitungen

denen die Ableitelektroden am Mutterleib, möglichst nahe am Kind, angebracht waren [75]. Ohne Schwierigkeiten lassen sich die maternellen QRS-Komplexe erkennen. Die fetalen QRS-Komplexe – einige sind hinsichtlich ihrer Lage durch „F" gekennzeichnet – sind praktisch nicht zu finden, was auch nach den Größenverhältnissen in (6.13) nicht zu erwarten ist.

Zur Unterdrückung des maternellen EKG wurden verschiedene Methoden entwickelt, die jedoch alle nur eingeschränkt einsetzbar sind. Das direkteste Verfahren ist die parallele Aufnahme des von der fetalen Herzaktivität unbeeinflußten EKG (z. B. durch Ableitung an der Schulter [75]) und Subtraktion vom Signal y(t) nach geeigneter Amplituden- und Phasenanpassung. Jedoch gibt es dabei, wie schon Abbildung 84 andeutet, einige Schwierigkeiten mit der richtigen Anpassung bei den sehr unterschiedlichen Signalformen, die y(t) haben kann. Auf jeden Fall erfordert diese Methode viel Erfahrung und eine beträchtliche Einstellzeit [74]. Ein anderes Verfahren ist die Ausblendung der maternellen QRS-Komplexe; d. h. während ihres Auftretens wird y(t) = 0 gesetzt. Damit ergeben sich aber erhebliche Störungen des fetalen EKG durch entsprechende Lücken, in denen auch fetale QRS-Komplexe liegen können. Sicher wird es bei dem Größenordnungsunterschied von 1 : 100 kaum ein Verfahren geben, welches das fetale EKG in seinem gesamten Informationsgehalt mit hinreichender Genauigkeit liefert. Es ist notwendig, sich auf bestimmte wesentliche Parameter zu beschränken. Dies sind die momentane und die über

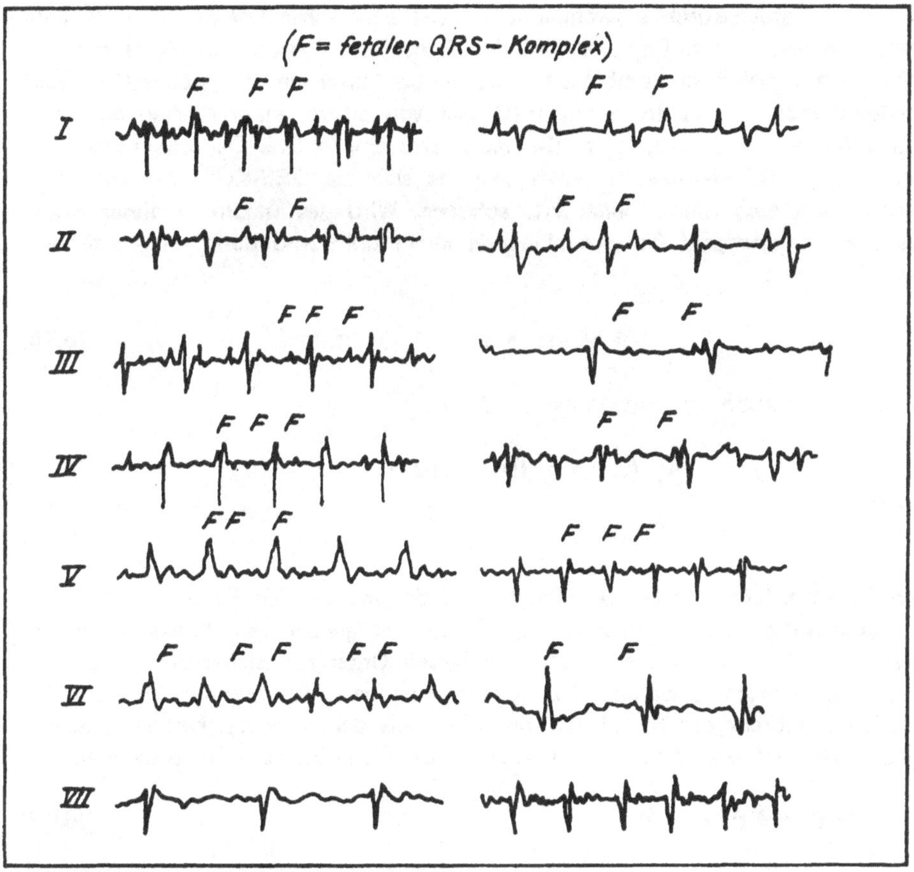

Abb. 84. Typische Signalformen des fetomaternellen EKG [75]

einen größeren Zeitraum gemittelte Herzfrequenz. Diese Einschränkung gestattet, sich auf die Ermittlung der fetalen QRS-Komplexe zu konzentrieren; die detaillierte Form des EKG entsprechend Abbildung 83 wird nicht benötigt. So kann durch geeignete Bandpaßfilterung von 15 bis 40 Hz, die praktisch nur noch die QRS-Komplexe durchläßt, erreicht werden, daß sich das Amplitudenverhältnis zu gunsten des fetalen EKG ändert. Nach [74] verbessert es sich um reichlich eine Größenordnung. Dies reicht aber zur sicheren Feststellung der fetalen QRS-Komplexe immer noch nicht aus. Dazu wird in [74] das Dekorrelationsverfahren vorgeschlagen, das in Kapitel 3 erläutert wurde und dessen Anwendung auf diesen speziellen Fall etwas ausführlicher betrachtet werden soll.

Die drei Signalanteile in Gleichung (6.12) werden zu zwei Signalen gruppiert, zu m(t) und f(t) + r(t). m(t) ist ein annähernd determiniertes Signal, das sich in stochastisch schwankenden, meist aber sogar fast periodischen Zeitabständen wiederholt. Entsprechend der Signalklassifikation handelt es sich bei y(t) um ein mehrfach kombiniertes Signal, und zwar um ein stochastisch sich wiederholendes transientes Signal m(t), das von einem unkorrelierten anderen Signal f(t) + r(t) überlagert ist (3.2.3.3.). Das empfohlene Dekorrelationsverfahren ist ohne Schwierigkeiten anwendbar, da sich die QRS-Komplexe von m(t) deutlich aus dem Gesamtsignal y(t) abheben. Wird das Maximum dieser Komplexe als Triggersignal für eine gleitende Mittelfunktionsbildung verwendet, ergibt sich

$$m(t) \approx \hat{A}_{yy}(\tau, t_o) = \frac{1}{K}\, y(t_o + \tau) + \hat{A}_{yy}(\tau, t_{-1})\, e^{-K}. \qquad (6.14)$$

Durch Subtraktion von y(t) entsteht dann

$$z(t) = y(t) - \hat{A}_{yy}(\tau, t_o) = f(t) + r(t) + r'(t), \qquad (6.15)$$

wobei

$$r'(t) = m(t) - \hat{A}_{yy}(\tau, t_o) \qquad (6.16)$$

den Fehler erfaßt, der bei der Darstellung des maternellen EKG durch die gleitende Mittelfunktion entsteht. Er ist von der gleichen stochastischen Natur wie r(t) und kann mit diesem zu dem neuen Untergrundsignal u(t) = r(t) + r'(t) zusammengefaßt werden. Damit setzt sich nach Anwendung des Dekorrelationsverfahrens das Signal z(t) nur noch aus dem interessierenden fetalen EKG-Signal f(t) und einem unkorrelierten Untergrundsignal u(t) zusammen:

$$z(t) = f(t) + u(t). \qquad (6.17)$$

In diesem Signal interessiert nur f(t), das durch impulsförmige QRS-Komplexe markiert ist, die sich bei nicht übermäßig großem u(t) auch ohne allzu große Schwierigkeiten identifizieren lassen [74]. Das Resultat besteht in der Zeitfolge der fetalen Herzaktionen, aus der die momentane und die über einen größeren Zeitraum gemittelte Herzfrequenz bestimmt werden kann.

Zur Erhöhung der Sicherheit bei der Ermittlung der QRS-Komplexe wird in [74] die Messung der Kreuzkorrelation zwischen der gespeicherten Zeitmittelfunktion und dem aktuellen Signal vorgeschlagen, d. h. die Erkennung des QRS-Komplexes durch Vergleich mit dem gespeicherten Muster. In einer Belehrungsphase, bei der die Triggerung durch einfache Maximumsuche erfolgt, wird das Muster ermittelt, das durch die gleitende Mittelfunktionsbildung laufend aktualisiert wird. Mit Hilfe dieser Methode können Störimpulse mit hoher Sicherheit eliminiert werden. Natürlich erhöht sich damit auch deren Aufwand.

Ein Vergleich des Dekorrelationsverfahrens mit den beiden oben geschilderten Methoden zeigt einige offensichtliche Vorteile. Im Vergleich zum Subtraktionsverfahren entfällt die aufwendige (und natürlich meist auch unvollkommene) Anpassung der Amplituden der beiden Signale; die gleitende Zeitmittelfunktionsbildung sorgt für eine automatische Anpassung. Im Vergleich zum Ausblendungsverfahren ist als Hauptvorteil zu werten, daß ein lückenloses fetales EKG-Signal erhalten wird.

In Abbildung 85 ist das Blockschaltbild eines Gerätes dargestellt, das die beschriebene Separation und Analyse des fetalen EKG-Signals ausführen kann [74, 76]. Das Bandpaßfilter bewirkt die beschriebene Verbesserung des Signal-Untergrundverhältnisses. Der Maximumdetektor I dient zur Feststellung der maternellen QRS-Komplexe und veranlaßt die Synchronisation des Taktimpulsgebers sowie des Adreßzählers mit den Perioden des Signals m(t). Die gleitende Zeitmittelfunktionsbildung erfolgt in der in 5.3.3.1. beschriebenen Weise unter Ausnutzung der Einfachheit von Rechtsverschiebungen und Additionen in Vergleich zu Multiplikationen: Der aktuelle Meßwert $y(t) = y(t_o + \tau)$ wird zu dem entsprechenden gespeicherten τ-Wert der Zeitmittelfunktion $\hat{A}_{yy}(t_{-1} + \tau)$, die mit $1-2^{-n}$ multipliziert wurde, addiert und damit der aktuelle Zeitmittelfunktionswert $\hat{A}_{yy}(t_o + \tau)$ erhalten. Dieser wird einerseits an Stelle von $\hat{A}_{yy}(t_{-1} + \tau)$ abgespeichert und andererseits zur Bildung des dekorrelierten Signalwertes $z(t) = y(t) - 2^{-n}\hat{A}_{yy}(t_o + \tau)$ verwendet. In diesem Signal werden mit Hilfe des Maximumdetektors II die fetalen QRS-Komplexe ermittelt, deren Zeitabstände mit einem Impulsabstandskonverter gemessen werden. Dieser kann aus einem Zeitzähler bestehen, der beim Auftreten eines Maximums ausgelesen, nullgestellt und wieder gestartet wird. Der aktuelle Wert der Herzaktivitätsperiode wird über einen Digital-Analog-Wandler auf einem Schreiber registriert. Aus dem Schreibstreifen kann der Langzeitmittelwert bestimmt werden. Bei höheren Anforderungen kann auch die Bestimmung der Impulsabstandsverteilung erfolgen, die eine Aussage über die Streuung (Stabilität) der Herzaktivitätsperioden gestattet.

6.4. Leckdetektion in einem natriumbeheizten Dampferzeuger

In einem Kernkraftwerk mit einem natriumgekühlten schnellen Brutreaktor müssen die Dampferzeuger, in denen die Wärmeübertragung zwischen dem flüssigen Natrium und dem Wasser stattfindet, mit besonderer Sorgfalt überwacht werden. Der Grund dafür besteht in der Gefahr, daß die nur durch dünne Wände von 2 bis 5 mm Wandstärke voneinander getrennten Medien miteinander reagieren, wobei sich Lecks schnell vergrößern können und es zu einer explosionsartigen Zerstörung des Dampferzeugers kommen kann. Die Überwachungsaufgabe besteht darin, die Entstehung eines Lecks bereits in der Frühphase zu erkennen, in der die Anlage noch sicher abgeschaltet werden kann.

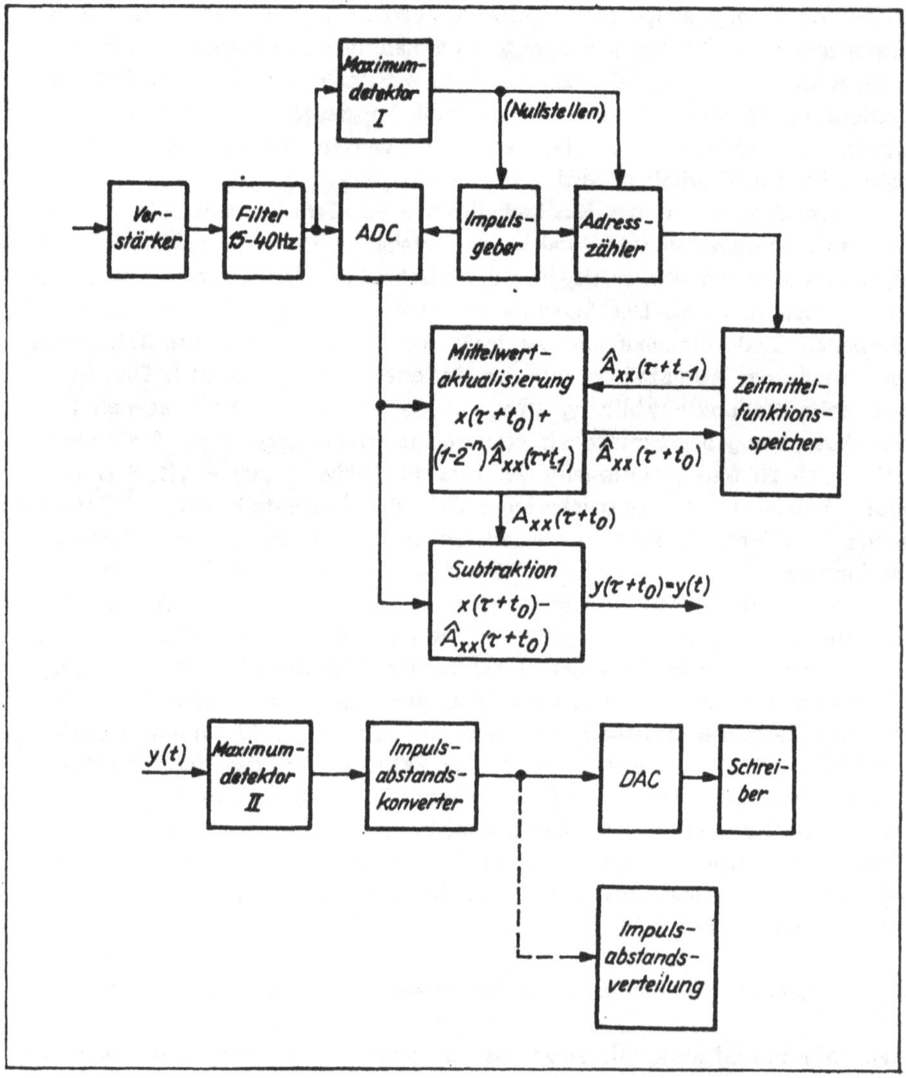

Abb. 85. Blockschaltbild eines Gerätes zur Ermittlung der fetalen Herzaktivitätsperiode [74, 76]

Die heute existierenden Methoden beruhen auf dem Nachweis von Reaktionsprodukten der Na-H_2O-Reaktion im flüssigen Natrium oder im Schutzgas und sind an den Transport dieser Produkte vom Leck zum Detektor gebunden, d. h. sie sind relativ träge. Diese Methoden können durch akustische Methoden ergänzt werden, welche die mit der Na-H_2O-Reaktion verbundenen Geräusche nachweisen und Vorteile sowohl hinsichtlich der Transportzeit der Information als auch der Empfindlichkeit haben können. Die Entwicklung der betreffenden akustischen Verfahren ist weit fortgeschritten; mit dem routinemäßigen Einsatz ist in absehbarer Zeit zu rechnen [77].

Abbildung 86 zeigt ein typisches akustisches Signal, das an einem Mikroleck entsteht (hier in einer Natriumversuchsanlage simuliert [77]). Es handelt sich um ein breitbandiges Rauschsignal, dessen Einhüllende in stochastischer Zeitfolge impulsartig moduliert wird. Die Verwandtschaft mit dem Körperschallsignal, das bei der Regelelementbewegung auftritt (Abb. 78), ist unverkennbar. Der Träger der interessierenden Information ist das stochastisch sich wiederholende Signal mit stochastisch schwankender Amplitude. Die Verteilungsfunktionen des Impulsabstandes und der Impulshöhe würden sicher die gewünschte Information über die Na-H_2O-Reaktion liefern, jedoch nur mit hohem Zeitaufwand. Es werden effektive, speziell der Aufgabe angepaßte Verfahren benötigt, um in möglichst kurzer Zeit eine hinreichend sichere Aussage machen zu können. In dieser Hinsicht unterscheidet sich diese Aufgabe grundlegend von den bisher behandelten. Interessant ist, wie hier die „Natur" des Effektes dem Erfordernis der schnellen Entscheidungsfindung entgegenkommt. Kleine Lecks mit entsprechend kleinem akustischen Signal benötigen zwar längere Meßdauern, jedoch ist auch mehr Zeit für die Entscheidung vorhanden. Im Falle eines großen Lecks, wenn also die Information schneller benötigt wird, ist auch der Effekt größer und erlaubt eine kürzere Meßdauer.

In Abbildung 87 sind drei Kenngrößen wiedergegeben, welche die gewünschte Information enthalten. Kurve a) stellt den Kurzzeiteffektivwert dar. Bei Leckbeginn vergrößert er seinen Wert; allerdings muß festgestellt werden, daß einerseits die Pegelanhebung bei kleinen Lecks nicht eindeutig und diese andererseits gegenüber Betriebszustandsänderungen des Dampferzeugers sehr empfindlich ist. Als alleinige Kenngröße eignet sich der Kurzzeiteffektivwert

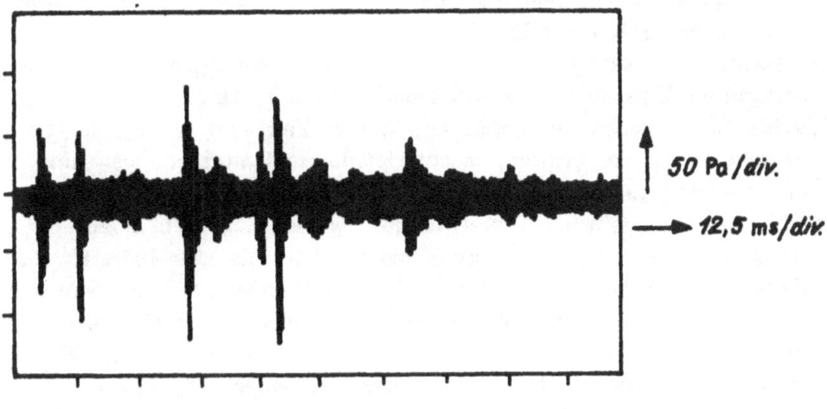

Abb. 86. Akustisches Signal bei simuliertem Mikroleck [77]

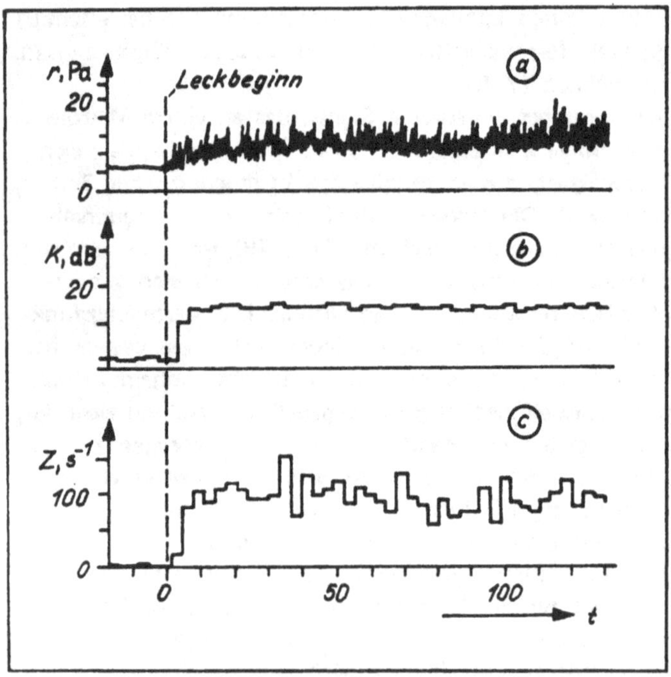

Abb. 87. Zeitverlauf ausgewählter Kennwerte bei Entstehen eines Mikrolecks [77]

daher nicht. Besser sind die Aussichten der normierten Streuung des Kurzzeiteffektivwertes [Kurve b)], welche dessen „Rauhigkeit" charakterisiert. Diese dimensionslose Größe, die im Vergleich zum Kurzzeitmittelwert gegenüber Veränderungen des Betriebszustandes und der Meßkette (z. B. Verstärkungsänderungen) relativ unempfindlich ist, zeigt den Leckbeginn ebenfalls deutlich an. Das trifft auch für die dritte Kenngröße [Kurve c)] zu, die Dichte der Impulse im Kurzzeitmittelwert. Es wurde hier ein diskretes Meßverfahren gewählt [77], das innerhalb bestimmter Meßdauern die auftretenden Impulse zählt.

Die Spezifik der Aufgabe, in hinreichend kurzer Zeit eine Aussage für betriebliche Entscheidungen zu bringen, macht detaillierte Untersuchungen hinsichtlich der optimalen Gestaltung des Analyse- und Entscheidungsverfahrens notwendig. In [77] sind derartige Betrachtungen für den Signaltyp c) auf der Basis der statistischen Entscheidungstheorie angestellt worden. Sie betreffen die Wahl der Zeitkonstanten der Mittelung des Kurzzeiteffektivwertes, der Schwelle für die Impulsdetektion im Kurzzeitmittelwert, der Meßdauer für die Impulszählung und der Alarmschwelle. Abbildung 88 vermittelt einen Eindruck von den Zusammenhängen zwischen diesen Parametern bei einer vorgegebenen Irrtumswahrscheinlichkeit von 10^{-7}. Es sind normierte, dimensionslose Größen

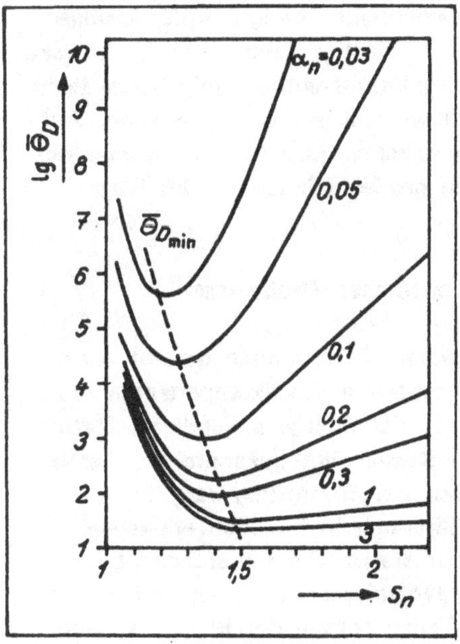

Abb. 88. Mittlere Detektionszeit in Abhängigkeit von der Impulshöhe und der Diskriminationsschwelle [77]

gewählt worden, d. h. der Schwellwert und die Impulshöhe sind durch den Effektivwert dividiert und die Detektionszeit durch die Zeitkonstante der Kurzzeiteffektivwertbildung. Erwartungsgemäß sinkt die Detektionszeit mit zunehmender Impulshöhe. Die Abhängigkeit von der Schwelle ist etwas komplizierter. Zunächst sinkt die Detektionszeit mit zunehmender Schwelle, da der Untergrund besser unterdrückt wird. Dann nimmt die Detektionszeit wieder zu, weil mit steigender Schwelle auch interessierende Information nicht mehr durchgelassen wird. Zwischen diesen beiden Schwellwertbereichen nimmt die Detektionszeit ein Minimum an, dessen Lage (d. h. optimaler Schwellwert) von der mittleren Impulshöhe abhängt.

Zur Anwendung des Verfahrens an einem üblichen Dampferzeuger ist es notwendig, die bei einem Leck zu erwartenden Signalparameter zu kennen. Dazu sind Lecksimulationsversuche an einem Dampferzeuger in Originalgröße erforderlich, aus denen auch die Schlußfolgerungen hinsichtlich der notwendigen Anzahl und Installationsorte der akustischen Aufnehmer gezogen werden können. Auf jeden Fall gestattet der erreichte Stand der Untersuchung dieses

Verfahrens den Schluß, daß es unter Berücksichtigung einiger Anforderungen an die Konstruktion der Dampferzeuger (z. B. günstige Einbauorte für die akustischen Aufnehmer, Installation von Lecksimulationsventilen) mit hoher Wahrscheinlichkeit zur Verfügbarkeitserhöhung dieser Anlagen beitragen kann. Auf Grund der relativ geringen Kosten einer akustischen Leckdetektionsanlage dürften der Anwendung dieses Verfahrens keine großen Hindernisse im Wege stehen.

6.5. Schadensfrüherkennung in einer chemischen Großanlage

Der Grundgedanke dieser Variante der Schadensfrüherkennung besteht darin, daß sich die wesentlichen Defekte an bestimmten Anlagenkomponenten rechtzeitig durch Veränderungen im Ultraschallfeld der Anlage ankündigen. Dazu wird die von statischen Druckprüfungen an Kesseln gut bekannte Schallemissions-Methode (z. B. [22]) verwendet, die auf der Ermittlung der „Burst"-Emissionen beruht, welche bei der Mikrorißbildung in Metallen entstehen. Diese Burst-Emissionen sind jedoch nicht auf statistische Belastungen beschränkt; sie treten insbesondere auch bei dynamischer Belastung auf, wie sie z. B. infolge mechanischer Vibrationen an Teilen rotierender Maschinen entsteht. Durch geeignete Überwachung dieser Emissionen können Schwachstellen des Anlagenmaterials in der Entstehungsphase ermittelt und vorbeugende Instandsetzungsmaßnahmen rechtzeitig eingeleitet werden. Die besondere Attraktivität dieser Methode liegt darin, daß der Schadensprozeß selbst fast unmittelbar überwacht wird und daher die Unsicherheiten der Extrapolation von einem unerwünschten Prozeß auf die Schadensentwicklung vermieden werden können. Als zusätzliche Möglichkeit der Nutzung des Schallemissionssignals ist noch die Ermittlung von Strömungsanomalien in der Anlage gegeben, wie der Kavitation, die auf eine besondere Materialbelastung an dem betreffenden Ort hinweist, oder auch des Ausströmens aus einem Leck in einer unter Überdruck stehenden Anlage. Diese Prozesse rufen ebenfalls akustische Signale im Ultraschallbereich hervor.

In [78] wird über drei Prototypsysteme dieser Art an petrolchemischen Anlagen mit vielen Pumpen, Verdichtern, Getrieben, Zentrifugen und Motoren berichtet. Diese Systeme sind speziell für die Überwachung des Zustandes von Lagern der rotierenden Maschinen und die Ermittlung von Mikrorissen in Hochdruckanlagenteilen ausgelegt, liefern aber auch wertvolle Hinweise für den Betrieb (Strömungsanomalien, ungleichmäßige Beschickung von Zentrifugen u. a.). Abbildung 89 zeigt das Blockschaltbild eines derartigen Systems, das einige hundert akustische Aufnehmer mit zugehörigen Vorverstärkern besitzt. Die Signalbehandlung nach der Vorverstärkung ist unterschiedlich für die Kanäle zur Mikrorißdetektion gegenüber denjenigen zur Lagerüberwachung.

Die Kanäle für die Mikrorißdetektion werden ununterbrochen analysiert.

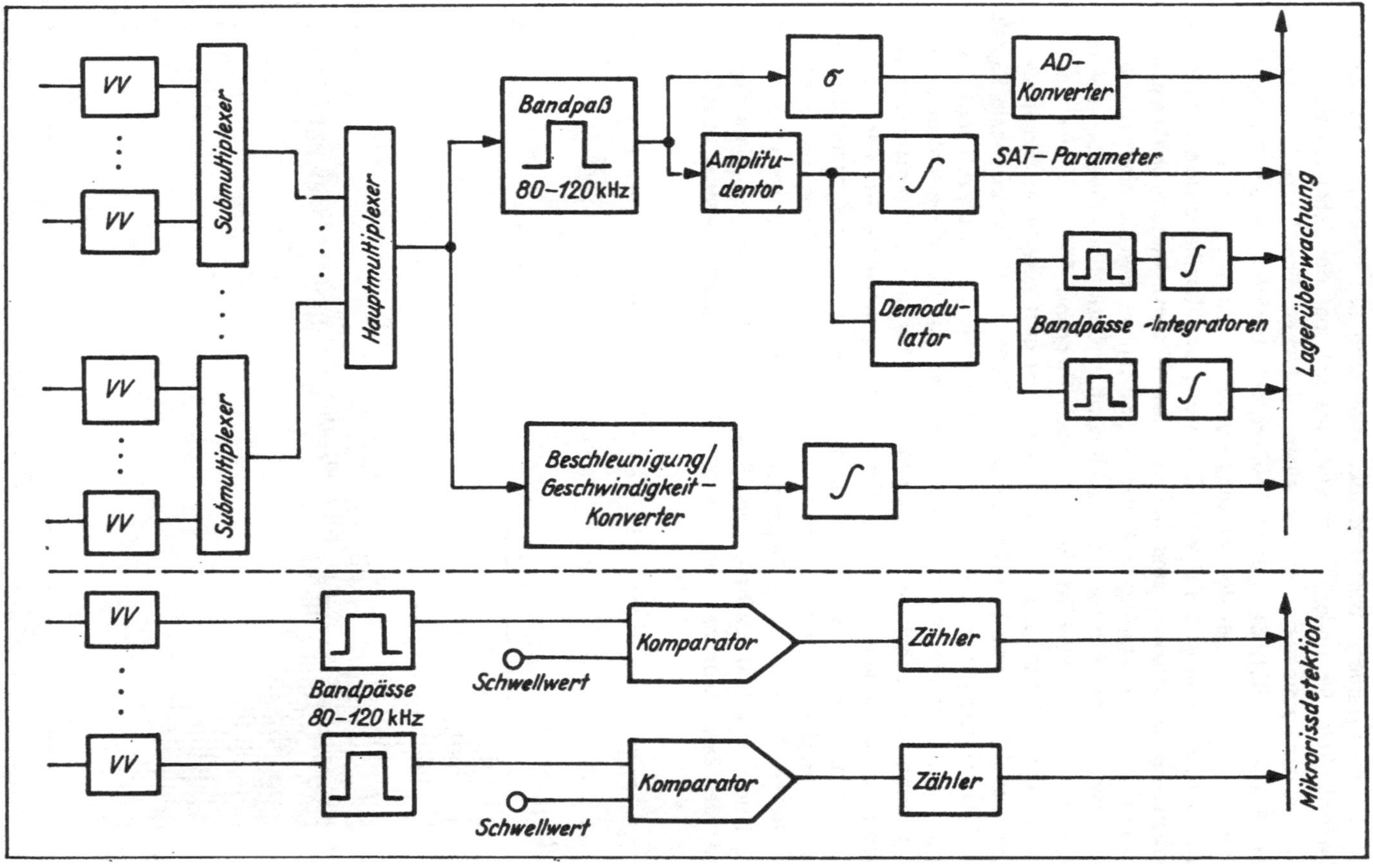

Abb. 89. Blockschaltbild eines Ultraschall-Überwachungssystems [78]

Dabei wird ein Parameter bestimmt, der annähernd der Intensität und damit der Gefährlichkeit des Ereignisses proportional ist, das die Schallemission verursacht. Die Analysemethode soll an einem einfachen Signalbeispiel erläutert werden (Abbildung 90). Ein „Burst" äußert sich zunächst als ein Beschleunigungsimpuls $A\delta(t)$, der bei der Messung durch das Bandfilter in eine gedämpfte Oszillation verwandelt wird. Dämpfung und Oszillationsfrequenz (Mittenfrequenz des Bandpasses) sind nur von den Filterparametern abhängig; die Information über die Amplitude A des ursprünglichen Beschleunigungssignals steckt in der Anfangsamplitude der abklingenden Oszillation, die aber bei realen Signalen kaum meßbar ist. Sie ist jedoch in grober Näherung der Anzahl n der Oszillationsimpulse oberhalb eines geeignet gewählten Schwellwertes y_s proportional, die ohne Schwierigkeiten ermittelt werden kann. Reale Signale sind natürlich erstens nicht auf δ-förmige Burstereignisse zurückzuführen und setzen sich zweitens aus mehreren Wellenpaketen auf Grund verschiedener Ausbreitungsformen des Schallsignals zusammen. Sie haben Signalformen, wie sie in Abbildung 92 zu sehen sind, für die sich die geschilderte Art der Intensitätsbestimmung bewährt hat. Zur Bestimmung von n wird das bandpaßgefilterte Signal zunächst in einem Komparator in ein binäres Signal verwandelt, das bei jedem Durchgang des Eingangssignals durch den Schwellwert y_s von 0 nach L bzw. L nach 0 wechselt. Der folgende Zähler registriert diese Signalwechsel. Die Zählergebnisse werden regelmäßig von einem Rechner abgefragt und analysiert.

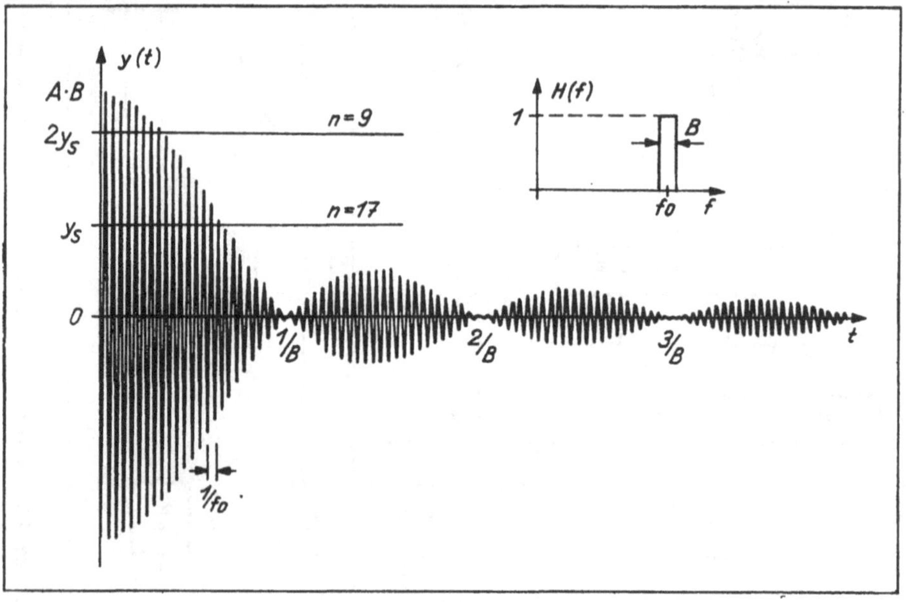

Abb. 90. Impulsantwort eines „idealen" Bandpaßfilters

Für die Kanäle der Lagerüberwachung wird nach der Vorverstärkung ein Multiplexsystem verwendet, das nacheinander jeden Meßkanal mit dem Analysesystem verbindet. In einem Zeitabstand von 3 bis 4 Stunden wiederholt sich die Analyse des einzelnen Meßkanals. Es wird davon ausgegangen, daß die Schadensentwicklung nicht schneller erfolgt. Bei der Analyse werden nach der Bandpaßfilterung drei Wege beschritten:

a) Als einfachster Parameter, der allerdings nur ein recht grober diagnostischer Kennwert ist, wird der Effektivwert bestimmt.
b) Für die empfindliche Überwachung beginnender Schäden wird der sogenannte SAT (Spikes Above Threshold)-Parameter gemessen, der den Energieinhalt der Bursts oberhalb einer vorgewählten Schwelle, ähnlich dem Zählwert n, charakterisiert.
c) Zur besseren Identifikation der Schadensquelle wird noch eine Frequenzanalyse der Hüllkurve des oszillierenden Signals durchgeführt, die speziell auf einige Frequenzbereiche ausgerichtet ist, die bekannterweise von bestimmten Lagerdefekten verursacht werden.

Alle Analyseergebnisse werden vom Rechner übernommen und beurteilt. Zusätzlich werden die Kanäle der Lagerüberwachung auch noch einer Niederfrequenzanalyse unterworfen, die eine Vibrationsüberwachung zur Unterstützung der Betriebsführung erlaubt und die auch bei der Ursachenermittlung von Pegelüberschreitungen des Ultraschallsignals eine Unterstützung geben kann.

Die ersten Betriebserfahrungen mit diesen drei Prototypsystemen sind sehr ermutigend [78]. Mit insgesamt 800 Detektoren und bei einer mittleren Betriebsdauer von 7 Monaten konnten etliche Schadensentwicklungen und nichtoptimale Betriebsweisen rechtzeitig ermittelt werden:

a) 9 Lagerdefekte,
b) 7 Anlagenfehler (Verspannungen, lockere Verbindungen, lose Teile),
c) 13 falsche Betriebszustände (Kavitation, Unwucht, übermäßiger Kristallgehalt im umgepumpten Produkt).

Aus dem Vergleich der Kosten der drei Prototypsysteme mit der Kosteneinsparung durch Schadensfrüherkennung wird in [78] auf eine Amortisationszeit dieses Verfahrens von etwa zwei Jahren extrapoliert.

Die geschilderten Leistungen des Ultraschallüberwachungsverfahrens dürfen jedoch nicht überschätzt werden. Einerseits können bei der Übertragung von Schallsignalen, insbesondere über Diskontinuitäten, wie sie etwa der Ölfilm in einem Lager darstellt, erhebliche Dämpfungen entstehen, die praktisch den inneren, rotierenden Teil der Maschine akustisch von dem Gehäuse isolieren. Daher kommt – speziell für die Lagerüberwachung – auch anderen Meßgrößen (Wirbelstrom, Druck) durchaus noch Bedeutung zu. Andererseits stellt die Meßtechnik im Ultraschallbereich hohe Anforderungen, die unter Industriebedingungen nicht leicht zu erfüllen sind. Auf jeden Fall stellt aber das Ultraschallüberwachungsverfahren eine interessante und wertvolle Bereicherung der Methoden der Rauschdiagnostik dar.

6.6. Überwachung eines Kreislaufs hinsichtlich des Auftretens loser Teile

In einer Strömung können zwei Arten von losen Teilen auftreten, das *freie lose Teil,* das von der Strömung mitgeführt wird und dabei an Wandungen und anderen Komponenten des Systems stößt, und das *ortsfeste lose Teil,* das von der Strömung zu Schwingungen angeregt wird. Handelt es sich um metallische Teile, was z. B. in Kernreaktoren fast ausschließlich der Fall ist, so rufen die Anschläge impulsartige Geräusche (Klopf- und Klingelgeräusche) hervor, die zur Feststellung des losen Teils und seines Ortes dienen können. Derartige Teile können ernste Schäden verursachen. Zwar stellen sie meist keine direkte Gefahr dar, können aber teure und zeitaufwendige Reparaturen verursachen. Daher besteht der Wunsch, lose Teile möglichst zeitig zu entdecken, ehe sie größere Schäden anrichten. Die Methode zu ihrer Ermittlung an Hand von Körperschallsignalen an den Wandungen des Systems ist schon relativ weit verbreitet und es werden industriell gefertigte Monitore angeboten (z. B. [79, 80]).

In Abbildung 78 ist das typische Signal eines Beschleunigungsaufnehmers zu sehen, das jene Anschläge eines losen Teils in Form der impulsartigen Ereignisse enthält, die sich aus dem Untergrund der normalen Betriebsgeräusche von Pumpen, Motoren, Strömung u. a. herausheben. Die ausnutzbare Information besteht einerseits in der Amplitude, die hauptsächlich von der Masse des losen Teils und seiner Entfernung vom Aufnehmer abhängt, und andererseits im Zeitpunkt des Ereignisses. Aus der Statistik der Zeitfolge der Ereignisse in einem Signal lassen sich Rückschlüsse auf die Art des Teils und im Falle von ortsfesten losen Teilen auf die Schwingungsform ziehen (siehe z. B. 6.2.). Bei mehreren Aufnehmern, in denen sich das gleiche Ereignis abbildet, kann aus den durch Laufzeitunterschiede bedingten Zeitdifferenzen zwischen den verschiedenen Signalen der Ort des losen Teils ermittelt werden.

Dieses Verfahren soll am ebenen Fall, d. h. Aufnehmer und Ereignisort liegen in der gleichen Ebene, erläutert werden. In Abbildung 91a ist die Anordnung der Aufnehmer und in Abbildung 91b die Abbildung eines Ereignisses in den Signalen dieser Aufnehmer dargestellt. Unter Berücksichtigung der Schallgeschwindigkeit v kann aus den Differenzen der Eintreffzeitpunkte $t_j - t_i$ des Ereignisses in den beiden Aufnehmern A_i und A_j die Differenz der Entfernungen $2a_{ij}$ des Ereignisses von diesen beiden Aufnehmern ermittelt werden:

$$2a_{ij} = v\,(t_j - t_i).$$

Ist $2c_{ij}$ der Abstand zwischen den beiden Aufnehmern und wird das Koordinatensystem so gewählt, daß die x-Achse durch die Aufnehmer verläuft und

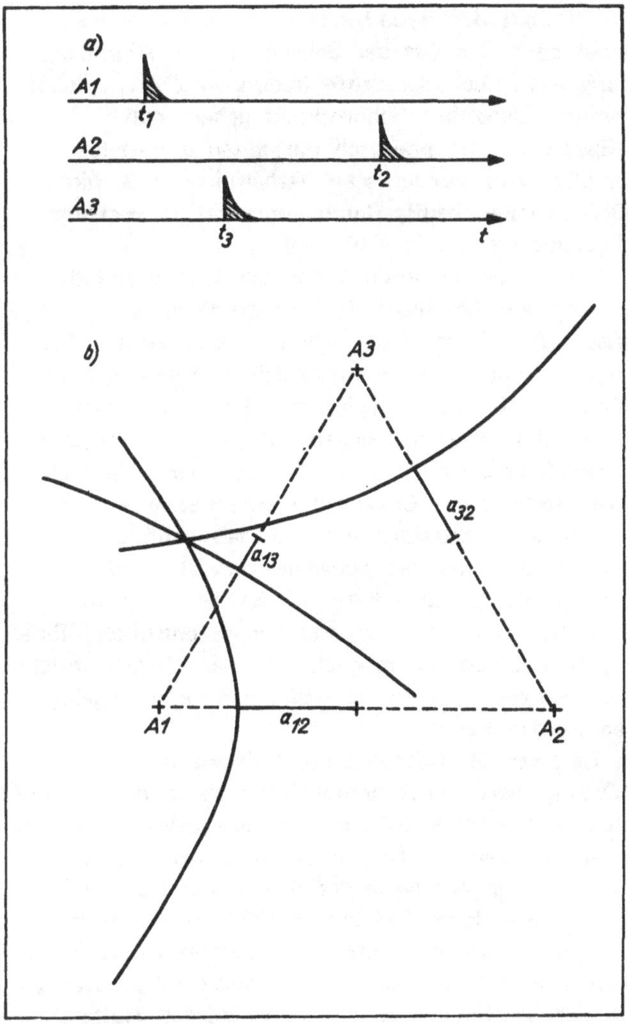

Abb. 91. Beispiel der Ortsbestimmung im ebenen Fall

x = 0 in der Mitte zwischen beiden liegt, so beschreibt derjenige Ast der Hyperbel

$$\frac{x^2}{a_{ij}^2} - \frac{y^2}{c_{ij}^2 - a_{ij}^2} = 1,$$

der auf der Seite des Aufnehmers liegt, in dem das Ereignis früher registriert wird, den geometrischen Ort aller möglichen Ereignisorte aus der Sicht dieser beiden Aufnehmer. Der Schnittpunkt der Hyperbeläste von zwei verschiedenen Aufnehmerpaaren kennzeichnet dann den Ort der Schallquelle. In Abbildung 91b ist zur Veranschaulichung auch noch der dritte (redundante) Hyperbelast eingezeichnet, der natürlich durch denselben Schnittpunkt gehen muß.

Der ebene Fall ist ein Spezialfall, der praktisch nur selten unmittelbar vorkommt. Jedoch können kompliziertere geometrische Verhältnisse, z. B. die zylindrische Wandung eines Druckgefäßes, häufig durch geeignete „Abwicklung" auf den ebenen Fall zurückgeführt werden (s. Abb. 93).

Ein größeres Problem stellt bei kleinen losen Teilen der Untergrund dar, der eine eindeutige Registrierung von Anschlagereignissen durch einfache Schwellwertüberwachung ausschließt. Es ist nicht mehr möglich, das einzelne Ereignis festzustellen; nur durch Zählung der Schwellwertüberschreitungen in einem geeignet gewählten Zeitintervall und Vergleich mit dem Erwartungswert der Schwellwertüberschreitungen des Untergrundsignals läßt sich eine Aussage über die Wahrscheinlichkeit der Existenz eines losen Teils machen. Die Aufgabe gehört in das Gebiet der statistischen Entscheidungstheorie; es werden die Amplitudenverteilungen und die Spektraldichte des Signals benötigt, um brauchbare Aussagen zu machen. Die Wahl des Schwellwertes ist für die Zeiteffektivität des Verfahrens wesentlich (s. auch 6.4.). In [81] wird ein Wert empfohlen, der etwa dem zweifachen Effektivwert des Signals entspricht. Eine Ortung des losen Teils ist dann nur dadurch möglich, daß das Ereignis meist lediglich in einem Aufnehmer wahrnehmbar ist, so daß die nähere Umgebung als Schallquelle angenommen werden kann.

Bei großen losen Teilen ist zwar der Nachweis der Existenz unproblematisch; jedoch ist auch die Ortung meist etwas komplizierter als in dem in Abbildung 91 gezeigten Beispiel. In Abbildung 92 sind die Signale von mehreren Beschleunigungsaufnehmern an verschiedenen Stellen der Außenwand eines Druckgefäßes dargestellt, worin sich in der Nähe der Aufnehmer BO5 und BO6 an der Innenwand ein ortsfestes loses Teil befand [82]. Zwar sind die Zeitdifferenzen des Ereignisbeginns deutlich zu erkennen, aber es ist auch das Problem zu verzeichnen, diese exakt zu ermitteln. Die unterschiedlichen Schallausbreitungsbedingungen von der Schallquelle zu den verschiedenen Aufnehmern, die auch durch Inhomogenitäten, wie Rohrleitungseinbindungen und Druckdichtungen am Druckgefäßflansch, beeinflußt werden, verursachen unterschiedliche Signalformen, die insbesondere nicht mehr die steile Flanke der Impulse (Abb. 78) besitzen. Aus der Unsicherheit in den Zeitdifferenzen folgt eine Ungenauigkeit in der Ortsbestimmung. Es ist günstig, mehr Aufnehmer als unbedingt notwendig einzusetzen, womit eine größere Anzahl von mehr oder weniger unabhängigen Schätzungen des Ereignisortes möglich ist. Aus der Häufigkeitsverteilung der Einzelschätzungen läßt sich dann der Bereich eingrenzen, in dem das lose Teil zu suchen ist. In Abbildung 93 sind für den in Abbildung 92 dargestellten Fall die Aufnehmerpositionen am „abgewickelten" Druck-

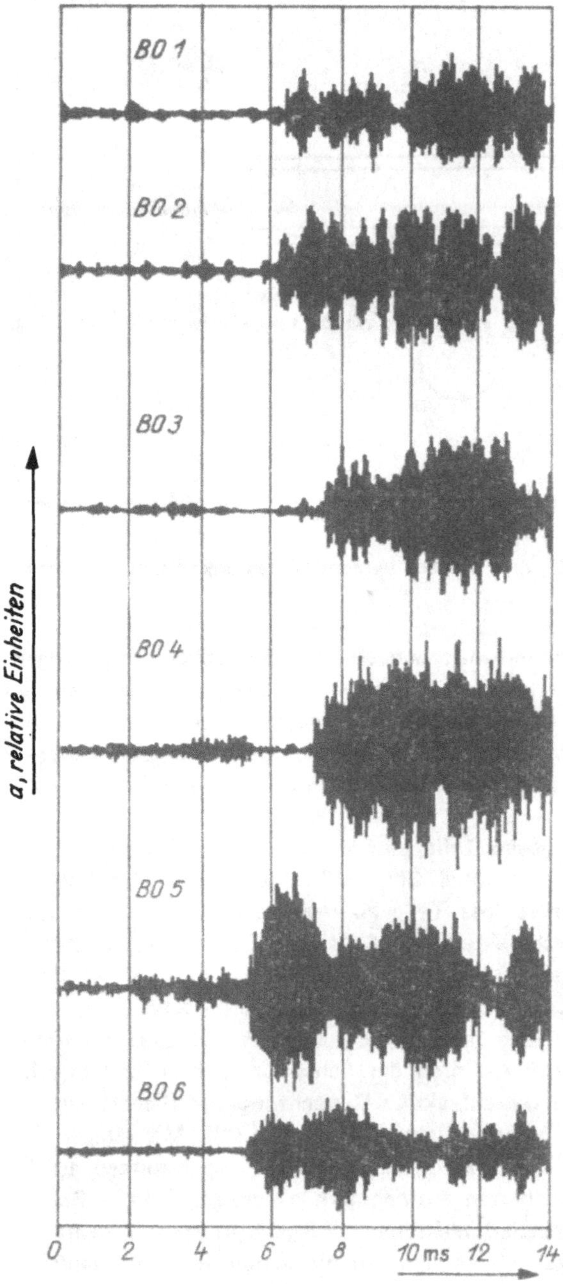

Abb. 92. Signale von Beschleunigungsaufnehmern am Mantel und Flansch eines Druckgefäßes [82]

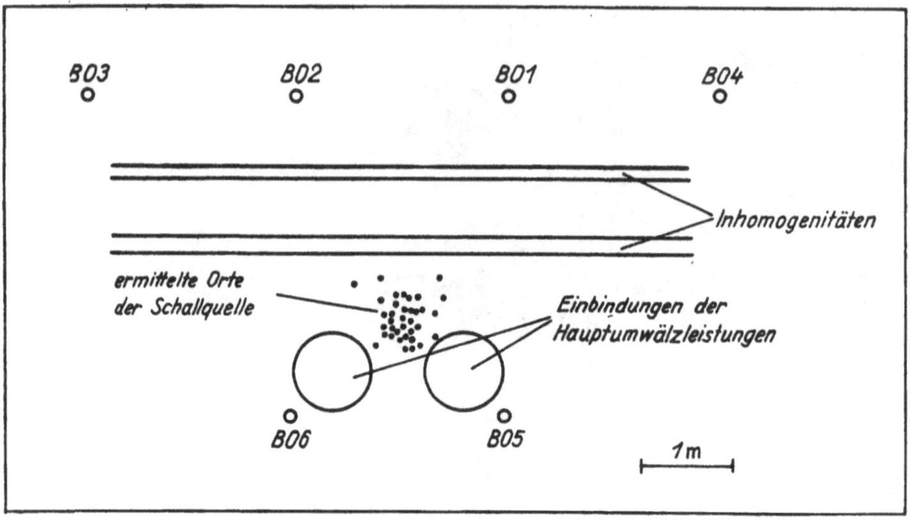

Abb. 93. „Abgewickelter" Druckgefäßmantel mit den einzelnen Schätzergebnissen des Schallquellenortes [82]

gefäßmantel angegeben. Die verschiedenen Schätzungen des Ereignisortes zeigen deutlich eine Häufung am wahrscheinlichen Ereignisort. Die außenliegenden Schätzwerte sind ausschließlich durch Aufnehmerkombinationen entstanden, welche die am weitesten entfernt liegenden Aufnehmer BO3 und BO4 einbeziehen, die naturgemäß am stärksten von den genannten Problemen der Schallausbreitung beeinflußt werden.

Dieses Beispiel eines großen losen Teils gehört aber zu den Seltenheiten. Meist geht es um die Aufgabe, mit hoher Empfindlichkeit bei gleichzeitiger Zuverlässigkeit der Aussage kleinere lose Teile zu registrieren. Auf Grund des geschilderten Wahrscheinlichkeitscharakters der Aussage ist ein automatischer Eingriff in den Betriebsablauf der Anlage nicht sinnvoll. Es ist in jedem Fall notwendig, den Verdacht der Existenz eines losen Teils durch zusätzliche Untersuchungen zu untermauern. Ein solches Programm umfaßt z. Z. als wichtigste Komponenten das subjektive Anhören der Schallsignale über Lautsprecher – einzeln und paarweise – und die subjektive Betrachtung der Signale auf einem Mehrkanalsichtgerät oder Mehrkanalschreiber (z. B. [31]). Mit einiger Erfahrung kann sowohl aus der Form und der Zeitfolge der Signalspitzen als auch aus den eventuell in benachbarten Aufnehmern gleichzeitig (unter Berücksichtigung der Laufzeitdifferenzen) auftretenden Signalspitzen mit recht hoher Sicherheit beurteilt werden, ob es sich um ein echtes Ereignis handelt oder nicht.

Die Weiterentwicklung der Methode strebt danach, die subjektive Beurteilung durch entsprechend erhöhte Intelligenz der Auswerteapparatur abzulösen, wie sie z. B. in [83] gefordert wird. Eine interessante neuere Entwicklung stellt die Koinzidenzmethode dar [84], die zur Überwachung eines gefährdeten Bereichs eine Gruppe von mehreren Aufnehmern in dessen näherer Umgebung verwendet. Nur diejenigen Schwellwertüberschreitungen werden als Ereignisse gewertet, die unter Berücksichtigung der Laufzeiten gleichzeitig in allen Aufnehmern auftreten. Einerseits wird durch die Methode eine Herabsetzung des Untergrundeinflusses erreicht, da bei nicht vollständig korrelierten Signalen – und dies kann für den Untergrund in den verschiedenen Aufnehmerpositionen berechtigt angenommen werden – die Verbundwahrscheinlichkeit $p(y_1 > y_s, y_2 > y_s, \ldots y_m > y_s)$ der gleichzeitigen Schwellwertüberschreitung in allem m Signalen immer kleiner ist als die Wahrscheinlichkeit $p(y_i > y_s)$ im Einzelsignal. Für unkorrelierte Signale gilt

$$p(y_1 > y_s, y_2 > y_s, \ldots y_m > y_s) = \prod_{i=1}^{m} p(y_i > y_s).$$

Andererseits nutzt die Koinzidenzmethode den Laufzeiteffekt des Schalls zur räumlichen Diskrimination der Detektionsempfindlichkeit [84] aus, die offensichtlich den Hauptanteil an Untergrundreduzierung bringt. In Abbildung 94 ist dies am Beispiel einer Gruppe von vier Aufnehmern demonstriert. Der zentrale Aufnehmer A_0 dient als Startdetektor. Wenn dieser eine Schwellwertüberschreitung feststellt, werden die Tore für die Signale der anderen Aufnehmer A_1, A_2 und A_3 für ein Zeitintervall von $\Delta t = 2c/v$ geöffnet. Registrieren auch diese Schwellwertüberschreitungen, so ist mit sehr hoher Wahrscheinlichkeit eine Schallquelle innerhalb der schraffierten Fläche von Abbildung 94 die Ursache. Die Konstruktion dieser Empfindlichkeitsfläche ergibt sich durch einfache Überlegung: Der geometrische Ort aller Punkte, die näher an A_0 als z. B. an A_1 liegen, ist die Halbebene, deren Begrenzungslinie die Verbindungslinie zwischen A_0 und A_1 in der Mitte senkrecht schneidet. Entsprechendes gilt für die beiden anderen Aufnehmer A_2 und A_3. Als geometrischer Ort aller Punkte, die näher an A_0 als an allen drei anderen Aufnehmern liegen, ergibt sich derart das schraffierte Dreieck als Überdeckungsfläche der genannten drei Halbebenen. Wird noch eine geringfügige Zeitverzögerung 2a/v zwischen der Schwellwertregistrierung in A_0 und dem Öffnen der Tore für die anderen Aufnehmer berücksichtigt, so schrumpft das Dreieck zusammen, wobei die Begrenzungslinien die bekannte Hyperbelform annehmen. Dieses Koinzidenzverfahren hat deutliche Vorteile hinsichtlich Empfindlichkeit und Zuverlässigkeit, erfordert aber einen erheblich höheren Aufwand, d. h. vier Aufnehmer statt einem. Hinzu kommt, daß auf diese Weise nur ausgewählte Gebiete des Kreislaufs überwacht werden können. Eine globale Überwachung ist nicht möglich. Die Anwendung dieser Methode erfordert daher eine sorgfätige Analyse der Kreislaufkonstruktion, um besonders gefährdete Stellen herauszufinden, an

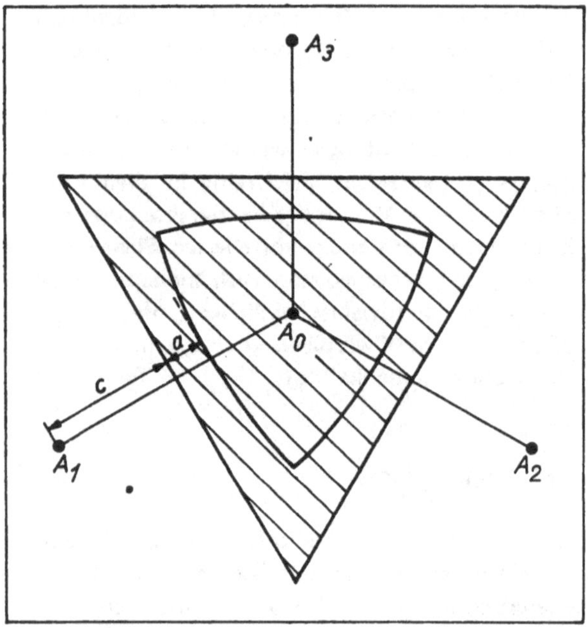

Abb. 94. Beispiel der räumlichen Diskrimination der Detektionsempfindlichkeit [84]

denen sich z. B. freie lose Teile sammeln und Schaden anrichten können. In [94] wurden an einem Druckwasserreaktor die Eintrittskammern der Dampferzeuger und das untere Mischvolumen des Reaktordruckgefäßes als solche Stellen ermittelt.

6.7. Rechnergestützte Elektroenzephalographie

Das Elektroenzephalogramm (EEG), das auf der Messung der elektrischen Potentialschwankungen an verschiedenen Stellen der Schädeldecke beruht, wird zur Untersuchung von Funktionszuständen sowie zur Diagnose von Verletzungen und funktionellen Störungen des Gehirns eingesetzt. Abbildung 95 zeigt einige Beispiele von normalen (a–d) und pathologischen (e–g) EEG-Signalen. Es handelt sich offensichtlich um Rauschsignale mit deutlich stochastischen Eigenschaften, die von mehreren Faktoren beeinflußt werden:

a) *Alter:* Je jünger der Patient ist, umso stärker sind die niederfrequenten Anteile (Abb. 95d).
b) *Funktionszustand:* Beim Erwachsenen dominiert im wachen, entspannten Zustand eine Frequenzkomponente bei 10 Hz (Abb. 95b), die bei Änderung des Zustandes in beiden Richtungen abnimmt (Abb. 95c).

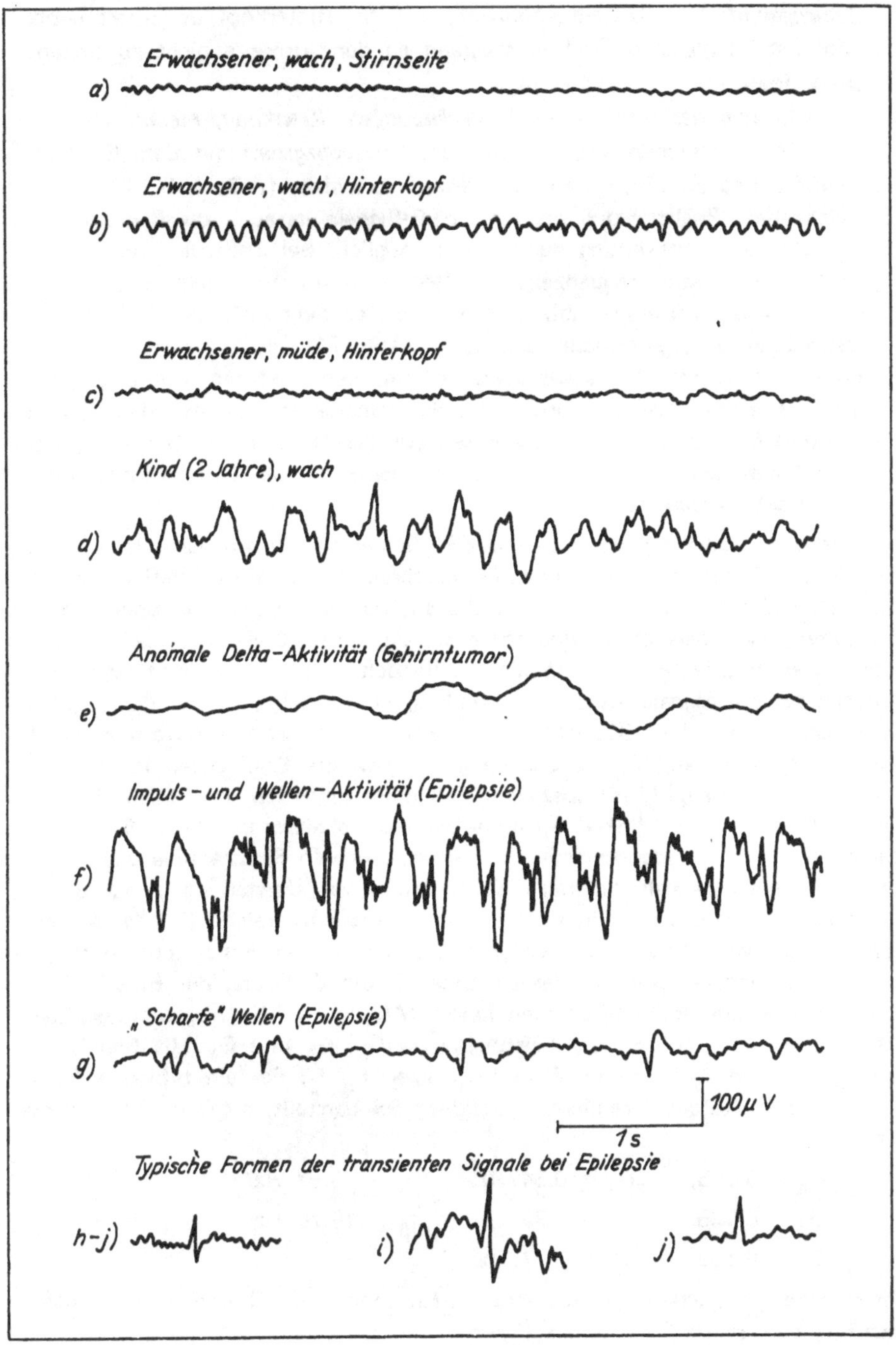

Abb. 95. Ausgewählte normale und anomale EEG [85, 87]

c) *Gehirngebiet:* Die 10 Hz-Komponente, die am Hinterkopf dominiert (Abb. 95b), ist im gleichen Funktionszustand an der Stirnseite nicht zu finden (Abb. 95c).

d) Beeinflussung des Gehirns durch *Verletzungen, Krankheit, Medikamente* u. a.: Im allgemeinen gilt, daß sich der Frequenzgehalt mit dem Grad der Beeinflussung zu niedrigeren Frequenzen verschiebt (z. B. Abb. 95e). Durch gleichzeitige Registrierung mehrerer EEG-Signale ist auch die Beurteilung von Ort und Ausbreitung der Störung möglich. Bei Epilepsie können zusätzlich zu diesen Frequenzeigenschaften noch transiente Signale (Spikes, sharp waves) auftreten (Abb. 95h–j), die sich dem mehr oder weniger stationären Untergrundsignal überlagern (Abb. 95f, g).

e) *Erbliche Faktoren:* Bei sonst übereinstimmenden Faktoren a–d treten erhebliche individuelle Streuungen des Signalcharakters auf, die einen Hauptgrund dafür darstellen, daß Diagnosen auf der Basis des EEG allein praktisch kaum denkbar sind, d. h., daß das EEG nur als Zusatzinformation verwendet werden kann.

In grober Näherung läßt sich das EEG-Signal als ein stochastisch sich wiederholendes Signal (Fall der Epilepsie) beschreiben, das einem stationären, stochastischen Signal überlagert ist (s. 3.2.3.3.). Es interessieren die Spektraldichte des Untergrundsignals im Frequenzbereich von 1 bis 30 Hz und die eventuell überlagerten transienten Signalanteile. Es handelt sich also um eine typische Aufgabe für die Signalanalyse. In Abbildung 96 ist beispielsweise das Ergebnis einer rechnergestützten EEG-Analyse dargestellt [86], das die Autospektraldichten der verschiedenen Signale und einige ausgewählte Kohärenzen in übersichtlicher Form wiedergibt. Im speziellen Fall eines Patienten mit einem Gehirntumor (Gliom) an der linken Stirnseite ist die Lokalisierung dieser Störung durch das Auftreten der korrelierten niederfrequenten Signalanteile auch für den Laien eindrucksvoll illustriert. Zur quantitativen Darstellung ist für das Untergrundsignal eine Einteilung in mehrere Frequenzbereiche (3 oder 4) üblich. In [85] wird eine automatische Anpassung auf der Basis eines autoregressiven Verfahrens beschrieben, das als Ergebnis die Zerlegung des EEG-Spektrums in drei Spektralkomponenten liefert (Abbildung 97). Insgesamt werden acht Parameter berechnet, die Leistungswerte G_α, G_β und G_δ, die Bandbreiten B_α, B_β und B_δ und die Mittenfrequenzen f_α, f_β. Für ein typisches EEG-Signal, dessen Autospektraldichte Abbildung 98 darstellt, ergeben sich folgende Werte:

$$G_\alpha = 0.803, \quad B_\alpha = 0.34 \text{ Hz}, \quad f_\alpha = 9.57 \text{ Hz}$$
$$G_\beta = 0.035, \quad B_\beta = 1.96 \text{ Hz}, \quad f_\beta = 18.70 \text{ Hz}$$
$$G_\delta = 0.162, \quad B_\delta = 3.77 \text{ Hz}.$$

Dieses Signal hat einen dominierenden α-Rhythmus (80 %) und einen verhältnismäßig schwachen β-Rhythmus (3,5 %).

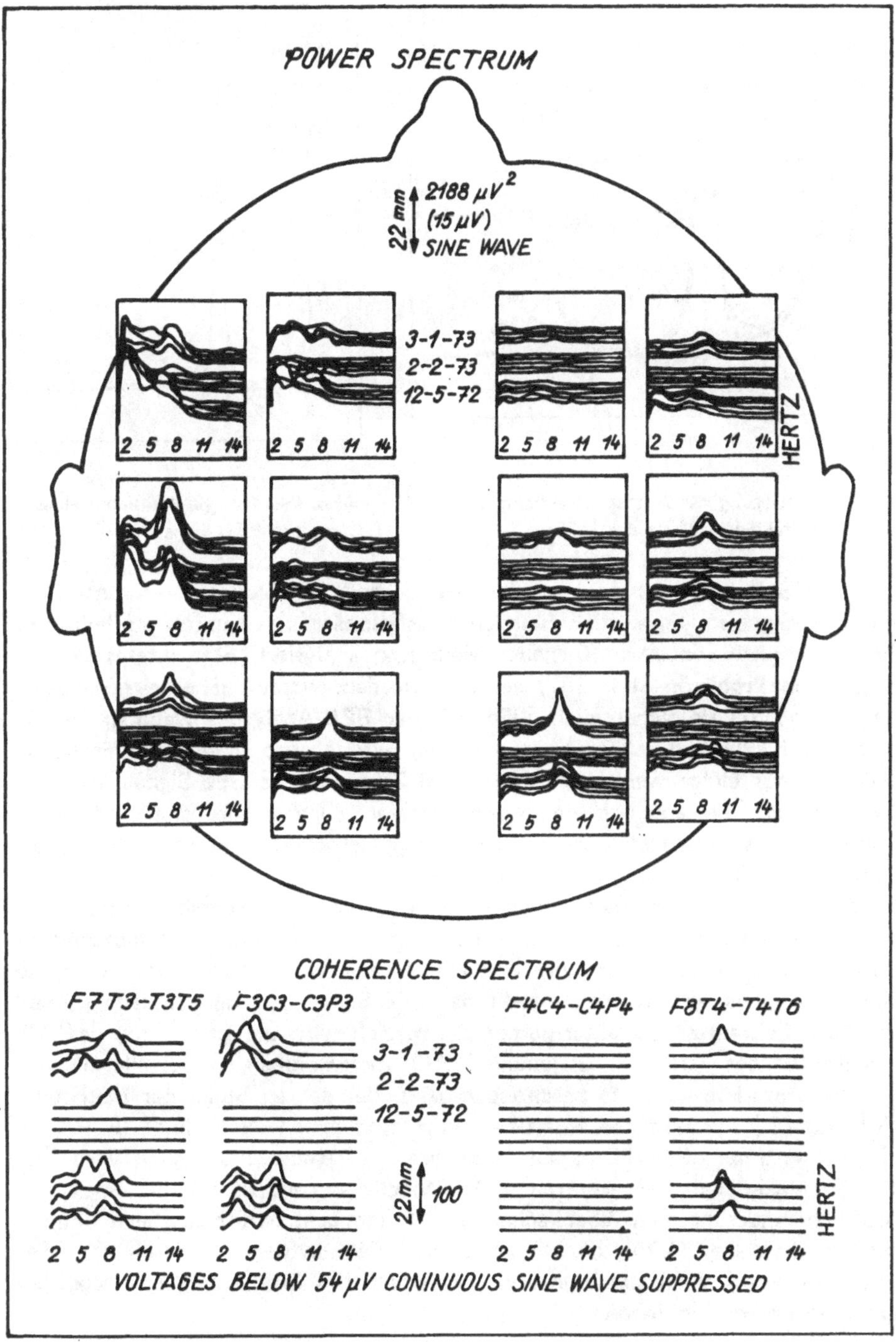

Abb. 96. Beispiel einer rechnergestützten EEG-Analyse [86]

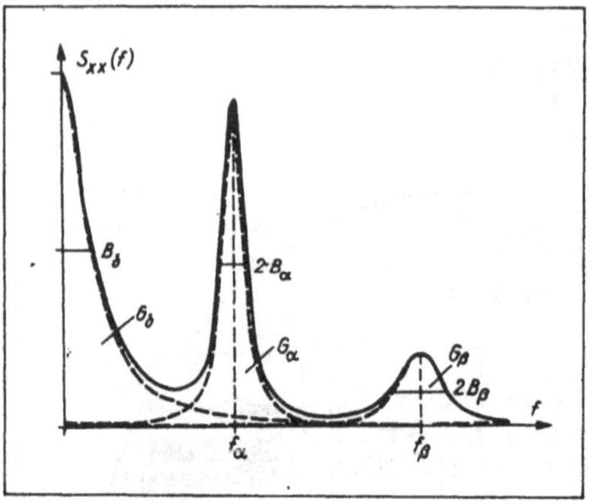

Abb. 97. Zerlegung der Autospektraldichte des EEG-Signals in drei Spektralbereiche [85]

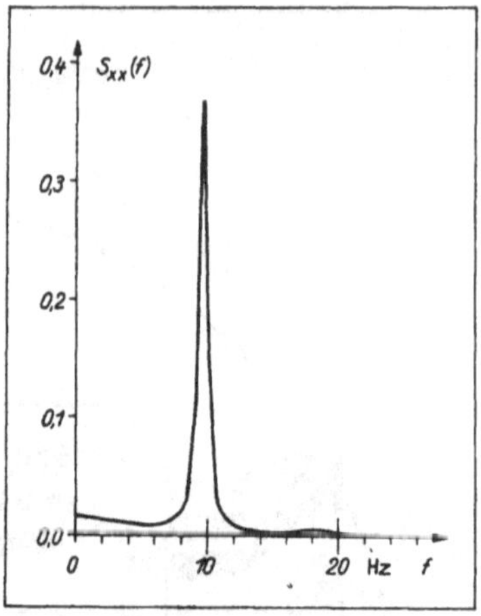

Abb. 98. Autospektraldichte eines typischen EEG-Signals [85]

Diese Standardverfahren ignorieren weitgehend den instationären Charakter von EEG-Signalen. Es werden hinreichend stationäre und typisch erscheinende Signalabschnitte von etwa 10 s ausgewählt und analysiert. Eine interessante Lösung dieses Problems ist in [87] versucht worden, worauf näher eingegangen werden soll, da sie sicher auch außerhalb der EEG-Analyse anwendbar ist. Basierend auf experimentellen Untersuchungen wird angenommen, daß für ein Individuum nur einige wenige quasistationäre Zustände des EEG-Signals existieren und daß der Übergang von einem zum anderen Zustand sprunghaft erfolgt. Während eines derartigen quasistationären Signalabschnittes herrscht hinreichende Stationarität für eine sinnvolle Signalanalyse.

Zur Ermittlung der Spektralparameter wird das Autoregressionsverfahren (s. 4.3.) angewendet, das, wie die Autoren zeigen, für kurze Signalabschnitte Vorteile in der Beschreibung des Spektrums hat. Die Methode wird durch Abbildung 99 illustriert. Kurve a) stellt das EEG-Signal y(t) dar. In dem durch das erste Zeitfenster charakterisierten Zeitbereich wird die Ermittlung des AR-Modells auf der Basis von Gleichung (4.68) vorgenommen, wobei allerdings nur die univariate Variante beschrieben wird, bei der an Stelle der Matrizen $[A_i]$ und $[C_i]$ nur einfache Koeffizienten a_i und $c_i = 1/(N-i)\ \Sigma y[t-(\nu-i)\Delta t]\ y(t-\nu\Delta t)$ auftreten. Für die darauf folgenden Abtastwerte des Signals wird dann die Filtereigenschaft des ermittelten AR-Modells ausgenutzt, um das Spektrum bezüglich Änderungen zu überwachen. Die Filtereigenschaft ergibt sich unmittelbar aus Gleichung (4.74), die im univariaten Fall, in dem Σ^2 durch $\sigma^2_{z_0}$ ersetzt wird und wobei $y_0(t)$ das Signal y(t) innerhalb des Zeitfensters charakterisieren soll, folgendermaßen lautet:

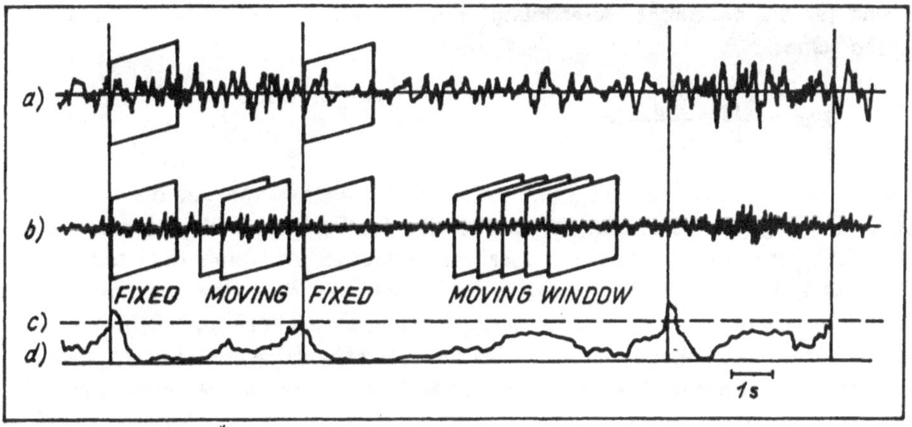

Abb. 99. Illustration der Zerlegung des instationären EEG-Signals in quasistationäre Signalabschnitte mit Hilfe des AR-Verfahrens [87]

$$\sigma^2_{z_0} = |A(f)|^2 S_{y_0y_0}(f). \tag{6.18}$$

Bei Anwenuung des Filters mit dem Frequenzgang A(f) nach (6.18) auf das aktuelle Signal y(t) außerhalb des Zeitfensters mit eventuell veränderter Autospektraldichte ergibt sich dann das Reststörungssignal z(t)

$$z(t) = y(t) - \sum_{i=1}^{p} a_i \, y(t-i\Delta t), \tag{6.19}$$

das Kurve b) zeigt. Dessen Spektraldichte wird, da in (6.19) die Koeffizienten des Fensterbereiches verwendet werden, im allgemeinen nicht weiß, sondern durch

$$S_{zz}(f) = \sigma^2_{z_0} \frac{S_{yy}(f)}{S_{y_0y_0}(f)} \tag{6.20}$$

gegeben sein. Der Quotient der beiden Spektraldichten kann als Maß für die Abweichung der beiden Spektren voneinander verwendet werden. In [87] wird speziell die Funktion

$$E(p) = \int_0^B \left(1 - \frac{S_{zz}(f)}{\sigma^2_{z_0}}\right)^2 df$$

verwendet, die durch Übergang zur Autokorrelationsfunktion $R_{zz}(\tau)$

$$S_{zz}(f) = R_{zz}(0) + 2 \sum_{k=1}^{\infty} R_{zz}(k\Delta t) \cos 2\pi f k \Delta t$$

in eine für die praktische Berechnung einfache, übersichtliche Form gebracht werden kann:

$$SEM = \frac{E(p)}{B} \frac{\sigma^4_{z_o}}{R^2_{zz}(0)} = [\frac{\sigma^4_{z_o}}{R^2_{zz}(0)} - 1]^2 + 2 \sum_{k=1}^{\infty} [\frac{R_{zz}(k\Delta t)}{R^2_{zz}(0)}]^2. \quad (6.21)$$

Dieses Spektrumfehlermaß SEM, in welchem der erste Summand die Änderungen in der Signalleistung und der zweite die des Spektrumverlaufes beschreibt, wird für jeden neuen Abtastwert über ein rekursives Verfahren [87] berechnet (Abb. 99d). Er gilt jeweils für einen Zeitbereich, der durch das bewegliche Fenster in Kurve b) gekennzeichnet ist. Erreicht dieses Maß den Schwellwert, der in Kurve c) angegeben ist, so wird der betreffende quasistationäre Bereich für beendet angenommen – die Spektrumänderungen haben das vertretbare Maß überschritten, und es wird eine neue Ermittlung des AR-Modells (2. Zeitfenster in Abb. 99a) vorgenommen, das dann als neues Filter zur Spektrumüberwachung verwendet wird.

Das Verfahren der Aufteilung des Signals in quasistationäre Abschnitte arbeitet nur dann korrekt, wenn keine transienten Signalanteile auftreten. Diese führen bei dem geschilderten Vorgehen sofort zu einer Überschreitung der Schwelle für das SEM, wenn in dem variablen Zeitfenster, in dem das SEM berechnet wird, das transiente Signal auftritt. Durch einfache Pegelbeschneidung des Reststörungssignals z(t) kann dieser ungewollte Einfluß transienter Signalanteile vermieden werden. Dabei kann gleichzeitig die Ermittlung der transienten Signale erfolgen. Die einfache Pegelüberschreitung wäre dazu etwas zu empfindlich und könnte auch zufällige Schwankungen von z(t) als transiente Signale interpretieren. Daher wird die Tatsache ausgenutzt, daß die transienten Signalanteile etwa zwischen 50 und 100 ms andauern, indem für einen Wert z(t), dessen Betrag oberhalb der Schwelle liegt, eine Tiefpaßfilterung durch

$$4\,\overline{z^2}(t) = z^2(t-\Delta t) + 2\,z^2(t) + z^2(t+\Delta t)$$

ausgeführt wird. Liegt dieser Wert dann auch oberhalb einer geeignet gewählten Schwelle, so kann mit hoher Wahrscheinlichkeit auf ein transientes Signal geschlossen werden.

Beide Aufgaben, die Segmentierung des Untergrundsignals in quasistationäre Zeitabschnitte und die Ermittlung von transienten Signalanteilen, lassen sich bei der geschilderten Methode sehr gut verbinden und müssen gleichzeitig gelöst werden: Ohne Transientenermittlung keine korrekte Segmentierung und ohne Segmentierung eine problematische Transientenermittlung.

6.8. Ermittlung der Relativbewegung zwischen Schacht und Kesselwand eines Druckwasserreaktors

Schachtbewegungen bereiteten vor reichlich zehn Jahren in einigen Druckwasserreaktoren erhebliche Schwierigkeiten mit z. T. längeren Stillstandszeiten. Am bekanntesten sind die Ereignisse an den Reaktoren Trino [88] und Palisades [30]. Dieser unerwünschte Prozeß bildet sich deutlich in verschiedenen Ausgangssignalen ab und wird heute an vielen Druckwasserreaktoren mit Hilfe der Rauschdiagnostik routinemäßig überwacht.

Abbildung 100 enthält die für die Erläuterung notwendigen Konstruktionsdetails des Druckwasserreaktors. Die aktive Zone als Neutronenquelle befindet sich innerhalb des zylindrischen Schachtes, der am Druckgefäßflansch eingespannt ist. Das eintretende Kühlwasser prallt zunächst gegen die Schachtwand, strömt dann in dem Ringspalt zwischen Schacht und Druckgefäßwand nach unten und innerhalb des Schachtes wieder nach oben. Durch die dabei entstehenden hydraulischen Kräfte werden mechanische Bewegungen des Schachtes induziert, hauptsächlich horizontale Pendelschwingungen mit der Flanscheinspannung als Fixpunkt. Solange die Auslenkungen klein sind (etwa $< 0{,}2$ mm) und keine Veränderungen eines bestimmten Frequenzbereiches auftreten, sind diese Schachtschwingungen unkritisch. Sind aber wesentliche Abweichungen zu verzeichnen, so deutet dies auf eine Veränderung der Einspannbedingungen hin, deren Ursache ermittelt und beseitigt werden muß.

Zur Bestimmung der charakteristischen Parameter der Pendelbewegung werden zwei Effekte ausgenutzt. Erstens schwankt die Stärke der Wasserschicht im Ringspalt synchron mit der Schachtbewegung (Abbildung 101), so daß der Neutronenstrom aus der aktiven Zone eine veränderliche Schwächung erfährt, die mit Hilfe eines Neutronendetektors außerhalb des Druckgefäßes gemessen werden kann. Zweitens schwankt der Auflagedruck des Schachtes am Flansch (Abb. 100) entsprechend der Pendelbewegung. Mit Hilfe eines Beschleunigungs- oder Wegaufnehmers am Flansch kann auch diese Schwankung registriert werden.

Der Zusammenhang zwischen dem Strom I_d schneller Neutronen, die den Detektor außerhalb des Druckgefäßes erreichen (Abb. 101), und dem Strom schneller Neutronen I_a, der die Oberfläche der aktiven Zone verläßt, läßt sich vereinfacht darstellen als

$$I_d = I_a \, e^{-\Sigma_{Stahl} d_{Stahl}} \, e^{-\Sigma_{Wasser} d_{Wasser}}, \qquad (6.22)$$

wobei Σ der effektive makroskopische Wirkungsquerschnitt [cm^{-1}] des betreffenden Materials und d die entsprechende Schichtdicke bedeuten. Bei einer Änderung der Wasserschichtdicke $\delta(d_{Wasser})$ entsteht eine Änderung von I_d

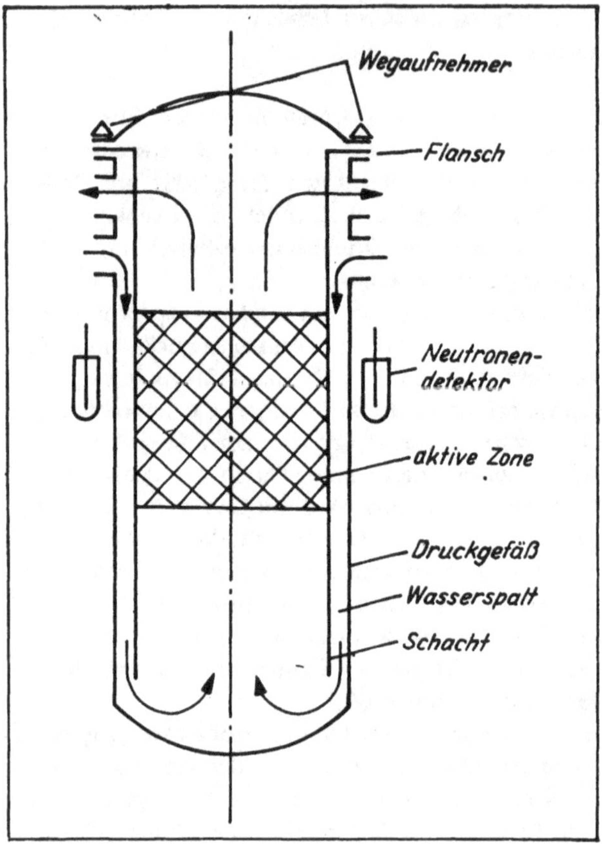

Abb. 100. Schematische Darstellung des Reaktordruckgefäßes zur Erläuterung der Schachtschwingung

$$\frac{\delta I_d}{I_d} = - \Sigma_{Wasser}\ \delta(d_{Wasser})$$

oder mit Einführung der Bewegungskoordinate des Schachtes δx (relativ zum Druckgefäß!) und dem Winkel α zwischen Neutronenstrom und Bewegungsrichtung (Abb. 101):

$$\frac{\delta I_d}{I_d} = \Sigma_{Wasser}\ \delta x \cos \alpha \tag{6.23}$$

Die relative Amplitude des Neutronendetektorsignals ist also unmittelbar der entsprechenden Komponente der Schwingungsamplitude proportional. Der Proportionalitätsfaktor ($\approx 0{,}15\ cm^{-1}$) kann berechnet bzw. durch Experimente

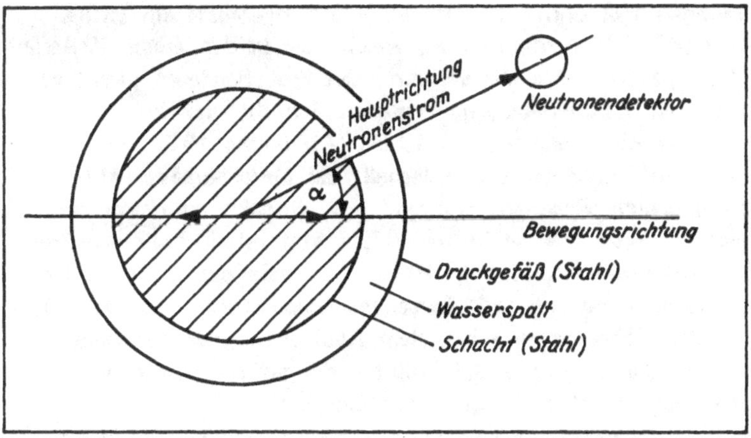

Abb. 101. Einfluß der Schachtbewegung auf den Neutronenstrom zu einem Detektor außerhalb des Druckgefäßes

während der Erprobung gemessen werden. Durch Verwendung mehrerer Neutronendetektoren können sowohl die Schwingungsrichtung als auch die -amplitude ermittelt werden. Typisch ist die 180°-Phasenverschiebung der Signale gegenüberliegender Detektoren wegen $\cos(\alpha + \pi) = -\cos\alpha$.

Im Falle der Auflagedruckschwankungen bestehen ähnliche Verhältnisse. Eine Auslenkung des Schachtes nach rechts würde z. B. auf dem linken Auflager zu einer zusätzlichen Kraftkomponente nach unten und auf dem rechten Auflager entsprechend nach oben führen. Absolutaussagen bezüglich der Bewegungsamplitude sind auf der Grundlage dieses Effektes allein kaum möglich; die Bewegungsrichtung kann jedoch in gleicher Weise wie in (6.23) bestimmt werden.

Da sich weder in den Neutronendetektorsignalen noch in den Weg- oder Beschleunigungssignalen ausschließlich die Schachtbewegung als einzige Rauschquelle abbildet, ist es nicht möglich, unmittelbar an Hand von Gleichung (6.23) die Bewegungsparameter zu ermitteln. Vielmehr ist es notwendig, zuvor in den Signalen diejenigen Anteile festzustellen und zu separieren, die auf den gesuchten Prozeß zurückzuführen sind. Dazu werden folgende Kriterien verwendet:

1. 180°-Phasenverschiebung gegenüberliegender Neutronen- und Beschleunigungsaufnehmer,
2. hohe Kohärenz gegenüberliegender Neutronen- und Beschleunigungsdetektoren,
3. fehlende bzw. geringe Kohärenz zwischen einem Neutronendetektor in der aktiven Zone und einem Neutronendetektor außerhalb des Druckgefäßes. (Der innere Detektor kann den veränderlichen Wasserspalt nicht direkt registrieren, höchstens auf dem Umweg über Regelelement- oder Brennelementbewegungen, die durch die Schachtbewegung induziert werden.)

In den Abbildungen 102 und 103 sind einige Meßergebnisse am Druckwasserreaktor Stade [89, 90] wiedergegeben, welche die beiden ersten Kriterien illustrieren. Die Autospektraldichte des während des Probebetriebes direkt gemessenen Signals δx der Relativbewegung zwischen Schacht und Druckgefäßwand zeigt deutlich die Eigenfrequenz bei 13 Hz (Abbildung 102a). Die Autospektraldichte eines Neutronendetektors außerhalb des Druckgefäßes (Abbildung 102b) läßt die gleiche Resonanz während des normalen Betriebes erkennen. Gegenüberliegende Neutronendetektoren zeigen eine relativ hohe Kohärenz von $\approx 0{,}9$ im Resonanzgebiet (Abbildung 103a); die Phase der Kreuzspektraldichte dieser Detektoren weist die 180°-Phasenverschiebung auf (Abbildung 103b). Die ebenfalls deutliche Kohärenz zwischen dem Neutronensignal und dem (vertikalen) Wegsignal am Flansch von $\approx 0{,}5$ erhärtet für das Resonanzgebiet um 13 Hz die Diagnose der Schachtschwingungen (Abbildung 103c).

In Abbildung 104 sind die Autospektren eines Neutronendetektors in der aktiven Zone und eines anderen außerhalb des Druckgefäßes gegenübergestellt. Das Meßergebnis stammt vom Palisades-Reaktor [30], bei dem sich auf Grund starker Veränderung der Einspannverhältnisse [91] der Frequenzbereich der Schachtbewegungen zu niedrigen Frequenzen (0–1 Hz) verlagert hatte. Deutlich ist der um zwei Größenordnungen geringere Anteil im incore-Detektor bis etwa 1 Hz zu erkennen. Im darüber liegenden Frequenzbereich sind offensichtlich andere Rauschquellen wirksam, die sich in beiden Detektoren etwa gleich abbilden. Die Kohärenz zwischen diesen beiden Detektoren ist im Frequenzbereich bis 1 Hz vernachlässigbar und steigt dann deutlich an [91].

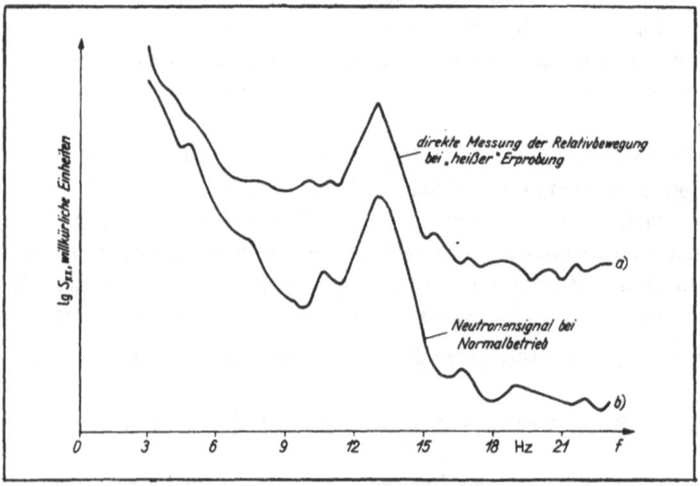

Abb. 102. Meßergebnisse vom Stade-Kraftwerk [90]

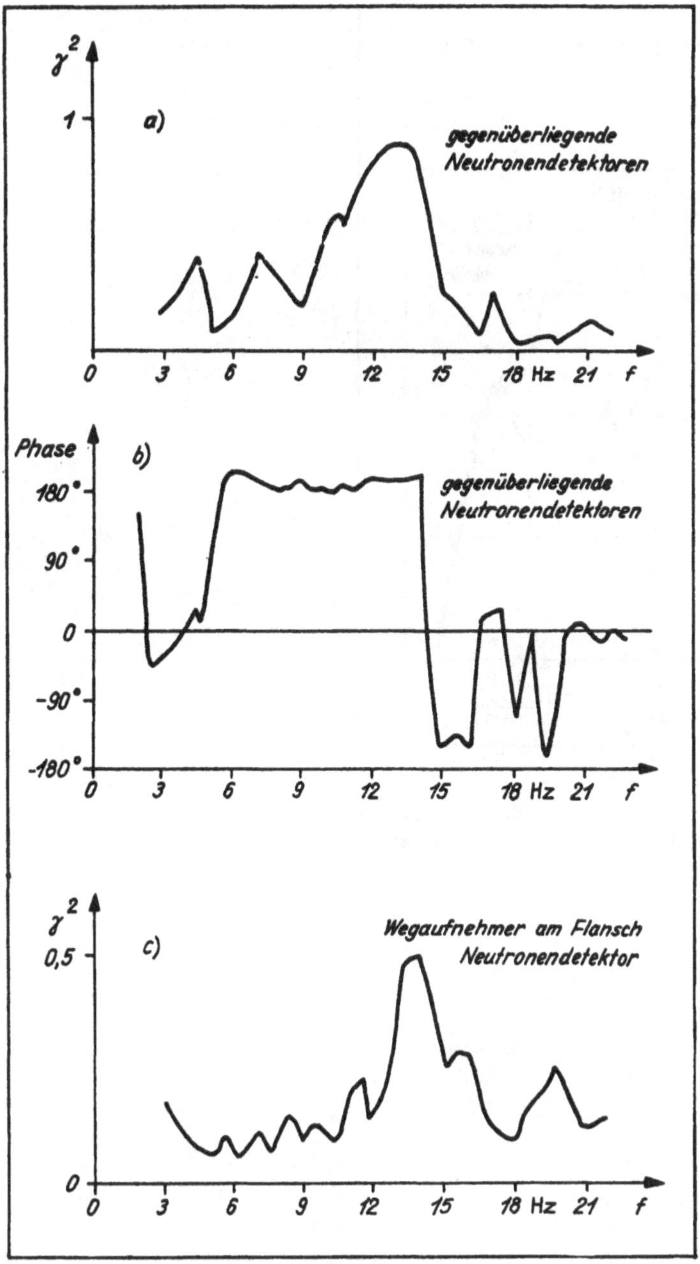

Abb. 103. Meßergebnisse vom Stade-Kraftwerk [89]

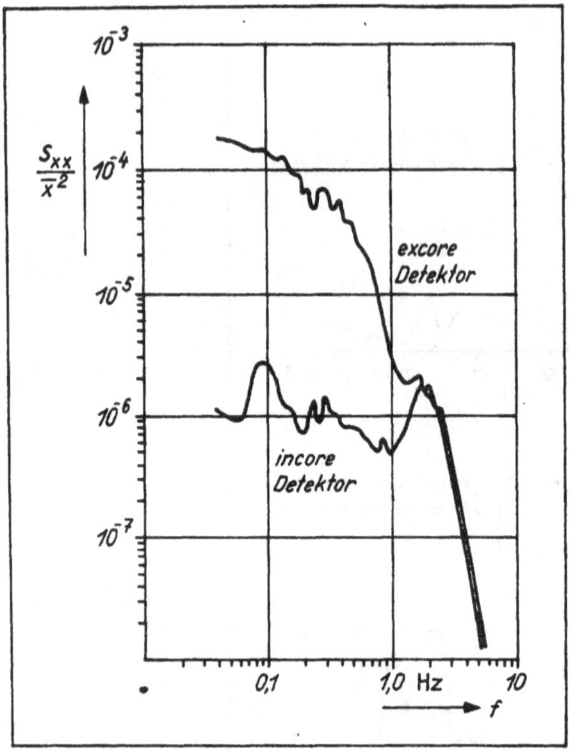

Abb. 104. Vergleich der normalisierten Autospektraldichten von Neutronendetektoren außerhalb des Druckgefäßes und innerhalb der aktiven Zone [30]

7. Ausblick

Die Rauschdiagnostik hat in einigen Gebieten als eine Methode der Informationsgewinnung bereits festen Fuß gefaßt, wenn auch nicht unter dieser Bezeichnung. Vorrangig sind verschiedene Zweige der Medizin und die Kernreaktortechnik zu nennen, in denen sie in größerem Umfang angewendet wird. Jedoch kann weder hinsichtlich ihrer methodischen Entwicklung eingeschätzt werden, daß sie abgeschlossen ist, noch behauptet werden, daß die beim derzeitigen Stand schon vorhandenen vielseitigen Anwendungsmöglichkeiten in Forschung und Praxis auch nur annähernd ausgeschöpft werden. In dieser Hinsicht bestehen noch beträchtliche Reserven, an deren Erschließung etliche Forschungsgruppen, vor allem in den USA, in Japan, der BRD, in Frankreich, Schweden und den Niederlanden, arbeiten. Im RGW-Bereich sind im wesentlichen die Aktivitäten in der DDR zu erwähnen, die nicht nur auf Akademie und Hochschulwesen beschränkt sind. In der Industrie gibt es einige leistungsfähige Gruppen – z. B. im VEB Kernkraftwerke „Bruno Leuschner" Greifswald, im Petrolchemischen Kombinat Schwedt und im VEB Maxhütte Unterwellenborn –, deren bisherige Ergebnisse zu einer optimistischen Einschätzung der Leistungsfähigkeit der Methode berechtigen. Allerdings stellt die erforderliche Gerätetechnik zur Zeit ein Problem dar, das die weitere Verbreitung der Methode in der DDR und auch allgemein im RGW-Bereich behindert. Abgesehen von wenigen Ausnahmen kann diese unabdingbare Voraussetzung bisher nur im Rahmen der Kleinserienfertigung des wissenschaftlichen Gerätebaus der Akademie, von Laborfertigungen oder Import gelöst werden. Daher können sich gerade die Industrieanwendungen gegenwärtig nur auf einige wenige ausgewählte Anlagen konzentrieren.

Die *allgemeine Weiterentwicklung der Analyse-Methoden* ist aus der Sicht des Autors hauptsächlich in der Erhöhung der Empfindlichkeit, mit der ein Prozeß sicher nachweisbar ist, und der Trennschärfe zu erwarten, mit der zwischen mehreren gleichzeitig auftretenden Prozessen unterschieden werden kann. Dies wäre dadurch zu erreichen, daß verstärkt Methoden eingesetzt werden, die sich auf die in mehreren Signalen gemeinsam enthaltene Information stützen. Viele der heute verwendeten Verfahren basieren auf der Information aus einem Signal. Eine kritische Auswertung der bekannten Beispiele zeigt recht deutlich, daß die leistungsfähigsten Anwendungen auf Verbundanalysen beruhen, die im allgemeinen jedoch nur Analysen von jeweils zwei Signalen beinhalten. Eine Extrapolation, ausgehend von dieser Feststellung, führt zur Empfehlung von *Verbundanalysen höherer Dimensionen.* Ein Beispiel dafür stellt die in 6.6. erwähnte Vierdetektor-Koinzidenzmethode zur empfindlichen Registrierung loser Teile in einem Kühlkreislauf dar. Die praktische Realisierung von höherdimensionalen Verbundanalysen ist auf verschiedenen Wegen denkbar.

Sie kann erstens durch Einführung höherdimensionaler Kennfunktionen erfolgen, z. B. durch eine dreidimensionale Kohärenzfunktion zwischen x(t), y(t) und z(t)

$$\gamma^2_{xyz} = \frac{|X(f)\, Y^+(f)\, Z^+(f)|^2}{S_{xx}(f)\, S_{yy}(f)\, S_{zz}(f)}, \qquad (7.1)$$

die einen gemeinsamen Anteil in den drei Signalen deutlich anzeigen müßte. Allerdings ist dabei zu berücksichtigen, daß die Genauigkeitsanforderungen an den Analysator zunehmen, d. h., daß größere Wortlängen verwendet werden müssen.

Zweitens ist es möglich, die Verbundanalysen mit Hilfe der Mustererkennung zu realisieren. Die unmittelbare Signalanalyse beschränkt sich auf die üblichen Auto- und Kreuzkennfunktionen, während das Mustererkennungsverfahren diese Kennfunktionen gemeinsam im nachfolgenden Verarbeitungsgang berücksichtigt. Diese Vorgehensweise beinhaltet einige nicht unerhebliche Schwierigkeiten, jedoch dürfte sie wahrscheinlich die erfolgversprechendste sein. Praktisch werden derartige Verbundanalysen bei experimentellen Untersuchungen schon heute, allerdings auf rein subjektiver Basis angestellt, z. B. beim Vergleich der grafischen Darstellungen verschiedener, zur gleichen Zeit gemessener Kennfunktionen, wobei Gemeinsamkeiten bzw. bestimmte Zusammenhänge gesucht werden.

Eine dritte Möglichkeit sollten die parametrischen Verfahren bieten, aus deren Koeffizienten-Matrizen zur Zeit nur die Spektraldichten berechnet werden, die aber durchaus auch höherdimensionale Kennfunktionen, wie z. B. (7.1), enthalten. Versuche in dieser Richtung sind bisher nicht bekannt.

Hinsichtlich der Interpretation gibt es, wie schon die Ausführungen in 4.4. zeigten, noch einiges zur *Entwicklung geeigneter Schadensmodelle und erweiterter Prozeßmodelle* zu tun. Solche Aufgaben sind naturgemäß stets eng mit der speziellen Anwendung verbunden. Dies trifft allgemein für die gesamte Rauschdiagnostik zu, die nur im Zusammenhang mit ihrer Anwendung in Forschung und Praxis gesehen werden darf. Die enge Wechselwirkung zwischen der methodischen Weiterentwicklung und der praktischen Anwendung ist von wesentlichem Wert. Einerseits ergeben sich dabei realistische, klare Aufgabenstellungen für die Entwicklung, andererseits entsteht durch systematische Sammlung von Ergebnissen der Anwendungen in Form von *Katalogen der Rauschquellen und ihrer Abbildung in den verschiedenen* Rauschsignalen sowie von *Katalogen der* von den Rauschquellen verursachten *Schäden* eine wichtige Grundlage für weitere Anwendungen. Bemühungen zur Organisation derartiger Kataloge sind an einigen Stellen im Gange [z. B. 92, 93]; leider steht die häufig praktizierte Geheimhaltung von anomalen Ereignissen in industriellen Anlagen dieser Ergebnissammlung entgegen.

In der Gerätetechnik bestehen ebenfalls noch *Entwicklungsmöglichkeiten an fast allen Bausteinen der Signalerfassung, -speicherung und -analyse.* Bisher werden fast ausschließlich Bausteine verwendet, deren Entwicklung die Belange der Rauschdiagnostik nicht speziell berücksichtigte. Dies trifft insbesondere auf die Meßwertaufnehmer zu, die noch etliche Möglichkeiten bezüglich Signal-Untergrund-Verhältnis, Bandbreite und Prüfmöglichkeiten besitzen, deren Erschließung erheblichen Einfluß auf die Verbesserung der Leistungsfähigkeit, insbesondere der Zuverlässigkeit der Methode hätte. Auch die Zwischenspeicherung der Rauschsignale für eine in weiten Grenzen variable Weiterverarbeitung, die heute mit dem Analogmagnetbandspeicher gelöst wird, ist noch entwicklungsfähig. Sie ist meist bezüglich der Dynamik der zu ermittelnden Kennfunktionen das begrenzende Glied in der Meß- und Auswertetechnik. Bei den Auswertegeräten existieren ebenfalls noch einige Wünsche, obwohl in den letzten Jahren auf diesem Gebiet große Fortschritte erzielt wurden, z. B. bezüglich der weiteren Erhöhung der Auswertegeschwindigkeit, um im on-line Verfahren in mehreren Kanälen gleichzeitig breitbandige Kennfunktionsermittlungen durchführen zu können. In [94] wird für diese Aufgabe ein sogenannter „Array"-Prozessor eingesetzt, der allerdings eine beträchtliche Aufwandserhöhung mit sich bringt. An dieser Stelle sei noch einmal darauf hingewiesen, daß natürlich auch die gerätetechnische Entwicklung nur so weit getrieben werden darf, wie es für die Anwendung notwendig und kostenmäßig noch zu vertreten ist.

Für eine rasche Verfügbarkeit der Methode bei aktuellen Anwendungen wäre ein geeignetes *Baukastensystem* am günstigsten, das die gerätetechnischen Anforderungen vom einfachsten bis zum kompliziertesten Fall erfüllen kann. Unter Zugrundelegung der bisherigen Erfahrungen beim Einsatz der Methode in der Forschung, im Kernkraftwerk und in der chemischen Großindustrie ist vom wissenschaftlichen Gerätebau der Akademie der Wissenschaften ein derartiges System entwickelt worden, dessen Komponenten sich zur Zeit in Erprobung befinden. Abbildung 105 vermittelt einen Eindruck davon.

Hinsichtlich der Entwicklung der *Anwendung* der Methode ist mit großer Sicherheit zu erwarten, daß sie, als eine folgerichtige Erweiterung der herkömmlichen Methoden der Informationsgewinnung, zukünftig einen festen Platz *in der Forschungstechnologie der Naturwissenschaften, der Medizin und der Technik* einnehmen wird. In der Forschung sind die Voraussetzungen für die Anwendung dieser komplizierten Methode grundsätzlich erfüllt. Es stehen qualifizierte Mitarbeiter zur Verfügung. Die notwendige Gerätetechnik ist beschaffbar, da es sich um Einzelanlagen handelt, die unter Umständen auch im Eigenbau realisiert werden können. Als Hauptanwendungsgebiete dürften die Modellfindung für komplizierte Prozesse und Systeme, bei denen — unter Ausnutzung natürlicher oder künstlicher Störquellen — die Zusammenhänge zwischen den verschiedenen Ein- und Ausgangsgrößen durch Verbundanalysen ermittelt werden sowie die Identifikation von Prozessen erwartet werden.

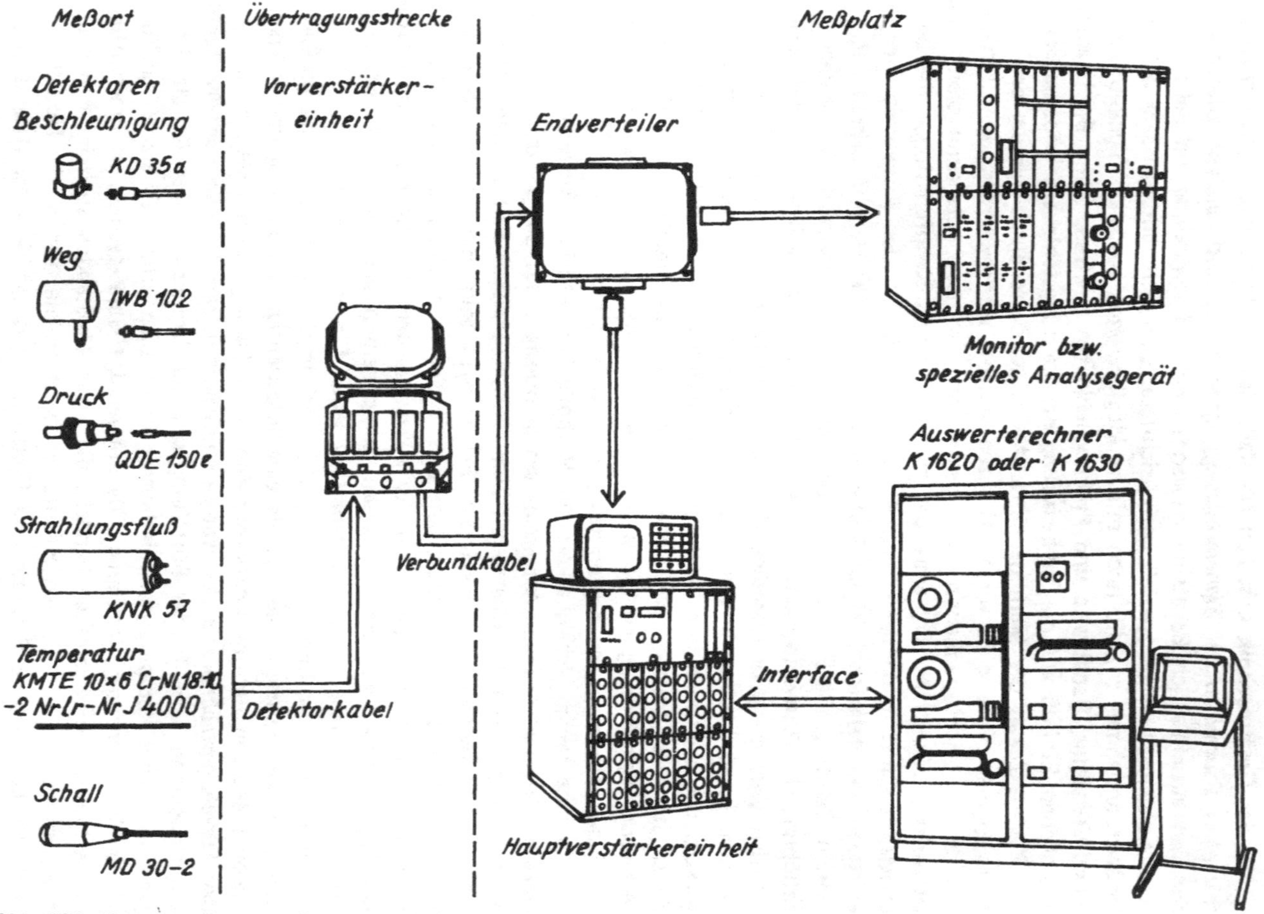

Abb. 105. Modulares Rauschanalysesystem (schematisch)

Problematischer ist eine Prognose des *Einsatzes* der Rauschdiagnostik *in der Industrie.* Nach der einhelligen Meinung aller Fachleute ist die Nützlichkeit des Einsatzes der Rauschdiagnostik unbestritten. Diese ist aus heutiger Sicht in der Schadensfrüherkennung und zustandsabhängigen Instandhaltung gegeben. Vorsichtige Abschätzungen nach den Erfahrungen in der Kernenergie, der chemischen Großindustrie und der Metallurgie sowie nach Untersuchungsergebnissen aus Kanada und Großbritannien [95] über die ökonomischen Auswirkungen der zustandsabhängigen Instandhaltung lassen einen jährlichen Nutzen der breiten Anwendung der Methode in der Volkswirtschaft der DDR in Milliardenhöhe erwarten. Wesentlich für den Industrieeinsatz ist die weitgehende Automatisierung von Analyse und Diagnose, um sowohl eine kontinuierliche Überwachung zu gewährleisten als auch die Anzahl der Rauschdiagnostik-Fachleute nach Möglichkeit in Grenzen zu halten. Selbstverständlich sind exakte Rentabilitätsüberlegungen vor Einführung dieser Methode in der Industrie notwendig, etwa in der Art der Risikobetrachtung in 4.4. Leider sind jedoch in der Industrie Entscheidungen auf der Basis statistischer Betrachtungen noch nicht sehr ausgeprägt. Daher bestehen zur Zeit noch erhebliche Schwierigkeiten, Methoden einzuführen, deren Nutzen nicht direkt ausweisbar ist. Die Situation ließe sich mit den Worten von G. C. LICHTENBERG charakterisieren: „Jedermann ist sehr bereitwillig, durch Schaden klug zu werden, wenn nur der erste Schade, der dies lehrt, wieder ersetzt wäre" [96]. Dennoch gibt es einige erfreuliche Ansätze, wie die Anwendung in der Petrolchemie (6.5.), die komplexen Rauschdiagnosesysteme in Kernkraftwerken (z. B. [31, 97]), die Arbeiten in der Metallurgie [16] und zur Maschinendiagnose [21, 98]. Eine breite, allgemeine Einführung ist jedoch noch nicht gegeben. Dies liegt sowohl an der noch unzureichend verbreiteten Kenntnis der Methode als auch an den Unzulänglichkeiten im Bezug der Gerätetechnik. Die vorliegende Monographie ist als ein Beitrag zur weiteren Verbreitung der Methode anzusehen.

8. Verzeichnis der Symbole

a, A	allgemeine Konstante
A(t)	Zeitfunktion, meist transiente Funktion
$A_{xx}(\tau)$	Zeitmittelfunktion von x(t), getriggert von x(t)
$A_{yx}(\tau)$	Zeitmittelfunktion von x(t), getriggert von y(t)
$[A_i]$	AR-Matrizen des multivariaten autoregressiven Modells
[A(f)]	inverse Frequenzgangmatrix des multivariaten autoregressiven Modells
b	allgemeine Konstante, speziell Amplitude eines binären Signals
B	Bandbreite
B(f)	Frequenzfenster
C	allgemeine Konstante
$[C(x_i)]$	Kovarianzmatrix der zentrierten Signale $x_i(t)$
D	Schadensmaß
E(t, 1/N)	stochastische Dirac-Welle
f	Frequenz
Δf	Frequenzintervall, Frequenzauflösung
f(x)	allgemeine Funktion von x
F	Federkonstante
F(t)	Zeitfenster
$g(\tau)$	Übergangsfunktion
$h(\tau)$	Gewichtsfunktion
$h_{i\nu}(\tau)$	partielle Gewichtsfunktion bezüglich der Übertragung der Eingangsgröße $x_i(t)$ zur Ausgangsgröße $y_\nu(t)$
$h^*_{\nu i}(\tau)$	Inverse der partiellen Gewichtsfunktion $h_{i\nu}(\tau)$
H(f)	Frequenzgang
$H_{i\nu}(f)$	partieller Frequenzgang bezüglich der Übertragung der Eingangsgröße $x_i(t)$ zur Ausgangsgröße $y_\nu(t)$
i	ganzzahliger Laufindex
I	Neutronenstrom
j	imaginäre Einheit ($j^2 = -1$)

k	Kopplungskoeffizient
K	Konstante der gleitenden Mittelwertbildung
$K(t)$	anregende Kraft
l	ganzzahliger Laufindex
m	im allgemeinen ganzzahliger Laufindex, im Schwingungsmodell als Masse
n	ganzzahliger Laufindex, Anzahl
N	ganze Zahl, speziell Anzahl von Schätzungen
$N_{xx}(\tau)$	Zeitmittelfunktion eines periodischen Untergrundsignals
$p(x)$	Wahrscheinlichkeitsdichte von $x(t)$
$p(x, y)$	Verbund-Wahrscheinlichkeitsdichte von $x(t)$ und $y(t)$
q	ganze Zahl
$R_{xx}(\tau)$	Autokorrelationsfunktion von $x(t)$
$R_{xy}(\tau)$	Kreuzkorrelationsfunktion von $x(t)$ und $y(t)$
R_o	Untergrund der Kreuzkorrelationsfunktion bei pseudostochastischem Eingangssignal
$S_{xx}(f)$	Autospektraldichte von $x(t)$
$S_{xy}(f)$	Kreuzspektraldichte von $x(t)$ und $y(t)$
$S_{y_\mu y_\nu}^{(x_m)}(f)$	partielle Kreuzspektraldichte zwischen den Signalen $y_\mu(t)$ und $y_\nu(t)$ bezüglich der Signalanteile, die auf die Eingangsgröße $x_m(t)$ zurückzuführen sind
$S_i(k)$	Abkürzung für Summen
t	Zeit
Δt	Abtastintervall, Zeitverschiebung
T	Meßdauer, Periodendauer
T_{tot}	Totzeit
T_g	Gedächtniszeit des Systems
T_k	Zeitkonstante
T_u	Signaldauer des transienten Signals $u(t)$
ΔT	Zeitabstand aufeinanderfolgender Schätzungen
$u(t)$	Zeitsignal, speziell auch für alle elektrischen Spannungen
$u_T(t)$	Testspannungssignal
v	Geschwindigkeit

$v(t)$	Zeitsignal
$W(t, \tau)$	periodische Dirac-Welle
$x(t)$	Zeitsignal, hauptsächlich Eingangssignal eines Systems
$x_d(t)$	determinierter Anteil im Signal $x(t)$
$x_u(t)$	zum determinierten Anteil unkorrelierter Anteil im Signal $x(t)$
x_o	Amplitude des harmonischen Signals
Δx	Amplitudenauflösung
$X(f)$	spektrale Amplitudendichte von $x(t)$
X_ν, $X(\nu \Delta f)$	ν-te spektrale Amplitude des periodischen Signals $x(t)$ (oder ν-ter Fourier-Koeffizient)
$y(t)$	Zeitsignal, hauptsächlich Ausgangssignal eines Systems
$z(t)$	Zeitsignal
$\gamma_{xy}(\tau)$	Rehocence-Funktion
$\gamma^2_{xy}(f)$	Kohärenzfunktion von $x(t)$ und $y(t)$
γ_n	Klassifikationsmaß bei der Mustererkennung
$\delta(t)$	Delta-Funktion $\delta(t) = 1$ für $t = 0$ $= 0$ für $t \neq 0$
α	kinetischer Parameter eines Kernreaktors
$\epsilon(\xi)$	mittlerer quadratischer Fehler der Schätzung einer Kennfunktion $\psi(\xi)$
η	unabhängige Variable
Θ_ν	Phasenwinkel der spektralen Amplitude X_ν
$\Theta_x(f)$	Phasenfunktion der spektralen Amplitudendichte $X(f)$
$\Theta_{xy}(f)$	Phasenfunktion der Kreuzspektraldichte $S_{xy}(f)$
λ_ν	Eigenwert der Lösung eines Systems von Differentialgleichungen
μ	ganzzahliger Laufindex
$\mu_x^{(\nu)}$	Moment ν-ter Ordnung von $x(t)$
μ_x	Zeitmittelwert von $x(t)$
$\mu_x(t)$	Ensemble-Mittelwert von $x_\nu(t)$, $\nu = 1, 2, 3 \ldots$
ν	ganzzahliger Laufindex
ξ	unabhängige Variable

ρ	Reibungskoeffizient, Reaktivität eines Kernreaktors
σ_x^2	Streuung von x(t)
$\sigma_x^2(t)$	Ensemble-Streuung von $x_\nu(t)$, $\nu = 1, 2, 3 \ldots$
$\sigma_x^2(f, \Delta f)$	Streuung des bandpaßgefilterten Signals x(t)
τ	Zeitverzögerung
φ	Phasenwinkel des harmonischen Signals
$\phi(f)$	Phasenfunktion des Frequenzgangs H(f)
χ_n^2	Quantil der Chi-Quadratverteilung für n Freiheitsgrade
ψ	allgemeiner Kennwert
ω	Kreisfrequenz

allgemeine mathematische Symbole

$\mid X \mid$	Absolutbetrag von X
$\tilde{x}(t)$	Rauschanteil von x(t)
$\bar{x}(t)$	Kurzzeitmittelwert von x(t)
ψ^*	konjugiert komplexer Wert von ψ
$\hat{\psi}$	Schätzung von ψ
$E\{\psi\}$	Erwartungswert von ψ
$[\vec{x}_i]$	Spaltenvektor der Folge x_i
$[\vec{x}_i]'$	Zeilenvektor der Folge x_i
$[\psi_{\nu\mu}]$	Matrix der Kennwerte $\psi_{\nu\mu}$
$[\psi_{\nu\mu}]'$	Transponierte der Matrix $[\psi_{\nu\mu}]$
$[\psi_{\nu\mu}]^{-1}$	Inverse der Matrix $[\psi_{\nu\mu}]$
$\|\psi_{\nu\mu}\|$	Determinante der Matrix $[\psi_{\nu\mu}]$

9. Abbildungsverzeichnis

10. Tabellenverzeichnis

11. Literatur

[1] Wiener, N., Kybernetik. Regelung und Nachrichtenübertragung im Lebewesen und in der Maschine. Econ, Düsseldorf–Wien 1963

[2] Shannon, C. E., A Mathematical Theory of Communication. Bell System Techn. J. **27** (1948) 3, S. 379–423; 4, S. 623–656

[3] Härtler, E., Versuchsplanung und statistische Datenanalyse, Schriftenreihe „Beiträge zur Forschungstechnologie", Band 4, Akademie-Verlag, Berlin 1976

[4] Schulze, W., Wissenschaftliche Forschung und elektronische Rechentechnik, Schriftenreihe „Beiträge zur Forschungstechnologie", Band 2, Akademie-Verlag, Berlin 1975

[5] Meiling, W., Mikroprozessor–Mikrorechner, Schriftenreihe „Beiträge zur Forschungstechnologie", Band 5, Akademie-Verlag, Berlin 1978

[6] Rasmussen-Bericht (WASH-1400), Übersetzung der Kurzfassung, Rep. IRS-S-12 (1975)

[7] Schlitt, H., Systemtheorie für regellose Vorgänge. Springer-Verlag, Berlin, Göttingen, Heidelberg 1960

[8] Lange, F. H., Korrelationselektronik. VEB Verlag Technik, Berlin 1962

[9] Unbehauen, R., Systemtheorie. Akademie-Verlag, Berlin 1980

[10] Peschel, M., Anwendung statistischer Verfahren in der Regelungstechnik – Statistische Kennwertermittlung. VEB Verlag Technik, Berlin 1972

[11] Otto, H., Peschel, M., Anwendung statischer Methoden in der Regelungstechnik – Korrelations- und Spektralanalyse. VEB Verlag Technik, Berlin 1970

[12] Mika, C., Raes, K.-H., Stegemann, D., Untersuchungen zur Kühlmittelgeschwindigkeits- und Durchsatzmessung aus korrelierten Thermoelementsignalen, Tagungsbericht Reaktortagung Deutsches Atomforum in Hamburg 1971, S. 391

[13] Pallagy, D. u. a., Razrabotka i issledovanie 16-kanal'noj termometričeskoj korreljacionnoj sistemy izmerenija raschoda, Institutsbericht KFKI-1982-49, Budapest 1982

[14] Wach, D., Ermittlung lokaler Dampfblasengeschwindigkeiten aus Rauschsignalen von Incore-Ionisationskammern, Atomwirtschaft **18** (1973), S. 580

[15] Bouchet, J. M., Bruyere, M., Bernard, P., Le Meur, R., Papin, B., Brillon, A., Favennec, J. M., Le Coz, J. J. and Puyal, C., PWR Primary

Flow Measurements by Correlation Analysis of Nitrogen-16-Fluctuations, Progress in Nuclear Energy 9 (1982), S. 51

[16] Knauer, R., Richter, M., Bollwien, C. und Beck, W., Rechnergestützte Steuerung der Durchgasung des Hochofens, Neue Hütte 26 (1981), S. 190

[17] Thie, J. A., Reactor Noise, Rowman and Littlefield, New York 1963

[18] Seifritz, W., Stegemann, D., Reactor-Noise Analysis, Atomic Energy Rev. 9 (1971), S. 129

[19] Liewers, P., Reaktorrauschen – Grundlegende Probleme und Anwendungsmöglichkeiten, Kernenergie 16 (1973), S. 29

[20] Randall, R. B., Efficient Machine Monitoring Using an FFT Analyzer and Desktop Calculator, Brüel & Kjaer application notes

[21] Barschdorff, D., Geräuschanalyse zur Schadensfrüherkennung an stationären Turbomaschinen als Problem der Mustererkennung, Archiv Technisches Messen (atm) 44 (1977), S. 181

[22] Bentley, P. G., A Review of Acoustic Emission for Pressurized Water Reactor Applications, NDT International, December 1981, S. 329

[23] Ambrosch, H., Diebels, W.-D., Gorgius, D., Matthes, J., Anwendung der Rauschdiagnostik an elektrotechnischen Betriebsmitteln, IHZ-WK-79-334, Zittau November 1979

[24] Rajagopal, V., Reactor-Noise Measurements on Saxton Reactor, Proceedings of „Noise Analysis in Nuclear Systems", TID-7679, 4 (1964), S. 427

[25] Saxe, R. F., Detection of Boiling in Water-Moderated Nuclear Reactors, Nuclear Safety 7 (1966), S. 452

[26] Blumentritt, G., Liewers, P., Rindelhardt, U., Werner, M., Rauschdiagnostische Untersuchungen zum Kühlmittelsieden in Druckwasserreaktoren, Kernenergie 25 (1982), S. 260

[27] Klockgether, J., Nachweis und Grundlagen für die Berechnung von Kavitationserscheinungen an Flüssigkeitspumpen, Dissertation, TU Berlin 1979

[28] Afanasjef, V. A., Kebadze, B. V., Grjazev, Y. M., Adamovskij, L. A., Markin, S. A., opredelenie oblasti ustojčiboj rabotj kipjaščego reaktora VK-50, Institutsbericht NIIR Melekess (jetzt Dimitroffgrad) P-24 (1968)

[29] Thie, J. A., Reactor-Noise Monitoring for Malfunctions, Reactor Technology 14 (Winter 1971/1972), No. 4

[30] Fry, D. N., Kryter, R. C., Robinson, J. C., Analysis of Neutron Density Oscillations Resulting from Core Barrel Motion in the Palisades Nuclear Plant, ORNL-TM-4570, May 1974

[31] Dio, W. H., Stoelben, H., Bastl, W., Wach, D., Raible, R., On-line Surveillance of LWR Primary Systems, Progress in Nuclear Energy 1 (1977), S. 759

[32] Mathis, M. V., Smith, C. M., Fry, D. N., Dailey, M. L., Characterization Studies of BWR-4 Neutron Noise Analysis Spectra, Progress in Nuclear Energy 1 (1977), S. 175

[33] Halhuber, M. J., Günther, R., Ciresa, M., EKG-Einführungskurs, Johann Ambrosius Barth, Leipzig 1980

[34] Niebeling, H. G., Einführung in die Elektroenzephalographie, J. A. Barth, Leipzig 1980

[35] Bendat, J. S., Piersol, A. G., Random Data: Analysis and Measurements Procedures, Wiley-Interscience, New York 1971

[36] Sweschnikow, A. A., Untersuchungsmethoden der Theorie der Zufallsfunktionen, B. G. Teubner, Leipzig 1965

[37] Burr, I. W., Applied Statistical Methods, Academic Press, New York and London 1974

[38] Sommerfeld, A., Vorlesungen über theoretische Physik. Bd. VI. Partielle Differentialgleichungen, Akademische Verlagsgesellschaft Geest & Portig KG, Leipzig 1954

[39] Blackman, R. B., Tuckey, J. W., The Measurement of Power Spectra, Dover Publications, New York 1959

[40] Washtell, C. C. H., Hewitt, S. G., Nucleonic Instrumentation, George Newnes Limited, London 1965

[41] Seifritz, W., Stegemann, D., Ein Zwei-Detektor-Kreuzkorrelationsexperiment zur Bestimmung von Reaktorparametern aus dem Neutronenrauschen, Nukleonik 9 (1967), S. 169

[42] Woschni, E. G., Meßdynamik, S. Hirzel-Verlag, Leipzig 1964

[43] Fuge, R., Korrelationsmessung mittels binärer pseudo-zufälliger Signale, Messen Steuern Regeln (msr) 17 (1974), S. 250

[44] Hund, F., Einführung in die theoretische Physik, Bd. 1, Mechanik, VEB Bibliographisches Institut, Leipzig 1951

[45] Grabner, A., Liewers, P., Schumann, P. and Weiß, F.-P., Decomposition of Noise Signals Composed of Many Similar Components, Progress in Nuclear Energy 1 (1977), S. 615

[46] Fukunishi, K., Diagnostic Analysis of a Nuclear Power Plant Using Multivariate Autoregressive Processes, Nuclear Science and Eng. 62 (1977), S. 215

[47] Fukunishi, K., Noise Source Estimation of Boiling Water Reactor Fluctuation by Autoregression, Nucl. Sci. Eng. 67 (1978), S. 296

[48] Upadhyaya, B. R., Kitamura, M., Kerlin, T. W., Multivariate Signal Analysis Algorithms for Process Monitoring and Parameter Estimation in Nuclear Reactors, Annals of Nuclear Energy **7** (1980), S. 1

[49] Makhoul, J., Linear Prediction: A Tutorial Review, Proc. IEEE, **63** (1975), S. 561

[50] Albrecht, D., Theilig, H., Bruchmechanische Bewertung von Schadstellen, IHZ-WK-79-336, Zittau November 1979

[51] Brag, G., Einfache Modelle kontinuierlicher Prozesse, VEB Verlag Technik, Berlin 1982

[52] Young, T. Y., Calvert, T. W., Classification, Estimation and Pattern Recognition, American Elsevier Publishing Comp., New York

[53] Smirnow, N. W., Dumin-Barkowski, I. W., Mathematische Statistik in der Technik, VEB Deutscher Verlag der Wissenschaften, Berlin 1963

[54] Piety, K. R., Robinson, J. C., An On-Line Reactor Surveillance Algorithm Based on Multivariate Analysis of Noise, Nuclear Science and Eng. **59** (1976), S. 369

[55] Gonzalez, R. C., Howington, L. C., Sides, W. H., Kryter, R. C., A Multivariate Statistical Pattern Recognition System for Reactor Noise Analysis, IEEE Transactions on Nucl. Science, Vol. NS-23 (1976), S. 342

[56] Piety, K. R., Statistical Algorithm for Automated Signature Analysis of Power Spectral Data, Progress in Nuclear Energy **1** (1977), S. 781

[57] Weiß, F.-P., Untersuchungen zur Anwendung der Mustererkennung in der Rauschdiagnostik, Dissertation, AdW der DDR, Rossendorf 1983

[58] Lenk, A., Elektromechanische Systeme, Band 3: Systeme mit Hilfsenergie, VEB Verlag Technik, Berlin 1975

[59] Peters, D., Untersuchung der technischen Möglichkeiten zur Analyse stochastischer Signale und Beschreibung eines Gerätesystems zur Ermittlung von Spektraldichtefunktionen unter Anwendung der Schnellen Fourier-Transformation, Dissertation, TU Dresden 1979

[60] Akcasu, A. Z., Measurement of Noise Power Spectra by Fourier Analysis, Journal of Applied Physics **32** (1961), S. 565

[61] Cooley, J. W., Tuckey, J. W., An Algorthm for the Machine Computation of Complex Fourier Series, Math. of Comp. **19** (1965), S. 297

[62] Cadavid, R. M., Untersuchung der Drehsynchronität von Pumpen eines KKW mit Hilfe eines hochauflösenden Frequenzfensters, Dissertation, AdW der DDR, Rossendorf 1982

[63] Bogner, R. E., Constantinides, A. G., Introduction to Digital Filtering, John Wiley & Sons, London, New York, Sidney, Toronto 1975

[64] Grote, R. H., McKinney, H. W., Advanced Digital Signal Analyzer Probes Low-Frequency Signals with Ease and Precision, Hewlet Packard Journal, 1978

[65] Benkert, J., Mika, C., Raes, K.-H., Stegemann, D., Determination of Thermocouple Transfer Functions and Fluid-Flow Velocities by Temperature-Noise Measurements in Liquid Sodium, Progress in Nuclear Energy 1 (1977), S. 553

[66] Seliwanow, W. M. u. a., Izmerinie raschoda metodom korreljacii slučajnych signalov termopar v konturach s estestvennoj cirkuljaciej teplonositelja, KFKI-76-21, Budapest 1976

[67] Joshi, S. S., Arora, K. K., Noise Analysis Applications Made at Rajasthan Atomic Power Station, Including Primary Coolant Flow Rate Measurements Using ^{16}N Signal and the Cepstrum Technique of Analysis, Progress in Nuclear Energy 9 (1982), S. 65

[68] Bouchet, J. M. u. a., PWR Primary Flow Measurements by Correlation Analysis of Nitrogen 16 Fluctuations, Progress in Nuclear Energy 9 (1982), S. 51

[69] Wach, D., Kosály, G., Investigations of the Joint Effect of Local and Global Driving Sources in Incore-Neutron Noise Measurements, Atomkernenergie 23 (1974), S. 244

[70] Nishihara, H., Konishi, H., A new Correlation Method for Transit-Time Estimation, Progress in Nuclear Energy 1 (1977), S. 219

[71] Behringer, K., Kosály, G., Nishihara, H., Theoretical Remarks on a Novel Correlation Method for Transit-Time Estimation, Atomkernenergie/ Kerntechnik 36 (1980), S. 292

[72] Edelmann, E., Differential and Whitened Correlation – Simple new Methods for Transit-Time Measurements, Progress in Nuclear Energy 9 (1982), S. 1

[73] Grunwald, G., Liewers, P., Schumann, P. and Weiß, F.-P., Experimental Investigations of Flow-Induced Control Element Movements by Means of Noise Analysis Technique, Proceedings of Symposium on Nuclear Power Plant Control and Instrumentation, Vol. I, Vienna 1978, S. 291

[74] Nagel, J., Verfahren zur Störbefreiung von Signalen, BRD-Patentoffenlegungsschrift 2717530 (19. 10. 1978)

[75] Christiansen, K., Hoegl, A., Entwurf eines Gerätes zur Messung des fetalen EKG vor und während der Geburt, Biomedizinische Technik 20 (1975), S. 177

[76] Köppen, H. E., Otto, H., Ein Dekorrelator für die Rauschdiagnostik, Interner Arbeitsbericht RPD-4/82, ZfK Rossendorf 1982

[77] Pridöhl, E., Akustische Detektion von Wasserlecks in natriumbeheizten Dampferzeugern unter Verwendung von Methoden der statistischen Entscheidungstheorie, ZfK-428, Rossendorf 1981

[78] Bloch, H. P., Predict Problems with Acoustic Incipient Failure Detection Systems, Hydrocarbon Processing, October 1977

[79] Pecrul, P. J., An On-line Computerized Reactor Noise, Vibration and Loose Parts Monitoring System, Progress in Nuclear Energy 1 (1977) S. 665

[80] „LOCAPAR 4" Acoustic Emission Monitoring System for Loose Parts Detection and Localization, Firmenschrift FRAMATOME 1981

[81] Fuge, R., Detection of Acoustic Emission Events in the Presence of Parasitic Noise, Progress in Nuclear Energy 1 (1977), S. 681

[82] Giera, H.-D., Rindelhardt, U., Interner Arbeitsbericht, RPP-21/80, ZfK Rossendorf 1980

[83] Kryter, R. C., Ricker, C. W., Jons, J. E., Loose-Parts Monitoring, Progress in Nuclear Energy 1 (1977), S. 667

[84] Marini, J., Bernard, D., Loose Part Detection Using Acoustic Emission Detectors in NSSS, Progress in Nuclear Energy 9 (1982), S. 519

[85] Isaksson, A., Wennberg, A. and Zetterberg, L. H., Computer Analysis of the Electrical Activity of the Human Brain (EEG): EEG Signals with Parametric Models, Proceedings of the IEEE 69 (1981), S. 451

[86] Gevins, A. S. et al., Automated Analysis of the Electrical Activity of the Human Brain (EEG): A Progress Report, Proceedings of the IEEE 63 (1975), S. 1382

[87] Bodenstein, G. and Praetorius, H. M., Feature Extraction from Electroencephalogram by Adaptive Segmentation, Proceedings of the IEEE 65 (1977), S. 642

[88] Colling, A., Recent Developments in Nuclear Power Plant Control and Instrumentation Carried out or Sponsored by EURATOM, Proceedings of Nuclear Power Plant Control and Instrumentation, Vienna 1971, S. 141

[89] Bastl, W., Wach, D., Dio, W. H., Haas, W., Nachweis von Pendelbewegungen des Kernbehälters im Neutronenflußrauschen, Atomwirtschaft (1972), S. 263

[90] Wach, D., The Analysis of At-Power Neutron Flux Noise in the Frequency Range of Vibrating Reactor Structures, Bericht zum Specialists Meeting on Reactor Noise –SMORN–1, Rom 1974

[91] Fry, D. N., Kryter, R. C., Robinson, J. C., On-Site Noise Diagnostics at Palisades Power Station, Proceedings of Power Plant Dynamics, Control and Testing Symposium, Knoxville 1973

[92] Saito, K., A Noise Pattern Library Effort in Japan, Progress in Nuclear Energy **1** (1977), S. 713

[93] Weiß, F.-P., Vorschlag zu einem Rauschquellenkatalog für die Rauschdiagnostik, Interner Bericht RPD-14/81, ZfK Rossendorf 1981

[94] Dragt, J. B., Türkcan, E., Instrumentation and Software for Noise Signal Analysis and Interpretation. Application of an Array Processor, 12th Informal Meeting on Reactor Noise Analysis, Studsvik (Schweden) May 1979

[95] Neale, M. and Associates, A Survey of Condition Monitoring in British Industry and its Potential for Wider Application, Report TRD 187 for the Department of Industry, London 1975

[96] Lichtenbergs Werke in einem Band, Aufbau-Verlag, Berlin und Weimar 1975

[97] Buttler, E., Giera, H.-D., Grabner, A., Liewers, P., Otto, H., Schumann, P., Weiß, F.-P., Ein Rauschanalysesystem zur Schadensfrüherkennung an Kernkraftwerken mit Druckwasserreaktoren, Kernenergie **20** (1977), S. 389

[98] Grabner, A., Liewers, P., Schumann, P., Rauschdiagnostik zur Schadensfrüherkennung, Die Technik **34** (1979), S. 323

12. Sachregister

13. Zusammenfassung

Die stürmische Entwicklung der Technologie in Forschung und Industrie erfordert unter anderem auch die Verbesserung der Methoden der Informationsgewinnung. Eine Möglichkeit besteht in der Nutzbarmachung der höherfrequenten Anteile von Meßsignalen, die bisher kaum beachtet wurden, die aber wesentliche Informationen über Prozeß und System enthalten können. Die Rauschdiagnostik bietet in dieser Hinsicht diverse Ansatzpunkte und methodische Möglichkeiten.

In der vorliegenden Arbeit werden die bereits vorhandenen Erfahrungen zusammengefaßt und systematisiert sowie Standardlösungen für die Meß-, Analyse- und Diagnoseaufgaben vorgestellt. Die Methode ist in ihrer Entwicklung noch nicht abgeschlossen. Jedoch zeigt eine Reihe von Anwendungsbeispielen, daß sie bereits mit beachtlichem Erfolg praktisch genutzt werden kann.

Gegenwärtig liegt der Schwerpunkt der Entwicklungsarbeiten in der Schadensfrüherkennung und zustandsabhängigen Instandhaltung in der Industrie. Es deutet sich aber auch die zunehmende Anwendung zur Bestimmung charakteristischer Prozeßkenngrößen an, wodurch sich unmittelbare Bezüge zur Forschungstechnologie ergeben.

13. Summary

The rapid development of technology in research and industry demands among others the improvement of methods for gaining informations. One possibility is the use of the higher frequency parts in the measuring signals which are rarely used up to now but contain essential informations about process and system. The noise diagnostics as a method for making use of these signal parts offers different valuable possibilities.

In this report the already existing experiences are collected, common aspects are searched for, and standard solutions for signal measurement, analysis and diagnosis are presented. The method has not yet reached its final stage of development, in spite of this different application examples demonstrate that the method can already be used in practice with remarkable success.

At present the development work is mainly focussed on the use for incipient failure detection and condition based maintenance in the industry. This is due to the considerable economic effect which can be obtained. But there is also a trend of using the method for determing the characteristic parameters of processes. This aspect should be also of interest in technology of scientific research.

13. Резюме

Бурное развитие технологии в науке и промышленности требует между прочим усовершенствование методов получения информаций. Одна возможность состоит в использовании высокочастотных составляющих измерительных сигналов, на которые до сих пор обращалось мало внимание, но которые могут содержать существенные информации о процессе и системе. Предметом настоящей работы является шумовая диагностика, которая основается на этой возможности. В этом методе пытается резюмировать и систематизировать имеющийся опыт и разрабатывать стандартные решения для задач измерения, анализа и диагностики. Развитие метода еще не закончено, хотя он может уже использоваться с успехом, как продемонстрируют примеры применения.

В настоящее время из-за значительной получаемой пользы центр тяжести разработок лежит на использовании метода в промышленности для раннего обнаружения повреждений и содержании в исправности в зависимости от состояния. Однако наблюдается в возрастающей мере и применение для определения параметров процессов, которое должен представить интерес и для технологии исследований.

Bisher sind erschienen:

Band 1 *Gerd Otto Müller*
Stand und Trends der Experimentalmethodik in der Festkörperphysik
1975. XII, 68 Seiten — 16 Abbildungen — 14,5×21,5 cm — 12,50 M
Bestell-Nr. 7620020 (2167/1) — vergriffen —

Band 2 *Werner Schulze*
Wissenschaftliche Forschung und elektronische Rechentechnik
1975. XII, 140 Seiten — 7 Abbildungen — 6 Tabellen — 14,5×21,5 cm — 15,— M
Bestell-Nr. 7620039 (2167/2)

Band 3 *Gerhard Etzold*
Aufgaben und Organisation eines methodischen Zentrums in der molekularbiologischen Forschung
1976. IX, 53 Seiten — 2 Abbildungen — 14,5×21,5 cm — 6,— M
Bestell-Nr. 7620047 (2167/3)

Band 4 *Gisela Härtler*
Versuchsplanung und statistische Datenanalyse
1976. XIII, 103 Seiten — 6 Abbildungen — 3 Tabellen — 14,5×21,5 cm — 12,— M
Bestell-Nr. 7622966 (2167/4) — vergriffen —

Band 5 *Wolfgang Meiling*
Mikroprozessor — Mikrorechner
Funktion und Anwendung
2. Auflage 1979. XIV, 215 Seiten — 46 Abbildungen — 15 Tabellen — 14,5×21,5 cm
21,— M
Bestell-Nr. 762 639 3 (2167/5) — vergriffen —

Band 6 *Manfred Bonitz*
Wissenschaftliche Forschung und wissenschaftliche Information
2. Auflage 1981. XII, 199 Seiten — 32 Abbildungen — 6 Tabellen — 14,5×21,5 cm
21,— M
Bestell-Nr. 7627636 (2167/6) — vergriffen —

Band 7 *Bert Pegel*
Empirische Modellbildung und Versuchsplanung
1980. X, 75 Seiten — 5 Abbildungen — 14,5×21,5 cm — 9,50 M
Bestell-Nr. 7627943 (2167/7) — vergriffen —

Band 8 *Rudolf Arthur Pose*
Rechnergestützte Bildverarbeitung
Erkenntnisse und Erfahrungen aus der Hochenergiephysik
1981. XVII, 227 Seiten — 94 Abbildungen — 14,5×21,5 cm — 30,— M
Bestell-Nr. 7629738 (2167/8)

Band 9 Forschungstechnologie
Aufgaben — Probleme — Aktivitäten
Vorträge auf dem Kolloquium anläßlich des 65. Geburtstages
von Helmuth Faulstich

1983. VII, 196 Seiten — 41 Abbildungen, davon 9 auf 8 Kunstdrucktafeln — 14,5×21,5 cm — 28,— M
Bestell-Nr. 763047 2 (2167/9)

Sonderband 1
Forschen und Nutzen
Wilhelm Ostwald zur wissenschaftlichen Arbeit

Aus seinen Schriften ausgewählt, bearbeitet und zusammengestellt anläßlich seines 125. Geburtstages von *Günther Lotz, Lothar Dunsch Uta Kring* unter Mitarbeit von *Brigitte Millik*
Mit einem Geleitwort von *Peter Adolf Thiessen* und einer Einleitung von *Günther Lotz* und *Lothar Dunsch*

2., überarbeitete und erweiterte Auflage 1982
L. 372 Seiten. — 22 Textillustrationen aus den Originalschriften, 57 Abbildungen, davon 12 farbige auf 49 Kunstdrucktafeln — 14,5×21,5 cm — Leinen 48,— M
Bestell-Nr. 763 [illegible] 9 (2167/S 1) — vergriffen

Sonderband 2
Rainer Franke
Optimierungsmethoden in der Wirkstofforschung
Quantitative Struktur-Wirkungs-Analyse

1980. XVI, 545 Seiten — 25 Abbildungen — 59 Tabellen — 14,5×21,5 cm — Leinen 45,— M
Bestell-Nr. 762 793 5 (2167/S 2) — vergriffen

Sonderband 3
Petr. L. Kapica
Experiment — Theorie — Praxis
Aufsätze und Reden
Übersetzung aus dem Russischen

Bearbeitet und herausgegeben von *Günther Lotz †, Dietrich Schulze, Wolfgang Wächter, Christa Winterstein*

1984. XX, 436 Seiten — 37 Abbildungen, davon 13 auf 4 Kunstdrucktafeln — 1 Frontispiz — 2 Tabellen — 14,5×21,5 cm — Leinen 54,— M
Bestell-Nr. 763 276 9 (2167/S 3)

Rainer Franke
Theoretical Drug Design Methods
Bearbeitete und erweiterte Übersetzung von Sonderband 2

1984. 412 Seiten — 44 Abbildungen — 88 Tabellen — 14,5×21,5 cm — Leinen 55,— M
Bestell-Nr. 763 227 5 (6765)

Sonderband 3

Petr L. Kapica
Experiment — Theorie — Praxis
Aufsätze und Reden
Übersetzung aus dem Russischen
Bearbeitet und herausgegeben von Günther Lotz †, Dietrich Schulze, Wolfgang Wächter, Christa Winterstein
1984. XX, 435 Seiten — 37 Abbildungen, davon 13 auf 4 Kunstdrucktafeln — 1 Frontispiz — 2 Tabellen — 14,5 × 21,5 cm — Leinen 54,— M
Bestell-Nr. 7632769 (2167/S 3)

In Vorbereitung

Bildinterpretation in der Hochauflösungs-Elektronenmikroskopie

Karl Heinz Müller
Zuverlässigkeit komplizierter technischer Systeme

Frank Baldeweg / Arndt Lindner
Rechnergestützte Analyse von Störungen

Die Schriftenreihe erscheint in zwangloser Folge

Professor Dr. sc. nat. PETER LIEWERS (1933), Studium der Physik an der Martin-Luther-Universität Halle-Wittenberg, seit 1957 Forschungstätigkeit im Zentralinstitut für Kernforschung Rossendorf auf dem Gebiet der Reaktorphysik, seit 1963 Leiter der Abteilung Reaktorphysik, aus der die heutige Abteilung Reaktordiagnostik hervorgegangen ist.
Promotion auf dem Gebiet der experimentellen Reaktorphysik zum Dr. rer. nat. 1962 an der Karl-Marx-Universität Leipzig und auf dem Gebiet der Rauschdiagnostik zum Dr. sc. nat. 1977 an der Technischen Universität Dresden, 1979 Ernennung zum Professor.
Zahlreiche Publikationen auf dem Fachgebiet. Mitglied nationaler und internationaler wissenschaftlicher Gremien. 1978 Nationalpreis III. Klasse im Kollektiv für die Arbeiten zur Entwicklung und Anwendung der Rauschdiagnostik.
Arbeitsgebiete: Experimentelle Reaktorphysik, Signalanalyse, aktive und passive dynamische Untersuchungsmethoden, Rauschdiagnostik.

ISSN 0323-5130

FSC
www.fsc.org
MIX
Papier | Fördert
gute Waldnutzung
FSC® C083411

Kolibri 360 GmbH
Ferdinand-Jühlke-Straße 7
99095 Erfurt, Deutschland
produktsicherheit@kolibri360.de